高等职业教育药品与医疗器械类专业教材

 中国轻工业"十四五"规划教材

药物制剂技术

郭建东　于会国　主编

图书在版编目(CIP)数据

药物制剂技术/郭建东,于会国主编.—北京:
中国轻工业出版社,2024.1
ISBN 978-7-5184-4434-2

Ⅰ.①药… Ⅱ.①郭… ②于… Ⅲ.①药物—制剂—技术—高等职业教育—教材 Ⅳ.①TQ460.6

中国国家版本馆CIP数据核字(2023)第085611号

责任编辑:贺 娜
策划编辑:江 娟　　责任终审:张乃柬　　封面设计:锋尚设计
版式设计:砚祥志远　　责任校对:吴大朋　　责任监印:张 可

出版发行:中国轻工业出版社(北京鲁谷东街5号,邮编:100040)
印　　刷:北京君升印刷有限公司
经　　销:各地新华书店
版　　次:2024年1月第1版第1次印刷
开　　本:720×1000 1/16 印张:20.75
字　　数:420千字
书　　号:ISBN 978-7-5184-4434-2 定价:49.00元

邮购电话:010-85119873
发行电话:010-85119832　010-85119912
网　　址:http://www.chlip.com.cn
Email:club@chlip.com.cn
版权所有　侵权必究
如发现图书残缺请与我社邮购联系调换

211486J2X101ZBW

编写人员名单

主　编　郭建东（山东科技职业学院）
　　　　　于会国（山东科技职业学院）

副主编　徐瑞东（黑龙江农垦职业学院）
　　　　　赵新玲（山东科技职业学院）
　　　　　江丽慧（山东科技职业学院）
　　　　　郭建慧（潍坊职业学院）
　　　　　孙仕芹（山东科技职业学院）

编　者　沈　奕（山东科技职业学院）
　　　　　于龙君（山东科技职业学院）
　　　　　李玉平（齐鲁制药有限公司）
　　　　　李　楠（山东科技职业学院）

前　　言

《药物制剂技术》是高等职业教育药品与医疗器械类、药学类专业核心课程药物制剂技术的配套教材，为中国轻工业"十四五"规划立项教材之一。本教材是在《普通高等学校高等职业教育（专科）专业目录》的指导下，参考高等职业院校药品相关专业标准和药物制剂生产职业技能等级标准，结合本教材药物制剂技术课程标准的基本要求编写而成。本教材具有如下特点。

1. 基于学生主体教学理念，立足学生自主学习，发挥学生学习内在动力，促进学生成为学习的主体。

2. 基于药物制剂岗位知识能力要求，融入中国共产党"二十大"精神，抽提出"三心"（匠心、良心和忠心）课程思政主线，强化课程思政，促进专业课与思政课同向同行，提升铸魂育人实效。

3. 基于企业真实生产过程，以企业实际项目为载体，以企业真实操作规程规范学生操作过程，以操作和清场记录规范工作记录，使记录规范化、格式化。

4. 依据《中华人民共和国药典》（简称《中国药典》）（2020年版）制剂通则的指导原则，每个项目中均有新技术、新工艺或新剂型，突出内容的时效性。

5. 把药物制剂工国家职业技能标准有机融入教材中，实现课证融通，促进产教融合。

6. 在内容编排上，本教材划分成四个模块、十三个项目，每个项目一般由项目概述、项目准备、项目实施、工作记录、支撑知识、新技术（或新剂型、新工艺）、学习效果检测、课后拓展和思政案例九部分组成，体现模块化、项目化，以利于理论与实践一体，强化实践性教学。

7. 充分利用数字技术，将配套开发的网络课程平台数字化资源和学习指导以二维码的形式嵌入，学生通过移动终端可随时随地学习。

考虑到对标实际生产使用，本教材使用了"%"来表示浓度。当固体分散于液体时，"%"表示100 mL液体混合物中含有分散相若干克；液体分散于液体时，"%"表示100 mL液体混合物中含有分散相若干毫升；固体分散于固体时，"%"表示100 g混合物中含有分散相若干克。

本教材由郭建东、于会国担任主编，齐鲁制药有限公司、中南制药机械厂等企业多位专家作为实践指导。本书编者具体分工如下：郭建东编写模块一的项目一、项目三，于会国编写模块一的项目四、模块三的项目八，徐瑞东编写模块一的项目二，江丽慧编写模块二的项目五，赵新玲编写模块二的项目七，郭建慧编写模块三的项目九,孙仕芹编写模块二的项目六,于龙君编写模块三的项目十一,李玉平编写模块三的项目十,李楠编写模块四的项目十二,沈奕编写模块四的项目十三。本教材可供全国高职高专药品与医疗器械类、药学类专业教学使用,也可作为药物制剂生产技术人员的培训用书。

  本教材在编写过程中,得到齐鲁制药有限公司、北京东方仿真软件技术有限公司、中南制药机械厂及各位编者所在院校的大力支持,在此表示衷心感谢!鉴于各位编者水平所限,教材中难免存在不当和疏漏之处,恳请广大师生和读者批评指正。

编者

2023 年 10 月

目 录

模块一　固体制剂生产管理 ··········· 1
　　项目一　颗粒剂生产管理 ··········· 1
　　项目二　胶囊剂生产管理 ··········· 53
　　项目三　片剂生产管理 ··········· 75
　　项目四　丸剂生产管理 ··········· 117

模块二　液体制剂生产管理 ··········· 129
　　项目五　溶液剂生产管理 ··········· 129
　　项目六　混悬剂生产管理 ··········· 153
　　项目七　乳剂生产管理 ··········· 172

模块三　无菌制剂生产管理 ··········· 196
　　项目八　小容量注射液生产管理 ··········· 196
　　项目九　输液生产管理 ··········· 230
　　项目十　注射用无菌粉末生产管理 ··········· 251
　　项目十一　眼用液体制剂生产管理 ··········· 269

模块四　其他制剂生产管理 ··········· 286
　　项目十二　软膏剂生产管理 ··········· 286
　　项目十三　气雾剂生产管理 ··········· 302

附录 ··········· 321
　　附录1　实操项目考核表 ··········· 321
　　附录2　相关技能证书资源 ··········· 323

参考文献 ··········· 324

模块一　固体制剂生产管理

项目一　颗粒剂生产管理

 项目概述

本项目以阿奇霉素颗粒剂为载体。

阿奇霉素是以红霉素为母体修饰后得到的一种广谱抗生素,属大环内酯类第二代抗生素,该药具有抗菌谱广、生物半衰期长、组织渗透性高、化学和生物稳定性好、不良反应小、耐受性好、疗程短等特点。阿奇霉素在临床上广泛应用,但其水溶性较差,从而影响其在体内的溶出和吸收。目前阿奇霉素临床应用剂型主要有注射剂、胶囊剂、分散片、颗粒剂等。

由于阿奇霉素味苦,使患者尤其是儿童患者不易接受,故生产适合儿童服用的阿奇霉素颗粒剂有较高的临床使用价值。阿奇霉素颗粒剂一般为白色片或类白色颗粒,主要有 0.1 g/袋、0.25 g/袋、0.5 g/袋 3 种规格呈现。本项目采用湿法制粒,以甜菊糖苷、蔗糖等为矫味剂进行生产。

 项目准备

项目任务书

项目名称		学员姓名/学号	
起始时间		指导教师	
组长		项目成员	
学习任务	完成阿奇霉素颗粒剂制备,产品质量符合质量标准,计算物料平衡。		
学习目标	**知识目标** 1. 掌握药物制剂技术常用术语和药物剂型的分类。 2. 掌握粉碎、筛分、混合、干燥的目的和操作方法。 3. 掌握颗粒剂的制备工艺、质量检查要求。 4. 熟悉洁净室的净化标准和空气净化技术。		

续表

学习目标	5. 熟悉颗粒剂的种类、特点、处方组成。 6. 熟悉物料标识和物料平衡计算。 7. 了解药物制剂发展历史。 8. 了解固体分散体载体材料和制备方法。 9. 了解《中国药典》*(2020年版)、药品标准、药品生产管理规范和要求。 10. 了解散剂的分类、制备工艺和质量检查要求。 11. 了解颗粒剂包装和贮存。 **能力目标** 1. 能进行洁净室运行和性能确认、洁净度监测文件管理。 2. 能基本完成颗粒剂生产相关仪器设备管理。 3. 能按生产颗粒剂的品种悬挂生产工艺卡、标志牌,生产结束时及时收回。 4. 能基本完成颗粒剂生产过程中产品质量监控。 5. 能遵循生产工艺规程和岗位操作法,懂得安全防护、危险化学品的管理、压力容器的安全管理。 6. 能完成颗粒剂物料管理基本工作。 **素质目标(含思政目标)** 1. 通过严格的生产前检查,培养学生责任感和安全意识。 2. 通过物料管理和生产过程管理的学习,培养学生精益求精的精神。 3. 通过环境控制和质量检查的学习,培养学生绿色环保意识。 4. 通过新技术、新方法、新材料的学习,培养学生创新创业意识。 5. 通过药剂发展史的学习,培养学生的责任心和爱国情怀。
工作内容与要求	
实施前	1. 填写项目任务书,明确任务目标、内容与要求。 2. 明确生产流程和操作要点。 3. 回答引导问题,填写项目预习记录,拍照上传至学习平台。
实施中	1. 穿戴整齐干净的工作服。 2. 严格按照规程完成颗粒剂制备各环节操作。 3. 严格按照规程完成粒度、溶化性、装量差异的检查。 4. 按药品生产质量管理规范(GMP)要求清场。 5. 按GMP要求填写工作记录。
实操结束	1. 上传电子版项目工作记录和产品照片,展示产品实物。 2. 在教师引导下总结项目操作要点,系统完成相关理论知识学习。 3. 对工作记录和工作成果进行互评。
进度要求	

1. 项目操作及相关记录、项目成果、项目现场考核,在实操时间内完成。
2. 理论学习在项目完成后三天内完成。

---

* 《中国药典》即《中华人民共和国药典》,书中均简称《中国药典》。

预习活页

项目名称	
学员姓名/学号		项目组成员	

引导问题
1. 本项目混合操作采用的是哪种设备？ 2. 本项目采用哪种方法制粒？ 3. 本项目的关键点在哪里？

引导问题回答

项目预习记录

一、物料信息						
序号	物料名称	含量/%	来源	密度/(g/cm^3)	溶解度/(mol/L)	注意事项
1						
2						
3						
4						
5						
6						

续表

7					
8					
9					
10					

二、操作注意事项

三、问题和建议

 项目实施

一、生产指令(举例)

生产车间	颗粒剂车间	包装规格	10袋/盒
品名	阿奇霉素颗粒剂	生产批量	1000袋
规格	0.1 g	生产日期	2023-10-18
批号	231003	完成时限	2023-10-20
生产依据	阿奇霉素颗粒剂生产工艺规程		
物料名称	规格	用量	单位	检验单号
阿奇霉素	药用	100	g	YLJY2023101
甜菊糖苷	药用	60	g	FLJY2023103
蔗糖	药用	120	g	FLJY2023104
甘露醇	药用	120	g	FLJY2023105
糊精	药用	90	g	FLJY2023106
可溶性淀粉	药用	120	g	FLJY2023107
羧甲基淀粉钠	药用	30	g	FLJY2023108
香兰素	药用	0.54	g	FLJY2023109
羟丙基甲基纤维素	药用	适量	—	FLJY2023110
编制：生产部：	审核：质管部：	批准：生产部：	

二、生产前检查

(1)检查操作现场、状态标识牌。

(2)确认操作间压差表在校准有效期以内,洁净走廊对缓冲间、房间压差≥5 Pa,不同洁净级别压差≥10 Pa。

(3)确认工作区操作间有"清场(洁)状态标识"。

(4)确认本岗位上批的清场合格证副本在有效期内,不存在任何与现操作无关的物料、容器、残留物、记录等。

(5)确认操作间内温、湿度计在校准的有效期以内,温度在18～26 ℃,湿度≤65%。

(6)确认设备完好并有"清场(洁)状态标识",设备及所用容器表面无异色、无可见

残留物;确认工作区已清洁,不存在任何与现操作无关的物料、容器、残留物、记录等。

(7)检查计量设施在检定周期内并进行双重核对校准。

三、生产操作

1. 生产前准备

操作人员按处方量计算批产量所需的原辅料和包装材料的用量。车间统计员和配料人员根据批生产指令从仓库领取原辅料和包装材料,填写相关记录。

2. 配料

(1)将阿奇霉素经万能粉碎机粉碎过100目筛,称重、贴签,计算物料平衡。

(2)将蔗糖、甘露醇经万能粉碎机粉碎过80目筛,称重、贴签,计算物料平衡。

(3)凭批生产指令由操作人员到原辅料室领取合格的阿奇霉素、甜菊糖苷、蔗糖、甘露醇、糊精、可溶性淀粉、羧甲基淀粉钠、香兰素、羟丙基甲基纤维素,核对物料品名、代号、批号、规格、数量应与领料单一致,做好原辅料领发台账。

(4)按批生产指令单称量原辅料。

(5)称取处方量的羟丙基甲基纤维素,先加入约配制体积1/10(体积比,余同)的热纯化水搅拌分散完全,再加入冷纯化水至约配制体积的1/3,边加边搅拌,直至完全溶解,无结块,配制成羟丙基甲基纤维素溶液,冷却至50 ℃以下,待用。

(6)称取处方量的香兰素,先加入约配制体积1/10的热纯化水,待搅拌溶解完全后再加入约配制体积1/3的冷纯化水,配制成香兰素溶液,冷却至50 ℃以下,待用。

(7)将配制好冷却的香兰素溶液倒入冷却后的羟丙基甲基纤维素溶液中,搅拌混合均匀,加冷纯化水至配制量,配制成含有香兰素的1%羟丙基甲基纤维素溶液。

(8)生产结束后关闭电源,清理设备及环境卫生,清理生产过程中的遗留物,并填写生产记录和清场记录。

3. 制粒

(1)按生产指令将原辅料加入湿法混合机内开启搅拌、切碎(Ⅱ速),混合360s。

(2)开启搅拌、切碎(Ⅰ速),缓缓加入黏合剂(1%羟丙基甲基纤维素溶液)后开启搅拌、切碎(Ⅱ速),开始制软材,软材制备完成后停机。

(3)将所制软材经颗粒机(冲塞筛网:Φ2.0 mm)制粒。

(4)将所制颗粒推入干燥摊盘,颗粒厚度不超过1.5 cm,自上而下放到推车上。

(5)将推车推进烘箱内,设定温度为55~60 ℃,每1.5 h翻颗粒一次。干燥2 h后取样检测水分,后每1小时测1次;待颗粒水分≤40.0 mg/g(快速水分测定仪),

关闭蒸汽阀,待颗粒冷却至常温,关闭风机,按电源停止按钮。打开烘箱门,出料,装桶,转入过筛、整粒工序。

(6)将微干颗粒用振动筛分机进行过筛,通过14目筛,筛去粗颗粒,通过80目筛,筛去细粉末。

(7)将粗颗粒用$\Phi2.0$ mm筛网的整粒机进行整粒,再按(6)程序过筛。

(8)将过筛、整粒后的颗粒继续摊盘干燥,将烘箱温度设为80~85 ℃,进行干燥,每1.5h翻颗粒一次。干燥6 h后开始检测水分,后每2h测1次。待颗粒水分≤1.0%(快速水分测定仪),停止加热。

(9)将干燥合格颗粒加入总混机,设定总混机转速900 r/min,混合7 min,总混结束后中间体化验员按取样规程取样,进行中间体的检测。

(10)生产结束后关闭蒸汽总进汽阀,关闭风管阀,关闭电源,清理设备及环境卫生,清理生产过程中的遗留物,并填写生产记录和清场记录。

4. 包装

(1)再次检查各功能间及设备是否清洁,再次检查确认现场无上批遗漏待包装半成品、标签、包装材料等。

(2)开启设备预热,确认设备运行正常。

(3)凭批包装指令单、中间体化验报告单、中间体放行单由班长监督到颗粒中转站领取颗粒,认真核对品名、代号、批号及数量应与进出中间站台账相符。

(4)按领料单至内包材存放室领取所需复合膜,核对复合膜品名、代号、规格、批号应与指令单一致,做好内包材领发台账。

(5)按操作规程安装、调试颗粒分装机,设定横封温度为110~240 ℃,纵封温度100~260 ℃(具体温度视各分装机与包材性能而定),排好产品批号、生产日期、有效期,经操作人、班长、现场管理员依次复核无误后签字。

(6)调节装量至批包装指令单规定的范围进行试分装,设定分装速度为60~80袋/min,检查外观质量情况(压口严密,不得漏气,批号清晰,切口一致),合格后进行正常分装。分装过程中操作人员每15 min检查一次,装量应在规定范围内,在分装开始、过程中、近结束随机检查分装外观质量,不合格率应≤1/30袋。

(7)将分装合格的半成品装入中转筐内,称重,贴签,计算收得率、物料平衡应在规定范围内,转入半成品中转站,挂待验牌,请验。

(8)分装结束后中间体化验员按取样规程取样进行中间体的检测。

(9)生产结束后关闭电源,清理设备及环境卫生,清理生产过程中的遗留物,并填写好生产记录和清场记录。

四、质量检查

根据《中国药典》(2020年版)进行颗粒剂粒度、干燥失重、溶化性、装量差异、微生物限度等项目的检查。

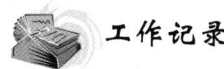 **工作记录**

1. 称量配料岗位

1.1 称量配料岗位生产前记录

操作日期		生产岗位		称量配料	
品名		规格		批号	
一、操作前检查：合格打"√"，若有不合格项目，重新进行清场，经检查全部项目合格后方可生产。					
检查项目						
1	地面无上批次遗留物				(	)
2	桌面无上批次遗留物				(	)
3	岗位有清场合格证，并在有效期内				(	)
4	容器具上有清洁合格证，并在有效期内				(	)
5	更换岗位生产状态标志				(	)
6	检查计量器具合格证有效期				(	)
7	检查地漏				(	)
8	静压差：≥5 Pa　　　符合产品生产规定				(	)
9	温度：20 ℃　　湿度：50%　　符合产品生产规定				(	)
10	检查层流罩气压				(	)
二、称量配料　　　　　　工序所执行的操作程序					
1. 称量配料　　　　　　　岗位操作及清洁 SOP：齐全 2. 电子秤　　　　　　　　设备操作及清洁 SOP：齐全					
备注：					
检查人		复核人		QA	

1.2 称量配料岗位生产记录

产品名称：		规格：		生产批号：		生产日期： 年 月 日

生产前检查：
1. 计量器具有"周检合格证"，并在周检效期内(　　)
2. 设备有"完好证"及"已清洁"状态标记(　　)
3. 容器具上有清洁合格证，并在有效期内(　　)
4. 岗位有清场合格证，并在有效期内(　　)
5. 更换岗位生产状态标志(　　)
6. 物料有"物料标识卡""流转证""检验报告单"(　　)
7. 岗位现场无上批生产遗留物(　　)
8. 静压差：≥5 Pa，符合产品生产规定(　　)
9. 温度：20 ℃　湿度：50%　符合产品生产规定(　　)
10. 检查层流罩气压(　　)

检查人：　　　　复核人：　　　　　　　　　　日期： 年 月 日 时 分

生产操作：1. 执行称量配料岗位生产操作规程。
　　　　　2. 依据该产品的工艺规程及主配方操作。
　　　　　3. 执行设备操作规程。
　　　　　　　　　　　　　　　　　　　　　　　　　(　　　　　　)

物料名称	批号	毛重/kg	件数/件	净重/kg	报告单号

投料量：　kg　产出量：　kg　废品量：　kg　物料平衡：　%(限度　　　)

操作人：　　　　复核人：　　　　　　　　　　日期： 年 月 日 时 分

清场：1. 生产操作区按"洁净区生产操作区清洁规程"清洁。
　　　2. 容器具按"洁净区容器具清洁规程"清洁。
　　　3. 设备按"设备清洁规程"清洁。

操作人：　　　　复核人：　　　　　　　　　　日期： 年 月 日 时 分

质量监控：　　结论：　　　QA监控员　　　　　　日期： 年 月 日

移交数量：　kg　共　　件　　移交人：　　　接收人：　　日期： 年 月 日

☆生产过程异常情况：无(　　)
　　　　　　　　　　有(　　)按"生产过程偏差处理管理规程"处理并附相应记录。

1.3　称量配料岗位清场记录

操作日期		生产岗位		称量配料	
品名		规格		批号	
清场工作:完成后打"√"。					
清场项目					
1	剩余原料和本批干燥产品清理并送中间站				(　)
2	更换岗位生产状态标志				(　)
3	收集废弃物并清理、离开现场				(　)
4	器具送至洁具间进行清洗				(　)
5	设备清洗				(　)
6	清理生产环境				(　)
备注:					
清场人			检查人		

2. 粉碎过筛岗位

2.1　粉碎过筛岗位生产前记录

操作日期		生产岗位		粉碎过筛	
品名		规格		批号	
一、操作前检查:合格打"√",若有不合格项目,应重新进行清场,经检查全部项目合格后方可生产。					
检查项目					
1	地面无上批次遗留物				(　)
2	桌面无上批次遗留物				(　)
3	岗位有清场合格证,并在有效期内				(　)
4	容器具上有清洁合格证,并在有效期内				(　)
5	更换岗位生产状态标志				(　)
6	检查设备状态标志				(　)
7	检查地漏				(　)
8	静压差:≥5 Pa　　　符合产品生产规定				(　)
9	温度:20 ℃　　湿度:50%　符合产品生产规定				(　)

续表

二、粉碎过筛　　　工序所执行的操作程序	
1. 粉碎过筛　　　　　　　岗位操作及清洁SOP:齐全 2. 万能粉碎机　　　　　　设备操作及清洁SOP:齐全	
备注:	
检查人　　　　　　　　复核人　　　　　　　　　QA	

2.2　粉碎过筛岗位生产记录

产品名称:	规格:	生产批号:	生产日期:　年　月　日
生产前检查: 1. 计量器具有"周检合格证",并在周检效期内(　　) 2. 设备运行"完好证"及"已清洁"状态标记(　　) 3. 容器具上有清洁合格证,并在有效期内(　　) 4. 岗位有清场合格证,并在有效期内(　　) 5. 更换岗位生产状态标志(　　) 6. 物料有"物料标识卡""流转证""检验报告单"(　　) 7. 岗位现场无上批生产遗留物(　　) 8. 静压差:≥5 Pa　　　　符合产品生产规定(　　) 9. 温度:20 ℃　　湿度:50%　符合产品生产规定(　　) 10. 检查层流罩气压(　　) 检查人:　　　　　　复核人:　　　　　　　　日期:　年　月　日　时　分			
生产操作:1. 执行粉碎过筛岗位生产操作规程。 　　　　　2. 依据该产品的工艺规程及主配方操作。 　　　　　3. 执行设备操作规程。 　　　　　　　　　　　　　　　　　　　　　　　　(　　　　)			

物料名称	批号	毛重/kg	件数/件	净重/kg	报告单号

投料量:　kg　产出量:　kg　废品量:　kg　物料平衡:　%(限度　　　)
操作人:　　　　　　复核人:　　　　　　　　日期:　年　月　日　时　分

2.3 粉碎过筛岗位清场记录

操作日期		生产岗位		粉碎过筛	
品名		规格		批号	

清场工作:完成后打"√"。

	清场项目	
1	剩余原料和本批产品清理并送中间站	( )
2	更换生产状态标志	( )
3	收集废弃物并清离现场	( )
4	器具送至洁具间进行清洗	( )
5	设备清洗	( )
6	清理生产环境	( )

备注:

清场人		检查人	

3. 流化床制粒岗位

3.1 制粒岗位生产前记录

操作日期		生产岗位		流化床制粒	
品名		规格		批号	

一、操作前检查:合格打"√",若有不合格项目,应重新进行清场,经检查全部项目合格后方可生产。

	检查项目	
1	地面无上批次遗留物	( )
2	桌面无上批次遗留物	( )
3	岗位有清场合格证,并在有效期内	( )
4	容器具上有清洁合格证,并在有效期内	( )
5	更换岗位生产状态标志	( )
6	检查设备状态标志	( )
7	检查地漏	( )
8	静压差:≥5 Pa 符合产品生产规定	( )
9	温度:20 ℃　　湿度:50%　符合产品生产规定	( )

续表

二、流化床制粒	工序所执行的操作程序	
1. 流化床制粒	岗位操作及清洁 SOP:齐全	
2. 一步制粒机	设备操作及清洁 SOP:齐全	
备注:		
检查人	复核人	QA

3.2 制粒岗位生产记录

产品名称:	规格:	生产批号:	生产日期: 年 月 日

生产前检查:
1. 计量器具有"周检合格证",并在周检效期内　　　　　　　　　　（　）
2. 设备有"运行完好证"及"已清洁"状态标记　　　　　　　　　　（　）
3. 容器具上有清洁合格证,并在有效期内　　　　　　　　　　　　（　）
4. 岗位有清场合格证,并在有效期内　　　　　　　　　　　　　　（　）
5. 更换岗位生产状态标志　　　　　　　　　　　　　　　　　　　（　）
6. 物料有"物料标识卡""流转证""检验报告单"　　　　　　　　　（　）
7. 岗位现场无上批生产遗留物　　　　　　　　　　　　　　　　　（　）
8. 静压差:≥5 Pa　　　　符合产品生产规定　　　　　　　　　　（　）
9. 温度:20 ℃　　湿度:50%　符合产品生产规定　　　　　　　　（　）
10. 检查层流罩气压　　　　　　　　　　　　　　　　　　　　　（　）

检查人:　　　　　　复核人:　　　　　　　　日期:　年　月　日　时　分

生产操作:1. 执行制粒岗位生产操作规程。
　　　　　2. 依据该产品的工艺规程及主配方操作。
　　　　　3. 执行设备操作规程。
　　　　　　　　　　　　　　　　　　　　　　　　　　　　　（　）

混合药粉总量					
黏合剂名称		黏合剂浓度/%		用量/kg	
湿润剂名称		湿润剂浓度/%		用量/kg	
项目	第(1)锅	第(2)锅	第(3)锅	第(4)锅	第(5)锅
加粉量/kg					

13

续表

开始时间			
进风温度/℃			
气源压力/kPa			
雾化压力/kPa			
结束时间			
颗粒重量/kg			
湿颗粒总重量/kg			
设备名称		设备编号	
物料平衡	公式：[湿颗粒总重量/（混合药粉总量＋黏合剂总量＋湿润剂用量）]×100% 限度：95%≤限度≤100% 实际为： %（ ）符合限度 （ ）不符合限度		
操作人：	复核人：	日期： 年 月 日 时 分	

注：表征物质惯性大小的"质量"，本书中仍沿用"重量"一词。

3.3 制粒岗位清场记录

操作日期		生产岗位		流化床制粒	
品名		规格		批号	
清场工作：完成后打"√"。					
清场项目					
1	剩余原料和本批产品清理并送中间站				（ ）
2	更换生产状态标志				（ ）
3	收集废弃物并清离现场				（ ）
4	器具送至洁具间进行清洗				（ ）
5	设备清洗				（ ）
6	清理生产环境				（ ）
备注：					
清场人			检查人		

4. 沸腾干燥岗位

4.1 干燥岗位生产前记录

操作日期		生产岗位		沸腾干燥	
品名		规格		批号	
一、操作前检查:合格打"√",若有不合格项目,应重新进行清场,经检查全部项目合格后方可生产。					
		检查项目			
1	地面无上批次遗留物				( )
2	桌面无上批次遗留物				( )
3	岗位有清场合格证,并在有效期内				( )
4	容器具上有清洁合格证,并在有效期内				( )
5	更换岗位生产状态标志				( )
6	检查设备状态标志				( )
7	检查地漏				( )
8	静压差:≥5 Pa　　　符合产品生产规定				( )
9	温度:20 ℃　　湿度:50%　符合产品生产规定				( )
二、沸腾干燥　　　工序所执行的操作程序					
1. 沸腾干燥　　　　　　　岗位操作及清洁SOP:齐全 2. 高效沸腾干燥机　　　　设备操作及清洁SOP:齐全					
备注:					
检查人		复核人		QA	

4.2 干燥岗位生产记录

	生产日期			班次	
	品名			规格	
	批号			理论量	
生产操作	湿颗粒总量/kg				
	设备名称	高效沸腾干燥机	设备编号		
	摊粒厚度/cm		烘干温度/℃		
	烘干开始		烘干结束		
	烘干时间				
	干颗粒总重量/kg				

15

续表

物料平衡	公式	（干颗粒总重/湿颗粒总重）×100%			
	计算				
	限度	80%≤限度≤90% 实际为： % （ ）符合限度（ ）不符合限度			
备注	偏差分析及处理：				
操作人		复核人		QA	

4.3　干燥岗位清场记录

操作日期		生产岗位		沸腾干燥	
品名		规格		批号	

清场工作:完成后打"√"。

	清场项目	
1	剩余原料和本批产品清理并送中间站	（　）
2	更换生产状态标志	（　）
3	收集废弃物并清理现场	（　）
4	器具送至洁具间进行清洗	（　）
5	设备清洗	（　）
6	清理生产环境	（　）

备注：			
清场人		检查人	

5.　整粒岗位

5.1　整粒岗位生产前记录

操作日期		生产岗位		整粒	
品名		规格		批号	

一、操作前检查:合格打"√",若有不合格项目,应重新进行清场,经检查全部项目合格后方可生产。

	检查项目	
1	地面无上批次遗留物	（　）
2	桌面无上批次遗留物	（　）

续表

3	岗位有清场合格证,并在有效期内	( )
4	容器具上有清洁合格证,并在有效期内	( )
5	更换岗位生产状态标志	( )
6	检查设备状态标志	( )
7	检查地漏	( )
8	静压差:≥5 Pa　　　符合产品生产规定	( )
9	温度:20 ℃　　湿度:50%　　符合产品生产规定	( )
二、整粒工序所执行的操作程序		
1. 整粒　　　　　　　　岗位操作及清洁SOP:齐全		
2. 快速整粒机　　　　　设备操作及清洁SOP:齐全		
备注:		

检查人		复核人		QA	

5.2　整粒岗位生产记录

	生产日期		班次	
	品名		规格	
	批号		理论量	
生产操作	干颗粒重量/kg			
	整粒目数/目		整粒后桶数/桶	
	合格颗粒重量/kg		不良品重量/kg	
	整粒后颗粒重量/kg			
	设备名称		设备编号	
物料平衡	公式	[(合格颗粒重量+不良品重量)/整粒后颗粒重量]×100%		
	计算			
	限度	95%≤限度≤100%　实际为: %( )符合限度( )不符合限度		
备注	偏差分析及处理:			

操作人		复核人		QA	

5.3 整粒岗位清场记录

操作日期		生产岗位		整粒	
品名		规格		批号	

清场工作:完成后打"√"。

清场项目			
1	剩余原料和本批产品清理并送中间站	(	)
2	更换生产状态标志	(	)
3	收集废弃物并清离现场	(	)
4	器具送至洁具间进行清洗	(	)
5	设备清洗	(	)
6	清理生产环境	(	)

备注:			
清场人		检查人	

6. 颗粒包装岗位

6.1 颗粒包装岗位生产前记录

操作日期		生产岗位		颗粒包装	
品名		规格		批号	

一、操作前检查:合格打"√",若有不合格项目,重新进行清场,经检查全部项目合格后方可生产。

检查项目			
1	地面无上批次遗留物	(	)
2	桌面无上批次遗留物	(	)
3	岗位有清场合格证,并在有效期内	(	)
4	容器具上有清洁合格证,并在有效期内	(	)
5	更换岗位生产状态标志	(	)
6	检查设备状态标志	(	)
7	检查地漏	(	)
8	静压差:≥5 Pa 符合产品生产规定	(	)
9	温度:20 ℃ 湿度:50% 符合产品生产规定	(	)

续表

二、颗粒包装	工序所执行的操作程序		
1. 颗粒包装 2. 颗粒分装机	岗位操作及清洁 SOP：齐全 设备操作及清洁 SOP：齐全		
备注：			
检查人		复核人	QA

6.2 颗粒包装岗位生产记录

	生产日期		班次	
	品名		规格	
	批号		理论量/包	
生产操作	填充时间		填充开始	
	填充结束		每袋重量/g	
	装量差异/%		装量差异检查频次/ （次/班）	
	领取颗粒量/kg		颗粒分装量/kg	
	颗粒余量/kg		颗粒损耗量/kg	
	领取内包材量/kg		内包材使用量/kg	
	内包材余量/kg		内包材损耗量/kg	
	设备名称	颗粒分装机	设备编号	
物料平衡	公式	[（颗粒分装总量+颗粒余量+颗粒损耗量）/领取颗粒量]×100%		
	计算			
	限度	95%≤限度≤100% 实际为： %（ ）符合限度（ ）不符合限度		
备注	偏差分析及处理：			
操作人		复核人		QA

6.3 颗粒包装岗位清场记录

操作日期		生产岗位		颗粒包装	
品名		规格		批号	

清场工作:完成后打"√"。

	清场项目	
1	剩余原料和本批次干燥产品清理并送中间站	( )
2	更换生产状态标志	( )
3	收集废弃物并清离现场	( )
4	器具送至洁具间进行清洗	( )
5	设备清洗	( )
6	清理生产环境	( )

备注:

清场人		检查人	

7. 颗粒剂质量检查岗位记录表

品名		包装规格		
规格		取样日期		
批号		取样量/袋		
取样人		检测人		
取样依据				

检测项目	粒度/%	干燥失重/%	溶化性	重量差异	
				超出装量差异限度/袋	超出限度的1倍/袋
结果					

结论:

备注:

支撑知识

一、药物制剂基础

(一) 常用术语

1. 药剂学与药物制剂技术

药剂学是研究药物制剂的基本理论、处方设计、生产工艺、质量控制与合理应用的综合应用技术科学,包括制剂学和调剂学两部分。药物制剂技术是在《药品生产质量管理规范》(GMP)等法规的指导下,研究药物制剂生产和制备技术的综合性应用技术学科,其以药剂学理论为指导,以药物剂型与药物制剂为研究对象,以用药者获得理想的药品为研究目的,以制备安全、有效、稳定和使用方便的药物制剂为宗旨。

2. 药物与药品

药物是指用于预防、治疗、诊断疾病,对机体生理功能产生影响的物质。根据来源,药物可分为天然药物、化学合成药物和生物技术药物。药品是指用于预防、治疗、诊断疾病,有目的地调节人的生理功能并规定有适应证、用法、用量的物质。药物的内涵比药品大,并非所有能防治疾病的物质都是药品。

《中国药典》
(2020年版简介)

3. 剂型与制剂

药物剂型指药物在临床应用之前制成适合于医疗用途的,与一定给药途径相适应的给药形式,简称剂型,如片剂、胶囊剂、颗粒剂、注射剂、气雾剂等。药物制剂是指根据《中国药典》、药品标准、处方手册所收载的,应用比较普遍、稳定的处方,将原料药物按照某种剂型制成一定规格并具有一定质量标准的具体品种,简称制剂,如阿奇霉素颗粒剂、阿莫西林胶囊、红霉素软膏等。同一种药物可以制成不同的剂型,如左旋氧氟沙星可制成片剂、注射剂、滴眼剂等多种剂型;同一种剂型也可以有多种不同药物,如片剂有罗红霉素片、格列齐特片等。

4. 辅料与物料

辅料是药物制剂中除主药以外的一切附加成分的总称,是制剂生产和处方调配时所添加的赋形剂和附加剂,是制剂生产不可缺少的组成部分。物料是制剂生产过程中所用的原料、辅料和包装材料等物品的总称。

(二) 发展史

1. 国内外药剂学的发展

我国中医药发展历史悠久,对世界文明做出了伟大的贡献。早在夏禹时代就制成了至今仍为常用的剂型——药酒。据历史记载,公元前1766年已经有汤剂这一剂型出现,是应用最早的中药剂型之一。在《黄帝内经》中已经有汤剂、丸剂、散剂、膏剂及药酒等剂型的记载;在我国汉代张仲景的《伤寒论》和《金匮要略》中又增加了栓剂、洗剂、软膏剂、糖浆剂等剂型,并记载了可以用动物胶、炼制的蜂蜜和淀粉糊为黏合剂制成丸剂;公元16世纪,我国医药学家李时珍编著了《本草纲目》,其中收载了药物1892种,剂型40余种,这充分体现了中华民族在药剂学的漫长发展过程中曾经做出了重大的贡献。

李时珍之良心匠心

青青蒿草,拳拳报国——屠呦呦

19世纪西方科学和工业技术蓬勃发展,制剂加工从医生诊所小作坊走进工业化大工厂。片剂、胶囊剂、注射剂等机械加工制剂相继问世,标志着药剂学的发展到了一个新的阶段。物理学、化学、生物学等自然学科的发展为药剂学这一学科的出现奠定了理论基础。1847年,德国药师莫尔(Mohr)总结了以往和当时的药剂学成果,出版了世界上第一本药剂学教科书《药剂工艺学》,这标志着药剂学已经形成了一门独立的学科。随着物理、化学、生物学等自然科学取得巨大进步,新辅料、新工艺和新设备的不断出现,为新剂型的制备、制剂质量的提高奠定了十分重要的物质基础。

2. 现代药物制剂发展的四个阶段

1983年汤姆林森(Tomlinson)将现代药物制剂的发展过程划分为四个时代:第一代药物制剂包括片剂、注射剂、胶囊剂、气雾剂等,即所谓的普通制剂,这一时期主要是从体外试验控制制剂的质量;第二代药物制剂为口服缓释制剂或长效制剂,开始注重疗效与体内药物浓度的关系,即定量给药问题,这类制剂不需要频繁给药,能在较长时间内维持体内药物有效浓度;第三代药物制剂为控释制剂,包括透皮给药系统、脉冲式给药系统等,更强调定时给药的问题;第四代药物制剂为靶向给药系统,目的是使药物富集于靶器官、靶组织或靶细胞中,强调药物定位给药,可以提高药物疗效并降低毒副作用。

(三)剂型的重要性

剂型是药物的传递体,是药物应用于临床的最终形式。药物的剂型不同,将直接影响到药物的有效性、安全性、稳定性及患者的依从性。剂型的重要性主要体现在以下几个方面。

1. 可改变药物的作用性质

例如硫酸镁口服剂型用于泻下药,但其5%注射液静脉滴注,能抑制大脑中枢神经,有镇静、止痉作用。

2. 可影响药物治疗效果

例如硝酸甘油,其首过效应明显,口服生物利用率低,可以制成舌下片、吸入气雾剂、注射剂供临床防治心绞痛使用。

3. 可改变药物的作用速度

注射剂、吸入气雾剂等起效快,常用于急救;缓控释制剂、植入剂等作用缓慢,属长效制剂。临床上可根据治疗的需要选择不同作用速度的剂型。

4. 可降低或消除药物的毒副作用

氨茶碱治疗哮喘病效果很好,但有引起心跳加快的毒副作用,若制成栓剂则可消除这种毒副作用;缓控释制剂能保持血药浓度平稳,避免血药浓度的峰谷现象,从而降低药物的毒副作用。

5. 可使药物产生靶向作用

含微粒结构的静脉注射剂,如脂质体、微球、微囊等进入血液循环系统后,被网状内皮系统的巨噬细胞所吞噬,从而使药物富集于肝、脾等器官,起到肝、脾的被动靶向作用。

6. 可改善患者的用药依从性

将某些抗生素由注射剂改为水果口味的口服颗粒后深受儿童患者的欢迎;将抗高血压药改为缓控释片后,既可克服血药浓度的峰谷现象,减轻患者的不良反应,又可减少服药次数。

7. 可提高药物的稳定性

固体剂型中药物的稳定性通常高于液体剂型;包衣片的稳定性往往比素片要高。

(四) 剂型分类

1. 按形态分类

剂型按形态分为固体剂型(如颗粒剂、片剂、栓剂、膜剂等)、半固体剂型(如软膏剂、糊剂等)、液体剂型(如酊剂、乳剂、混悬剂、搽剂等)和气体剂型(如气雾剂、吸入剂等)。

一般形态相同的剂型,在制法特点和使用方法上有相似之处,例如固体剂型制备时多需粉碎、混合,以内服为多;半固体剂型制备时需熔化或研匀,一般多用于外用;液体剂型制备时多需溶解。按形态分类直观、明确,在生产、保存、应用上具有一定的指导意义。

2. 按分散系统分类

凡一种或几种物质(分散相)分散于另外一种物质(分散介质)中所形成的体系叫做分散系统。将剂型视为分散系统,可根据分散介质及分散相存在的形态特征的不同进行分类。

(1) 溶液型 是指药物以分子或离子状态(分散相质点小于 1 nm)分散在分散介质中所组成的均匀液态分散体系,也称为低分子溶液,如溶液剂、糖浆剂、甘油剂、醑剂等。

（2）胶体溶液型　包括高分子溶液剂和溶胶剂，分散相的直径在 1~100 nm。高分子溶液是由高分子物质以分子状态均匀分散于液体介质中形成的分散体系，如胶浆剂等；溶胶剂是由固体药物的多分子聚集体分散形成的非均匀分散体系，如氧化银溶胶。

（3）乳剂型　即液体分散相以小液滴的形式（粒径大小在 0.1~50 μm）分散在另一种互不相溶的液体分散介质中形成的非均相分散体系，如鱼肝油乳剂。

（4）混悬型　是固体药物以微粒状态（粒径大小在 0.5~100 μm）分散于液体介质中所形成的非均匀分散体系，如炉甘石洗剂。

（5）气体分散型　是液体或固体药物以微粒状态分散在气体分散介质中形成的分散体系，如沙丁胺醇气雾剂。

（6）固体分散型　是固体药物以聚集体状态与辅料混合呈固态的制剂，如阿奇霉素颗粒、阿司匹林片等。

（7）微粒型　药物以一定大小微粒（粒径为微米级或纳米级）呈液体或固体状态分散，如微球剂、微囊制剂等。

按分散系统分类，便于应用物理化学的原理阐明各类剂型内在的分散特性及制成均匀稳定制品的一般规律，但不能反映用药部位与方法对剂型的要求。

3. 按给药途径分类

（1）经胃肠道给药剂型　药物通过口服进入胃肠道，有的在胃肠道发挥局部作用，有的经胃肠道吸收发挥作用，如片剂、散剂、液体药剂、浸出制剂等口服给药剂型。

（2）非经胃肠道给药的剂型　是除口服给药以外的其他所有剂型，包括注射给药剂型、皮肤给药剂型、黏膜给药剂型、呼吸道给药剂型、腔道给药剂型。

4. 按制法分类

按制法分类是将用主要工序采用同样方法制备的剂型列为一类，例如用浸出方法制备的制剂列为浸出制剂，如流浸膏剂、酊剂等；用灭菌方法或无菌操作方法制备的列为灭菌或无菌制剂，如小容量注射剂、输液、粉针剂、滴眼剂等。按制法分类因不能覆盖所有制剂，故较少应用。

二、空气净化技术

（一）洁净室的要求

制剂生产洁净区的内部布置是根据药品种类、剂型、工序和具体生产要求等合理划分成不同的洁净室。洁净室根据洁净度级别的不一样，对空气中的尘埃、微生物有不同的要求。此外，对温度、湿度、压力和照明亦有要求。根据现行 GMP 规定，洁净室的洁净度可分为 A、B、C、D 四个等级。

1. 建筑要求

洁净室的设置应合理,与行政、生活和辅助区隔离开,不得互相妨碍,不得对药品的生产造成污染。洁净室应根据生产的不同要求采取不同的空气净化措施,以保证生产环境符合相应的洁净度要求,包括达到"静态"和"动态"的标准。各种管道、照明灯管、风口和其他公共设施的安装应当避免出现不易清洁的部分,且方便在生产区外部对其进行维护。洁净区的内表面应当平整光滑、无裂缝、接口严密、无颗粒物脱落,并能耐受清洗和消毒,墙壁与地面及房顶的交界处应成弧形,以减少灰尘积聚和便于清洁。

2. 室内布局要求

洁净室应按工艺流程进行布局,并规定人流和物流的方向,避免重复折返,以免物料、半成品间交叉污染与混放,基本原则如下所示。

(1) 洁净室内的设备布置尽量紧凑,以减少洁净室的面积。

(2) 洁净度级别相同的洁净室尽量安排在一起。

(3) 不同洁净度级别的洁净室应由低级向高级布置,级别不同的洁净室间应有压差,不低于 10 Pa。

(4) 洁净室与非洁净室之间通过缓冲室、传递窗连接,缓冲设施的门不能同时打开(可采用连锁系统防止两侧的门同时打开)。

(5) 洁净区应有适当的照明,并有温度、湿度控制。一般照度要求不低于 300 lx,温度为 18~26 ℃,相对湿度为 45%~65%。

3. 对人和物的要求

任何进入生产区的人员均应当按照规定更衣和洗手,不得化妆和佩戴饰物,尽可能减少对洁净区的污染或将污染物带入洁净区。工作服的选材、式样及穿着方式应当能够满足保护产品和人员的要求。不同洁净度级别的着装要求有所不同,A/B 级洁净区工作服应为不脱落纤维或微粒的灭菌连体工作服,C/D 级洁净区工作服可为衣裤分开的工作服。

需在洁净区使用的物料、工具、容器具等均需清洁、灭菌处理,通过传递窗等送入洁净区内。使用后的设备、工具、容器具应及时按照规定程序进行清洁、消毒,置于通风良好的洁具间内的规定位置。

4. 洁净室的净化标准

药品基本质量要求包括安全、稳定、有效。安全是首要问题,包括药品本身的安全和生产环境对药品质量引起的各种不良影响,空气洁净度标准主要是针对后者而采取的一种措施。

洁净室的净化标准主要涉及尘埃和微生物两方面,我国 2010 年版《药品生产质量管理规范》对无菌及非无菌制剂生产的洁净度要求有以下相关内容。

(1) A 级 高风险操作区,如灌装区、放置胶塞桶和与无菌制剂直接接触的敞口包装容器的区域及无菌装配或连接操作的区域,应当用层流操作台(罩)维持该区的环境状态。层流系统在其工作区域必须均匀送风,风速为 0.36~0.54 m/s(指导值)。

（2）B 级　指无菌配制和灌装等高风险操作 A 级洁净区所处的背景区域。

（3）C 级和 D 级　指无菌药品生产过程中重要程度较低的操作步骤的洁净区。

各洁净度级别对尘埃限度要求如表 1-1 所示,微生物控制的动态标准见表 1-2。

表 1-1　　　　　药品生产洁净室(区)空气洁净度等级表

洁净度级别	悬浮粒子最大允许数/(个/m³)			
	静态		动态[③]	
	≥0.5 μm	≥5 μm[②]	≥0.5 μm	≥5 μm
A 级[①]	3520	20	3520	20
B 级	3520	29	352000	2900
C 级	352000	2900	3520000	29000
D 级	3520000	29000	不作规定	不作规定

①为确认 A 级洁净区的级别,每个采样点的采样量不得少于 1m³。A 级洁净区空气悬浮粒子的级别为 ISO4.8,以≥5.0 μm 的悬浮粒子为限度标准。B 级洁净区(静态)的空气悬浮粒子的级别为 ISO 5,同时包括表中两种粒径的悬浮粒子。对于 C 级洁净区(静态和动态)而言,空气悬浮粒子的级别分别为 ISO 7 和 ISO 8。对于 D 级洁净区(静态)空气悬浮粒子的级别为 ISO 8。测试方法可参照 ISO14644-1。

②在确认级别时,应当使用采样管较短的便携式尘埃粒子计数器,避免≥5.0 μm 的悬浮粒子在远程采样系统的长采样管中沉降。在层流系统中,应当采用等动力学的取样头。

③动态测试可在常规操作、培养基模拟灌装过程中进行,证明达到动态的洁净度级别,但培养基模拟灌装试验要求在"最差状况"下进行动态测试。

表 1-2　　　　　洁净区微生物监测的动态标准[①]

洁净度级别	浮游菌数目/(CFU/m³)	沉降菌数目(Φ90 mm)/(CFU/4h[②])	表面微生物	
			接触碟(Φ55 mm)/(CFU/碟)	5 指手套/(CFU/手套)
A 级	<1	<1	<1	<1
B 级	10	5	5	5
C 级	100	50	25	—
D 级	200	100	50	—

①表中各数值均为平均值。

②单个沉降碟的暴露时间可以少于 4 h,同一位置可使用多个沉降碟连续进行监测并累积计数。

洁净室应保持正压,洁净室之间按洁净度的高低依次相连,并有相应的压差

(压差≥10 Pa),以防止低级洁净室的空气逆流到高级洁净室。

不同无菌药品对生产环境的空气洁净度要求见表1-3和表1-4。

表1-3　　无菌药品中最终灭菌产品生产环境的空气洁净度要求

洁净度级别	最终灭菌产品生产操作示例
C级背景下的局部A级	高污染风险[①]的产品灌装(或灌封)
C级	1. 产品灌装(或灌封)。 2. 高污染风险[②]产品的配制和过滤。 3. 眼用制剂、无菌软膏剂、无菌混悬剂等的配制、灌装(或灌封)。 4. 直接接触药品的包装材料和器具最终清洗后的处理
D级	1. 轧盖。 2. 灌装前物料的准备。 3. 产品配制(指浓配或采用密闭系统的配制)和过滤。 4. 直接接触药品的包装材料和器具的最终清洗

①表示此处的高污染风险是指产品容易长菌,灌装速度慢,灌装用容器为广口瓶,容器须暴露数秒后方可密封等状况。

②表示此处的高污染风险是指产品容易长菌,配制后需等待较长时间方可灭菌或不在密闭系统中配制等状况。

表1-4　　无菌药品中非最终灭菌产品生产环境的空气洁净度要求

洁净度级别	非最终灭菌产品的无菌生产操作示例
B级背景下的A级	1. 处于未完全密封[①]状态下的操作和转运产品灌装(或灌封)分装、压塞、轧盖[②]等。 2. 灌装前无法除菌过滤的药液或产品的配制。 3. 直接接触药品的包装材料、器具灭菌后的装配以及处于未完全密封状态下的转运和存放。 4. 无菌原料药的粉碎、过筛、混合、分装
B级	1. 处于未完全密封[①]状态下的产品置于完全密封容器内的转运。 2. 直接接触药品的包装材料、器具灭菌后的装配以及处于密闭容器内的转运和存放
C级	1. 灌装前可除菌过滤的药液或产品的配制。 2. 产品的过滤
D级	直接接触药品的包装材料、器具的最终清洗、装配或包装、灭菌

①轧盖前产品视为处于未完全密封状态。

②根据已压塞产品的密封性、轧盖设备的设计、铝盖的特性等因素,轧盖操作可选择在C级或D级背景下的A级送风环境中进行。A级送风环境应当至少符合A级区的静态要求。

非无菌制剂的操作:口服液体、固体、肠道用药(含直肠用药)、表皮外用药品、非无菌的眼用制剂暴露工序及其直接接触药品的包装材料,最终处理的暴露工序区域,应参照《药品生产质量管理规范》(2010 年修订)附录:无菌药品中 D 级洁净区的要求设置与管理。

非无菌原料药精制、干燥、粉碎、包装等生产操作的暴露环境应当按照 D 级洁净区的要求设置。

(二)空气净化技术

空气净化技术是以创造空气洁净环境为目的,一般采取空气过滤的方法。当空气通过过滤介质时,空气中的尘埃被过滤介质截留,达到空气净化的目的。常用的过滤器包括初效过滤器、中效过滤器和高效过滤器。图 1-1 为洁净室利用过滤器净化空气的处理流程。

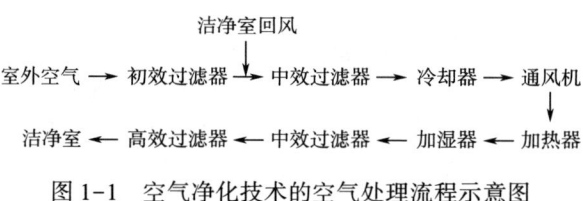

图 1-1　空气净化技术的空气处理流程示意图

空气过滤的机制包括拦截作用和吸附作用。拦截作用为尘埃粒子粒径大于过滤介质微孔时,被过滤介质所截留;吸附作用为粒径小于过滤介质微孔的细小粒子通过介质微孔时由于粒子静电、运动惯性等作用被介质表面所吸附。

空气洁净风机机组图

1. 洁净室的气流形式

洁净室的空气流动包括层流和紊流。层流指洁净室空气中一切悬浮粒子都保持在层流层中运动,包括水平层流和垂直层流;紊流指洁净室中空气呈现不规则流动状态,气流中的尘埃易相互扩散。洁净室内的洁净度为 A 级的气流组织形式为层流,C 级及以下各级可采用紊流。

2. 层流洁净室的特点

(1)层流洁净室的空气已通过高效过滤器滤过,达到无菌要求。

(2)洁净室内空气悬浮粒子在层流层中运动,可避免悬浮粒子聚结成大颗粒。

(3)新产生的污染物能迅速随层流空气排到室外。

(4)空气流速较高,粒子在空气中浮动而不会积聚沉降下来,同时室内空气也不会出现停滞状态,可避免药物粉末交叉污染。

(5)洁净空气没有涡流,灰尘或附着在灰尘上的细菌不易向别处扩散,只能就地被排除掉。

水平层流洁净室的净化单元工作过程如图 1-2 所示。

离心风机吸入经初效过滤器过滤的新鲜空气和洁净室的循环空气,经高效过滤器过滤后送入洁净室,并向对面排风墙流去,这样洁净室内形成水平层流,达到

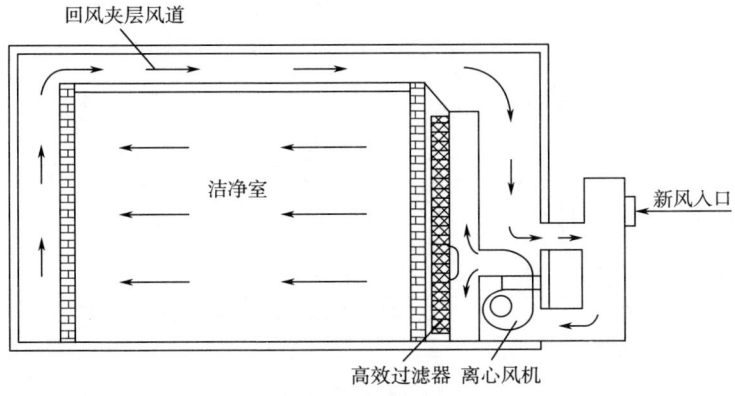

图 1-2 水平层流洁净室示意图

净化的目的。从洁净室排出的空气,一部分排出室外,大部分经回风夹层风道被风机吸入净化后循环使用。

注射剂生产中,某些局部区域要求较高的洁净度,可使用垂直层流洁净工作台(图 1-3)。

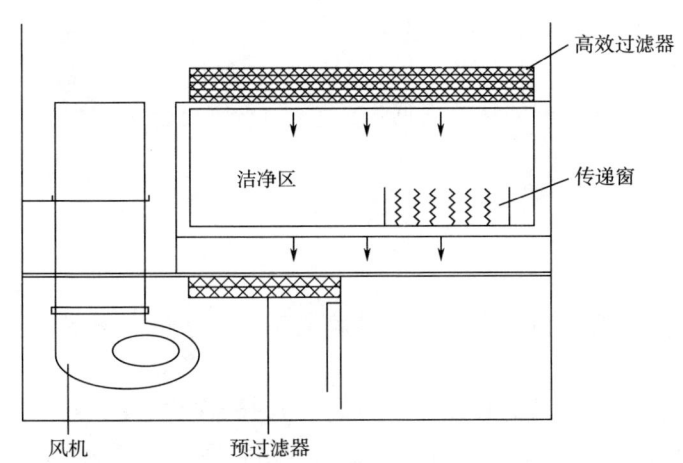

图 1-3 垂直层流净化工作台示意图

通过紊流净化的洁净室采取送入洁净空气来稀释室内含尘空气,从而降低了粉尘浓度,达到空气净化的目的。这种洁净室送风口可以设置在不同的位置(如顶部或侧部送风),室内洁净度与送风、回风的布置形式以及换气次数有关。在一定范围内增加换气次数可提高室内洁净度。

3. 洁净室的空调系统

为保证无菌制剂的质量,进入洁净室的空气应为无尘、无菌、洁净、新鲜的空气。洁净室的空调系统对进入室内的空气均须经过滤、除湿、加热等处理,并能调节室内的温度与湿度。洁净室空调系统如图 1-4 所示。

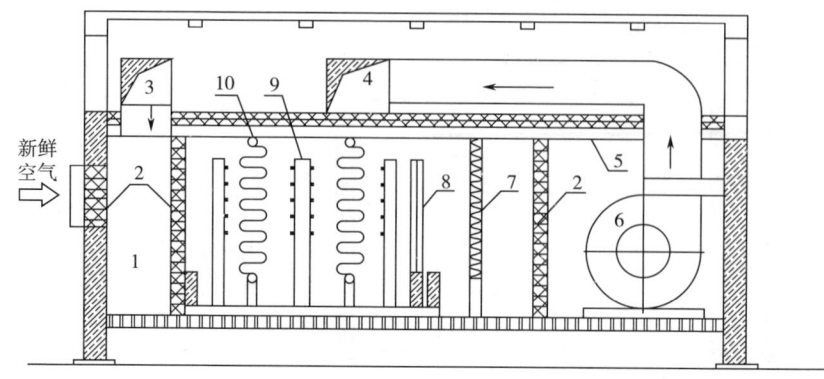

图 1-4　洁净室空调系统示意图
1—送风室　2—初效过滤器　3—回风管　4—送风管　5—混凝土板及保温层　6—鼓风机
7—加热器　8—挡水板　9—喷雾管　10—蛇管冷却器

当鼓风机启动后,室内的回风和室外的新风被吸入送风室中,空气首先经过初效过滤器除去大部分尘埃和细菌;滤过后的空气通过冷却器使温度下降,并将空气中的水分冷凝除去。然后通过挡水板除去雾滴,再通过风机使空气经过蒸汽加热器加热,进一步调节空气温度和降低湿度。通过蒸汽加湿器调节好湿度的空气经中效过滤器过滤后进入各送风管,在送风管末端通过高效过滤器过滤后进入洁净室。洁净室内的空气可经回风管送回送风室,与新风混合后,循环使用。

三、粉碎、过筛、混合

固体制剂简介

(一) 粉碎

粉碎是指利用机械力将大块物料破碎成符合要求的小颗粒的操作过程。

粉碎的主要目的有以下几点:①增加药物的表面积,促进药物溶解与吸收,提高难溶性药物的溶出度和生物利用度。②适当的粒度有利于制剂生产中各成分的均匀混合。③加速药材中有效成分的浸出。④是混悬液、散剂、片剂、胶囊剂等多种剂型制备的前处理工序。

粉碎对制剂质量影响很大,粉碎过程可能带来晶型转变、热分解、黏附性与吸湿性增大、流动性变差和粉尘飞扬等不良作用。药物粉碎不均匀,会影响制剂生产中的均匀混合,还会使制剂的剂量或成分含量不准确,从而影响疗效。

1. 粉碎的原理

物料依靠分子间的内聚力集结成一定的形状,粉碎过程是利用外力破坏物料分子间的内聚力,被粉碎的物料受到外力的作用后局部产生很大的应力和形变,当应力超过物料分子间的内聚力时,大物料破碎成颗粒或细粉。

粉碎过程中常见的外力有冲击力、压缩力、剪切力、弯曲力、研磨力等。冲击力、压缩力对脆性物料的粉碎更有效;剪切力对纤维状物料更有效;粗碎以冲击力和压缩力为主;细碎以剪切力、研磨力为主。实际上粉碎过程是几种力综合作用的结果。

2. 粉碎的方法

根据被粉碎物料的性质和粉碎程度的不同,需选择不同的粉碎方法。常见的粉碎方法有干法粉碎与湿法粉碎、单独粉碎与混合粉碎、低温粉碎、流能粉碎等。

(1)干法粉碎与湿法粉碎　干法粉碎是指将物料经适当干燥,降低水分再进行粉碎的方法。干法粉碎是制剂生产中最常用的粉碎方法。

湿法粉碎是指在物料中加入适量水或其他液体进行研磨粉碎的方法。选用的液体应不影响药物的药效,刺激性或有毒药物通过加液体研磨可避免粉尘飞扬。樟脑、薄荷脑等常加入少量液体(如乙醇、水)研磨;朱砂、珍珠、炉甘石等为得到极细粉末,可采取水飞法。水飞法属于湿法粉碎,是将药物与水共置于研钵或球磨机中研磨,使细粉漂浮于液面或混悬于水中,倾出此混悬液,余下药物加水反复研磨,直至全部研磨完毕,将所得混悬液合并、沉降,倾去上清液,将湿粉干燥,即得极细粉。此法适用于矿物药、动物贝壳,如朱砂、滑石等的粉碎。

(2)单独粉碎与混合粉碎　单独粉碎是指将同一物料单独进行粉碎处理。贵重、毒性、刺激性药物为减少损耗或污染宜单独粉碎;氧化性药物和还原性药物混合易引起爆炸,宜单独粉碎;质地坚硬的物料如磁石、石膏等应采取单独粉碎。

混合粉碎是指两种或两种以上物料掺和在一起粉碎的操作。处方中某些物料的性质及硬度相似,可采取混合粉碎。混合粉碎既可避免一些黏性药物单独粉碎的困难,又可使粉碎与混合操作结合进行。

(3)低温粉碎　低温粉碎是指利用低温时物料脆性的增加,韧性与延伸性降低,易于粉碎的特性进行粉碎的操作。低温粉碎适宜于树脂、树胶、干浸膏等在常温下粉碎困难的物料,同时低温条件能保留物料中的香气及挥发性有效成分,并可获得更细的粉末。

(4)流能粉碎　流能粉碎是指利用高压气流使物料与物料之间、物料与器壁间相互碰撞而产生强烈的粉碎作用的操作。粉碎时高压气流在粉碎室中膨胀产生冷却效应,故热敏性物料和低熔点物料可采取本法粉碎。

3. 粉碎设备

(1)万能粉碎机　万能粉碎机是一种应用较广的冲击式粉碎机,适用于粉碎各种干燥的非组织性的药物及中药的根、茎、皮等,故有"万能"之称。但由于在粉碎过程中产热,故不宜粉碎含有大量挥发性成分、热敏性及黏性的物料。

如图1-5所示,在高速旋转的转盘上固定有若干圈钢齿(冲击柱),另一与转盘相对应的固定盖上也固定有若干圈钢齿。药物由加料斗进入粉碎室,由于惯性离心作用,药物从中心部位被抛向外壁,在此过程中受到钢齿的冲击而被粉碎。细粉通过环状筛板,自粉碎机底部的出粉口收集,粗粉则继续在机内粉碎。

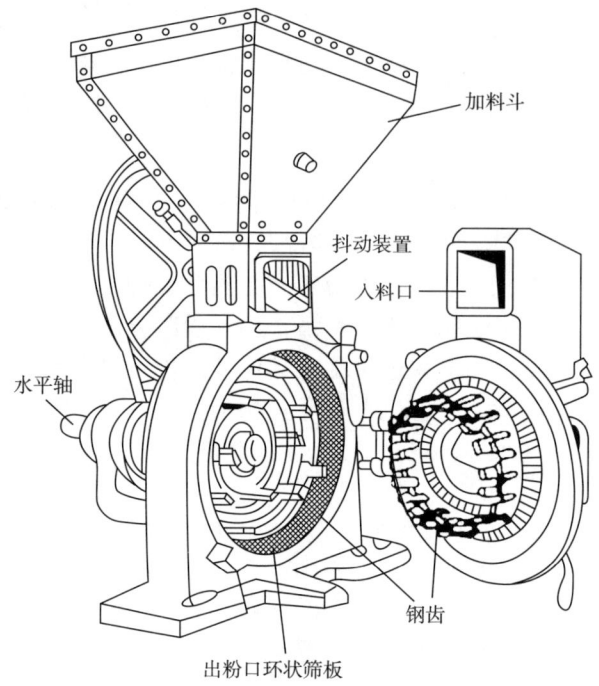

图 1-5 万能粉碎机粉碎部分结构示意图

（2）球磨机　其由圆柱形缸内装入一定数量、大小不一的不锈钢或瓷制圆球组成。圆柱形球磨缸的轴固定在轴承上，当缸转动时，物料经圆球的冲击和研磨作用被粉碎。球磨机需要有适当的转速（图 1-6），才能使圆球沿壁运行到最高点落下，以产生最大的冲击力和良好的研磨作用。如转速太低，圆球不能达到一定的高度并落下；如转速太快，圆球受离心力的作用而沿筒壁旋转，均达不到最好的粉碎效果。

球磨机视频

球磨机结构简单、密闭操作，必要时还可在球磨缸内充入惰性气体以保护被粉碎的物料，但粉碎效率低，粉碎时间较长。

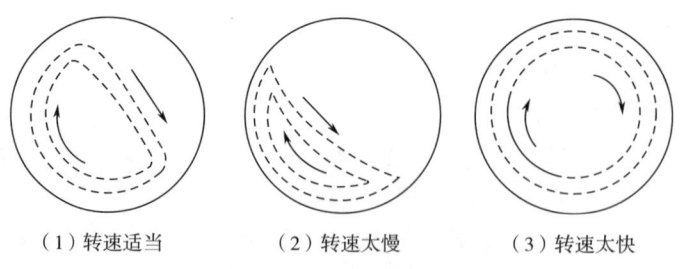

（1）转速适当　　（2）转速太慢　　（3）转速太快

图 1-6 球磨机研磨介质运动状态

(3) 流能磨(气流粉碎机) 流能磨(图 1-7)的工作原理是将空气通过一定形状的喷嘴形成高速气流,吹入粉碎室,带动物料在密闭室内相互碰撞而产生剧烈的粉碎作用。粉碎后的细粉被高速气流带至出料口,进入旋风分离器进行分离,较大颗粒的物料由于离心力的作用沿室壁外侧进入粉碎室继续粉碎。

磨介的运动状态视频

由于粉碎过程中高压气流膨胀吸热,产生明显的冷却作用,适用于低熔点及热敏性物料的粉碎。流能磨可进行粒度要求为 $3\sim20~\mu m$ 的超微粉碎,也可在无菌状态下操作。

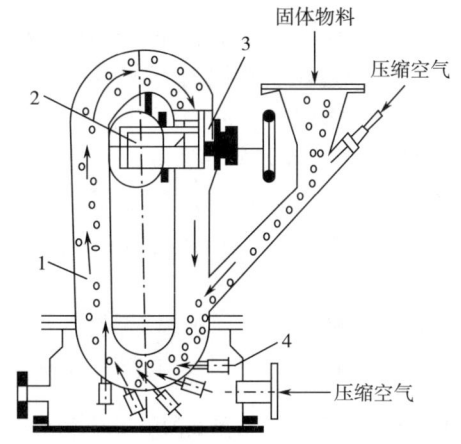

图 1-7 流能磨示意图
1—粉碎区 2—出料口 3—分级区 4—喷嘴

(4) 研钵 一般用瓷、玻璃、玛瑙或金属制成,但以瓷研钵和玻璃研钵最为常用,主要用于少量物料的粉碎和实验室小剂量的粉碎操作。

4. 粉碎操作注意事项

各种粉碎设备的性能不同,作用力也不同,可以根据被粉碎药物的性质和粒度要求选择适宜的粉碎设备,在使用和保养粉碎设备时应注意以下几点。

(1) 通常高速旋转的粉碎机开动后,待其转速稳定时再加料。否则因药物先进入粉碎室后,机器难于启动,引起发热,会损坏电机或因过热而停机。

(2) 药物中不应夹杂硬物,以免卡塞转子而引起电动机发热或烧坏。粉碎前应对物料进行精选以除去夹杂的硬物(如铁钉等)。可在粉碎机的饲料斗上附有电磁除铁装置,当物料通过电磁区时,所含铁块即被吸除。

(3) 各种粉碎机在每次使用后,应检查机件是否完整,且清洗内外各部分,添加润滑油后罩好。

(4) 操作时注意安全,要严格遵守操作规程,严禁开机的情况下向机器中伸手,以免发生安全事故。

(5)粉碎毒性药物、刺激性较强的药物时,应特别注意安全保护,以免中毒,同时也要做好防止药物交叉污染的预防工作。

(二)筛分

筛分是指经粉碎后的物料通过网孔状工具将粒度不同的物料进行分离的操作。通过筛分可以除去不符合要求的粗粉或细粉,从而获得较均匀颗粒度的物料,同时筛分还有混合作用。筛分除可对粉碎后的物料进行粉末分等外,通过及时筛出已达细度要求的物料可减少粉碎时的能量消耗,提高粉碎效率。

1. 药筛种类和规格

药筛根据制作方法的不同可分为编织筛和冲制筛。编织筛的筛网由铜丝、铁丝、不锈钢丝、尼龙丝等编织而成,在使用时筛线易移位使筛孔变形。尼龙丝对一般药物较稳定,在制剂生产中应用较多。冲制筛是在金属板上冲压出圆形筛孔,其筛孔牢固,孔径不易变动,常用于粉碎过筛两者联动的机械上。

《中国药典》(2020 年版)所用药筛,选用国家标准的 R40/3 系列,共规定了 9 种筛号,一号筛的筛孔内径最大,九号筛的筛孔内径最小。目前制药工业上,常以目数来表示筛号及粉末的粗细,即以每英寸(2.54 cm)长度有多少筛孔来表示。如每英寸长度有 50 个孔的药筛称为 50 目筛,目数越大,筛孔越小。工业用筛的规格与《中国药典》(2020 年版)规定的筛号对照如表 1-5 所示。

表 1-5　　　　工业用筛的规格与药典的筛号对照表

药典筛号	筛孔内径(平均值)/μm	工业筛目号/目
一号筛	2000±70	10
二号筛	850±29	24
三号筛	355±13	50
四号筛	250±9.9	65
五号筛	180±7.6	80
六号筛	150±6.6	100
七号筛	125±5.8	120
八号筛	90±4.6	150
九号筛	75±4.1	200

2. 粉末分等

药物粉末的分等是按通过相应规格的药筛而定的,《中国药典》(2020 年版)规定了 6 种粉末等级,见表 1-6。

表 1-6　《中国药典》(2020 年版)粉末等级标准

等级	分等标准
最粗粉	指能全部通过一号筛,但混有能通过三号筛不超过 20% 的粉末
粗粉	指能全部通过二号筛,但混有能通过四号筛不超过 40% 的粉末
中粉	指能全部通过四号筛,但混有能通过五号筛不超过 60% 的粉末
细粉	指能全部通过五号筛,并含有能通过六号筛不少于 95% 的粉末
最细粉	指能全部通过六号筛,并含有能通过七号筛不少于 95% 的粉末
极细粉	指能全部通过八号筛,并含有能通过九号筛不少于 95% 的粉末

3. 筛分的设备

(1) 手摇筛　筛网按照筛号大小依次叠成套,最粗号在顶上,其上面加盖,最细号在底下,套在接收器上,手摇筛适用于少量药粉的分等。

(2) 往复振动筛　利用偏心轮对连杆所产生的往复振动筛选粉末,该设备借电机带动皮带轮,使偏心轮做往复运动,从而使筛体往复运动,对物料产生筛选作用。由于待筛分物料密闭于箱内,因此适用于毒性、刺激性、易风化潮解药物的过筛。

(3) 旋振筛　通过带有不平衡重锤或棱角形凸轮的旋转轴的转动,使筛产生振动的过筛装置。旋振筛可用于单层或多层分级使用,结构紧凑、分离效率高、单位筛面处理能力大,故在制剂生产中被广泛应用。漩涡式振荡筛结构示意图见图 1-8。

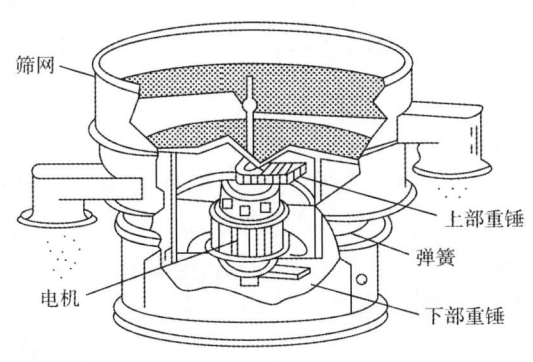

图 1-8　漩涡式振荡筛结构示意图

旋转式振动筛结构视频

4. 过筛应注意事项

影响过筛的因素有很多,为了提高效率,过筛操作应注意以下几个方面。

(1) 加强振动　在静止情况下,由于药粉相互摩擦及表面能的影响,药粉易形成粉堆而不易通过筛孔。当外加振动迫使药粉移动时,各种力的平衡受到破坏,小于筛孔的粉末才能通过筛孔,故过筛时需要不断振动。振动时药粉在筛网上运动的方式有滑动和跳动两种,跳动能有效增加粉末间距,且粉末的运动方向几乎与筛网成直角,筛孔得到充分暴露而使过筛操作能够顺利进行。滑动虽不能增大粉末间距,但粉末运动方向几乎与筛网平行,能增加粉末与筛孔接触的机会,所以,当滑动与跳动同时存在时有利于过筛进行。粉末运动速度不宜过快,这样可使更多的粉末有落于筛孔的机会,但运动速度过慢会降低过筛效率。

(2)粉末应干燥　粉末的湿度越大,越易黏结成团而堵塞筛孔,故含水量大的物料应适当干燥后再过筛。易吸潮的物料应及时过筛或在干燥环境中过筛。黏性、油性较强的药粉应掺入其他药粉一起过筛。

(3)粉层厚度要适中　药筛内的药粉不宜堆积过厚,让粉末有足够的余地在较大范围内移动有利于过筛,但粉层太薄又影响过筛效率。

(三)混合

混合是指将两种或两种以上组分的物料相互交叉分散均匀的操作。目的是使制剂中各组分均匀分散、色泽一致,以保证用药剂量准确和用药安全。

1. 混合方法

(1)搅拌混合　是将各药粉置于适当大小的容器中搅匀的操作,此法简便但不易混匀,多作为初步混合之用。

(2)研磨混合　是将各药粉置于乳钵中进行研磨的混合操作,此法适用于少量尤其是结晶性药物的混合。

(3)过筛混合　是将各药粉先搅拌进行初步混合,再通过适宜孔径的筛网使之混匀的操作。由于较细、较重的粉末先通过筛网,故在过筛后仍须加以适当的搅拌,才能混合均匀。

在大批量生产中,多采用搅拌或容器旋转使物料产生整体和局部的移动来达到混合的目的。

2. 混合设备

在大批量生产中,混合过程一般在混合筒中完成。混合筒的形状及运动轨迹直接影响物料的混合均匀度。混合筒的形状从最初的滚筒型发展到目前常用的V字形、双锥形,运动轨迹从简单的单向旋转发展到空间立体旋转,使混合设备得到了较大的发展,出现了一批混合均匀度高、效率高、能耗小的新型混合机。

(1)槽型混合机　也称捏合机,如图1-9所示,其主要部分为混合槽、搅拌桨、固定轴。撞拌桨呈S形装于槽内轴上,开机使搅拌桨转动以混合物料。槽型混合机除适合于混合各种粉料外,还常用于片剂、丸剂的制软材。

(2)V形混合机　如图1-10所示,该机由两个圆筒呈V形交叉结合而成。V形筒的直径与长度之比为0.8~0.9,两个圆筒的交叉角为80°~81°,物料在圆筒内旋转时,被分成两部分,然后再使这两部分物料重新聚合,如此反复循环进行混合,在较短时间内即能混合均匀。本混合机的混合速度快,在制药工业中应用非常广泛。

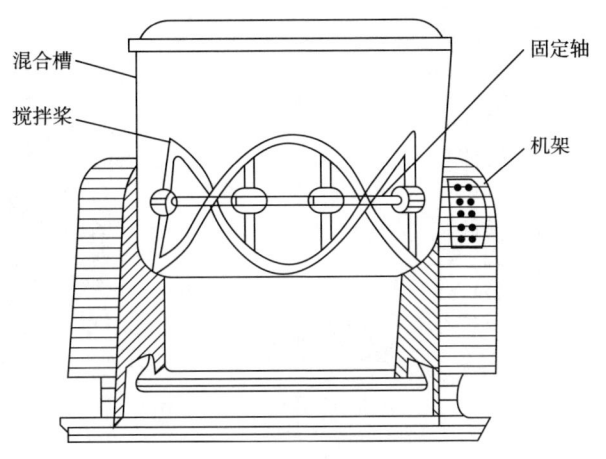

槽型混合机图片

图 1-9　槽型混合机结构示意图

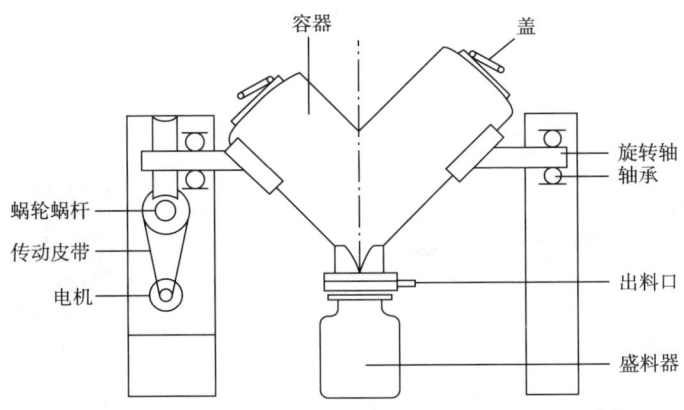

V 形混合机图片

图 1-10　V 形混合机结构示意图

(3) 三维混合机　如图 1-11 所示,该机由筒体和机身两部分组成。装料的筒体在主动轴的带动下做平行移动及摇滚等复合运动,促使物料沿着筒体进行环向、径向和轴向的三维复合运动,从而实现多种物料的相互流动扩散、掺杂,以达到高均匀混合的目的。三维混合机的特点是筒体各处为圆弧过渡,并经过精密抛光处理,物料装料率大(最高可达 80%,普通混合机仅为 40%),效率高,混合时间短。物料无离心力作用,无密度偏析及分层、积聚现象,各组分可有悬殊的密度差,混合率达 99.9% 以上,是目前各种混合机中的一种较理想的产品。

(4) 双螺旋锥形混合机　该机由锥形容器和内装的两个螺旋推进器组成,如图 1-12 所示。工作时,由锥体上部加料口进料,主轴带动左右两个螺旋杆在容器内一边自转一边公转,自转速度为 100 r/min,公转速度为 5 r/min,产生较高的切变力,使物料以双循环方式迅速混合,再从底部卸料,减轻了劳动强度,特点是混合速度快、效率高、动力消耗少、装载量大。

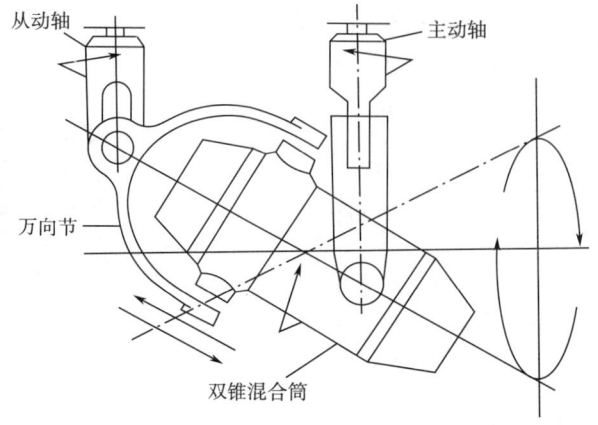

图 1-11 三维混合机运动示意图

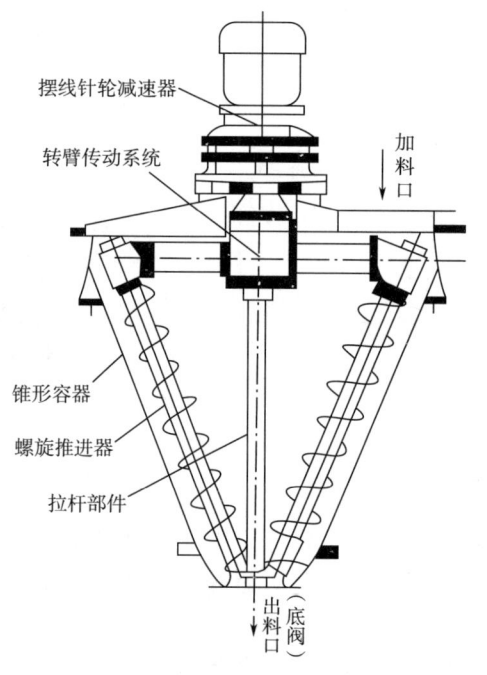

图 1-12 双螺旋锥形混合机结构示意图

3. 混合的原则

（1）当各组分用量悬殊时，应采取配研法（等量递加法）。先取量小的组分，加入等量的量大组分进行混匀，再加入与混合物等量的量大组分混匀，重复此操作至全部组分混合完毕。

（2）当组分密度相差较大时，应先将密度小的组分放入混合设备内，再加密度大的组分进行混匀。

(3)当组分色泽深浅不一时,应先加色深者垫底,再加色浅者。

(4)应注意混合设备的吸附性,操作中先将量大且不易吸附的药粉垫底,量少且易吸附者后加。

(5)含液体或易吸湿性组分时,可用处方中其他成分吸收至不显湿为止。吸湿性强的药物混合时应注意控制相对湿度,迅速操作。

四、制粒

制粒是把粉末、块状物、溶液等不同状态的物料制成具有一定形态、大小的颗粒的操作。制粒是制剂生产的重要技术之一,通过制粒可以起到改善物料的流动性、减少粉尘飞扬等作用。颗粒除可以直接作为剂型使用外,还可用于其他剂型的制备,如用于压片制备片剂,作为硬胶囊剂的填充物。

制粒方法可分为湿法制粒法和干法制粒法两类。不同的制粒方法所制得颗粒的形状、大小有所差异,应根据制粒的目的、物料的性质来进行选择。

(一)湿法制粒法

湿法制粒法是指在物料中加入润湿剂或液态黏合剂进行制粒的方法,目前在制剂生产中应用广泛。根据使用的制粒设备的不同,湿法制粒技术包括挤压制粒、转动制粒、高速混合制粒、流化床制粒、喷雾制粒等。

1. 挤压制粒

挤压制粒是指在混合均匀的原辅料中加入黏合剂制备软材,然后将软材强制挤压通过一定规格的筛网而制粒的方法。

(1)挤压制粒的设备 常见的挤压制粒设备有螺旋挤压制粒机(图1-13)、旋转挤压制粒机(图1-14)以及摇摆式制粒机(图1-15)。

(2)挤压制粒的特点 ①颗粒粒径可通过选择不同规格的筛网进行调节,制得的粒子多为圆柱状,粒径在0.3~30 mm。②颗粒的疏松程度可通过加入黏合剂的种类和用量进行调节,以适应不同的需要。③制备过程需经过混合、制软材等工序,工序多、劳动强度大,不适合大批量生产。

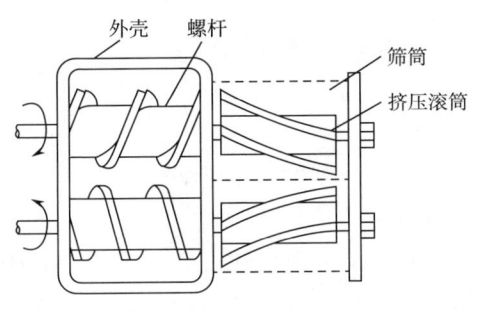

图1-13 螺旋挤压制粒机结构图

高效旋转制粒机

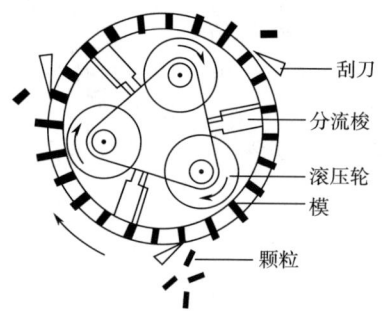
图 1-14 旋转挤压制粒机示意图

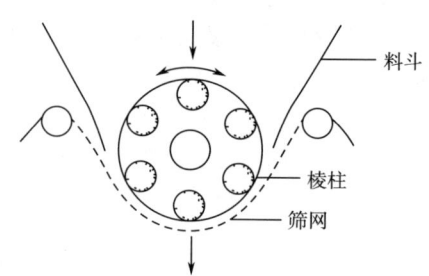
图 1-15 摇摆式制粒机示意图

2. 转动制粒

转动制粒是指在混合均匀的物料中加入一定量的润湿剂或黏合剂,在转动、摇动、搅拌等作用下使物料结聚成球形粒子的方法。转动制粒多用于丸剂的生产,可制备 3 mm 以上的药丸,生产操作多凭经验控制,成本较低,转动制粒机如图 1-16 所示。

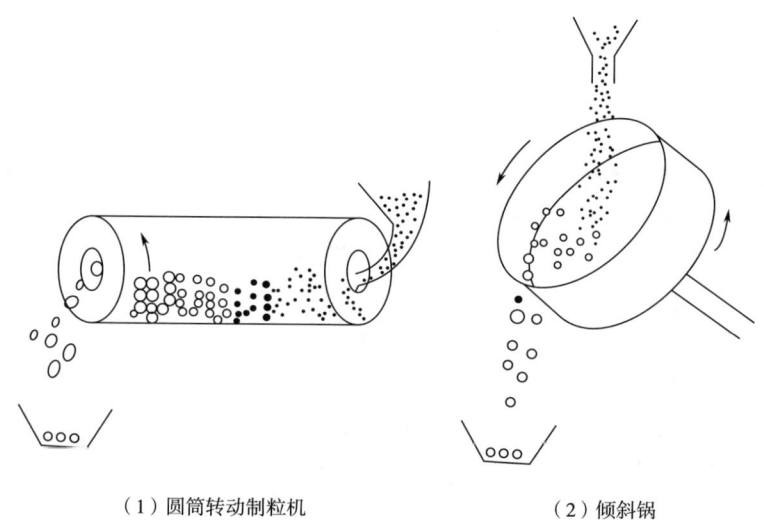

(1) 圆筒转动制粒机　　(2) 倾斜锅

图 1-16 转动制粒机示意图

3. 高速混合制粒

高速混合制粒是将物料加入高速混合制粒机的容器内,搅拌混匀后加入黏合剂或润湿剂,使粉末快速结聚成粒的方法。

(1) 高速混合制粒的设备　常用的设备为高速混合制粒机,分为卧式和立式两种,其制粒的主要部件包括混合槽、搅拌桨、切割刀等,内部结构如图 1-17 所示。

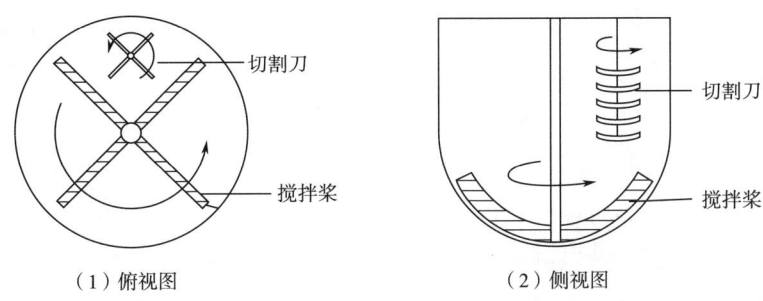

图 1-17 高速混合制粒机内部结构图

制粒过程中影响颗粒大小和致密性的因素有以下几方面：①混合槽的装量，物料的粒度。②加入黏合剂的种类和用量。③搅拌桨和切割刀的转速。④搅拌桨的形状与切割刀的位置。

（2）高速混合制粒的特点　①可制备不同松紧度的颗粒，以满足压片、胶囊填充等不同的需要。②在一个容器中完成混合、捏合和制粒过程，工序少，操作简单、快速。③颗粒粒径大小不易控制。

高速混合制粒机结构图

4. 流化床制粒

流化床制粒是指利用气流使物料在容器内呈悬浮状态，喷入流化床的黏合剂使物料聚结成颗粒的方法。常用的设备为流化床制粒机，其结构如图 1-18 所示。

控制干燥速度和喷雾速度是流化床制粒操作的关键。流化床内的进风温度和进风量影响干燥速度，一般进风量大、温度高，干燥速度较快，颗粒粒径较小；风量太小、温度太低则物料干燥不及时，容易结块。喷雾速度和雾滴大小也需要调节好，以保证得到粒度合适的颗粒。

HLSG-10 高速混合制粒机制粒操作

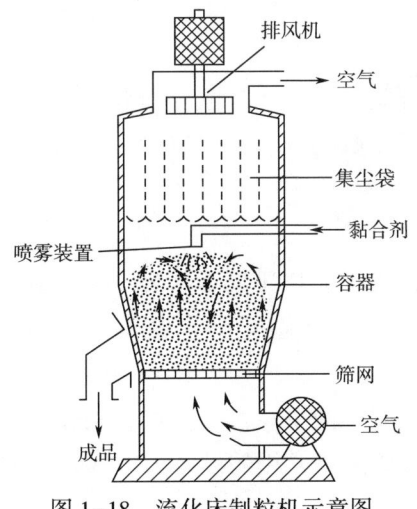

图 1-18 流化床制粒机示意图

流化床制粒的特点有以下几点：①在一台设备内进行混合、制粒、干燥,甚至包衣等操作,可简化工艺、节省时间、劳动强度低。②制得的颗粒松散、密度小、强度小,且粒度均匀,流动性和可压性好。

5. 喷雾制粒

喷雾制粒法是把物料溶液或混悬液雾化后喷入干燥室,在热气流的作用下使雾滴中的水分迅速蒸发以直接获得球状干燥颗粒的方法。常用的设备为喷雾干燥制粒机,如图1-19所示。

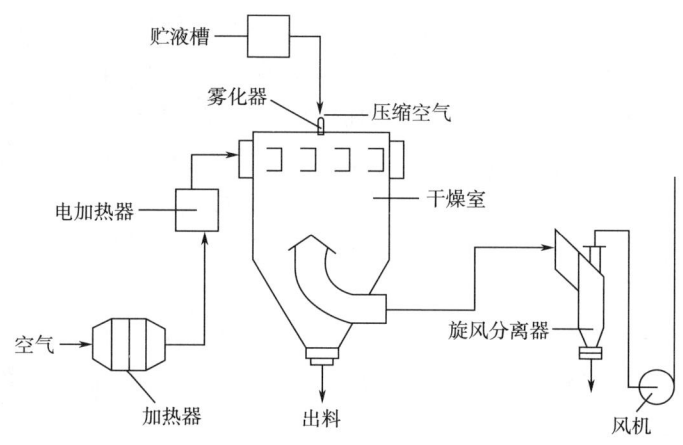

图1-19　喷雾干燥制粒机流程示意图

喷雾制粒的特点：①由液体物料直接得到干燥颗粒。②物料的受热时间短,干燥迅速,适合于热敏性物料的制粒。③制得的颗粒为中空球状粒子较多,具有良好的溶解性、分散性和流动性。④设备能耗大、操作费用高,黏性较大的物料易粘壁。

(二)干法制粒

干法制粒是将物料混匀后压成大片状或板状,然后粉碎成所需大小颗粒的方法,常用于热敏性、遇水易分解、易压缩成形的物料的制粒。干法制粒技术可分为重压法和滚压法两种。

1. 重压法

重压法是利用重型片机将物料压成20~25 mm的坯片,然后再破碎成所需粒度的颗粒的方法。

2. 滚压法

滚压法是利用转速相同的两个滚动轮之间的缝隙将物料压成板状,然后破碎成一定大小颗粒的方法。滚压法常用的设备为滚压制粒机。

五、干燥

干燥是指利用热能或其他适宜的方法除去湿料中所含的水分或其他溶剂,从而获得干燥物品的操作过程。干燥是制剂生产中不可缺少的单元操作,常用于原辅料除湿、新鲜药材除水、浸膏剂、颗粒剂、片剂、丸剂等剂型的制备。干燥的目的是除去溶剂,继而提高物品的稳定性,使成品或半成品具有一定规格标准,保证药品质量,同时为进一步加工、运输、储存和使用奠定基础。

(一)影响干燥的因素

1. 物料性质

物料性质是决定干燥速率的主要因素,包括物料本身结构、形状、大小、料层厚薄及水分结合方式等,如一般呈结晶状、颗粒状、料层薄的物料比粉末状及膏状、料层厚的物料干燥速率快,故实际生产中应将物料摊平、摊薄。

2. 干燥介质温度

温度越高,干燥介质与湿料间温度差越大,传热速率越高,干燥速率越快。应根据物料的性质选择适宜的干燥温度以防止热敏性成分被破坏。静态干燥时干燥温度宜由低至高缓缓升温,动态干燥时则需以较高温度达到迅速干燥的目的。

3. 干燥介质的湿度与流速

干燥介质的相对湿度越低,干燥速率越快。在生产中为降低干燥空间的相对湿度,提高干燥效率,可采用生石灰、硅胶等吸湿剂吸除空间中的水蒸气或采用除湿机除湿。干燥介质流速提高,可降低水汽化时气膜的厚度,减小物料表面水的汽化阻力,从而提高干燥效率。生产中常采用排风、鼓风装置等加大空气流动与更新,加快干燥进程,但空气流速对物料内部水分的扩散影响极小。

4. 干燥速率

干燥过程是被汽化的水分连续进行内部扩散和表面汽化的过程。物料的干燥过程分为恒速干燥和降速干燥两个阶段。在恒速干燥阶段,凡能影响表面汽化速率的因素,如干燥介质的温度、湿度、流动情况等均可影响本阶段的干燥。在降速干燥阶段,介质的温度、湿度已不再是主要影响因素,干燥速率主要与溶剂分子内部扩散有关,与物料的厚度、干燥的温度有关。如果干燥速度过快,物料表面水分迅速蒸发,内部水分未能及时扩散至物料表面,则形成外干内湿的状态,待物料放置一段时间后,水分又传导到物料表面,致使表面物料彼此黏结形成假干燥现象。假干燥现象对药品的生产和储存会产生较大的不良影响,如使用假干燥颗粒制备的糖衣片可造成"花片"。

5. 干燥方式

静态干燥(如使用烘箱、烘柜、烘房等)时,气流掠过物料层表面,干燥面积暴露少,干燥效率低。动态干燥(如沸腾干燥、喷雾干燥等)时,物料处于跳动或悬浮于气流中,粉体彼此分开,大大增加了暴露面积,干燥效率高。

(二)干燥方法与设备

1. 常压干燥

湿物料中水分的存在状态

常压干燥是在普通大气压下进行干燥的方法。常压干燥的具体方法有以下几点:①烘干干燥:又称厢式干燥,是在常压下将湿物料摊放在烘盘内,利用热的干燥气流使湿料中水分汽化进行干燥的方法,此法简单易行,但干燥时间长,温度较高。烘干干燥适用于对热稳定的药物,常用设备有烘箱等。②鼓式干燥:又称滚筒式干燥,是将蒸发到一定程度的料液涂于加热面上使之呈薄膜状,使料液中水分蒸发,达到干燥目的的方法,此法由于增大了蒸发面及受热面,所以具有干燥快、受热时间短、干燥产品容易粉碎、可以连续生产等特点。滚筒式干燥常用于中药浸膏的干燥及膜剂的制备。常用设备是鼓式薄膜干燥器。③带式干燥:是利用干热空气流、红外线、微波等方式使平铺在传送带上的物料得以干燥的方法,其特点是物料受热均匀、省工省力,当物料运至卸料口时即完成干燥。带式干燥适用于中药饮片、茶剂、颗粒剂等物料的干燥。

2. 减压干燥

减压干燥又称真空干燥,是在密闭容器中通过抽气减压而进行干燥的方法。本法干燥度低、速度快,被干燥的成品呈疏松海绵状,易于粉碎。整个干燥过程为密闭操作,可防止药物被污染或氧化。减压干燥适用于稠膏、热敏性物料。

3. 沸腾干燥

沸腾干燥又称流化床干燥,是利用热空气流使湿颗粒悬浮呈流态化,似"沸腾状",热空气在湿颗粒间通过,在动态下进行热交换带走水汽而达到干燥目的的一种方法。本法干燥速度快、效率高、干燥均匀、产量大、干燥时不需要翻料,且能自动出料,设备占地面积小,适用于大规模生产。但本法热能消耗大,清洁设备较麻烦。沸腾干燥适用于湿粒性物料,如片剂与颗粒剂的湿颗粒干燥、水丸的干燥。常用设备有卧式多室流化床干燥器(见图1-20)。

4. 喷雾干燥

喷雾干燥是将浓缩至一定相对密度的药液通过喷雾器喷射成雾状液滴,与一定流速的干燥热气流进行快速热交换,将料液中的水分迅速蒸发从而干燥的方法。本法的特点是瞬间干燥(数秒到数十秒),特别适用于热敏性物料。成品为疏松的细粉,溶解性好。

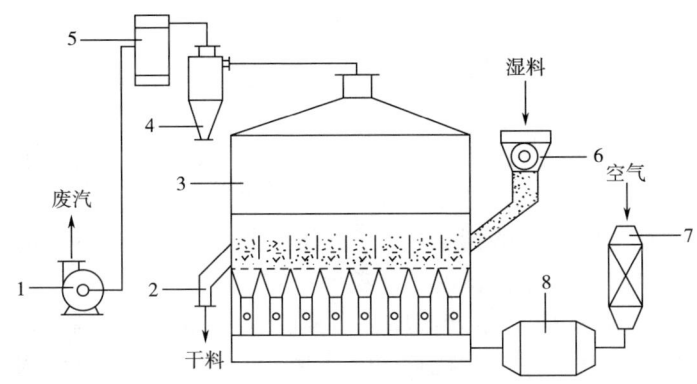

图 1-20 卧式多室流化床干燥器示意图
1—引风机 2—卸料管 3—干燥器 4—旋风分离器
5—袋式分离器 6—摇摆颗粒机 7—空气过滤器 8—加热器

5. 冷冻干燥

冷冻干燥是将被干燥的液体物料冷冻成固体,在低温减压条件下利用冰的升华性质,使物料能够在低温下脱水干燥的方法,其特点是物料在高真空和超低温条件下干燥,尤其适于热敏性物料,如抗生素血浆、疫苗等生物制品及中药粉针剂和止血海绵剂等的干燥。干燥后的成品多孔疏松,溶解快,含水量低,可久贮。但冷冻干燥耗能高,设备投资大,冻干生产周期长,每批生产量比较小,生产成本较高。

6. 红外线干燥

红外线干燥是利用红外线辐射器产生的电磁波被物料吸收后直接转变为热能,使物料中水分受热汽化而干燥的一种方法。由于一般物料对红外线的吸收光谱大多位于远红外区域,故常用远红外线干燥。例如注射剂生产中,安瓿洗涤后即是利用远红外隧道烘箱进行干燥的。红外线干燥的特点是物料受热均匀,干燥速度快,成品质量好,但电能消耗大。

7. 微波干燥

微波是一种高频(300 MHz~300 GHz)的电磁波。湿物料中的水分子在微波电场的作用下,反复转动并产生剧烈的碰撞和摩擦,产生大量热能,使水分子迅速汽化并蒸发,从而使物料干燥。其特点是:干燥速率快,加热均匀,产品质量好。由于微波干燥速度快,控制有一定困难,再者在干燥时间控制方面要求采用短时多次的方法,否则操作过程中物料易变质。常用的微波加热干燥的频率为 915 MHz 和 2450 MHz 两种,后者在一定条件下兼有灭菌作用。

六、颗粒剂制备

(一) 概述

颗粒剂是指药物与适宜的辅料混合制成具有一定粒度的干燥颗粒状制剂。颗粒剂主要供内服,可直接吞服,也可分散或溶解在水中服用。

颗粒剂根据在水中溶解的情况可分为可溶性颗粒(通称为颗粒)、混悬颗粒、泡腾颗粒、肠溶颗粒、缓释颗粒和控释颗粒等。

颗粒剂是近年来发展较快的剂型之一,其优点是:①可溶颗粒、混悬颗粒和泡腾颗粒保持了液体制剂起效快的特点。②飞散性、附着性、聚集性、吸湿性等均较散剂小;流动性较散剂好,易于分剂量。③性质稳定,运输、携带、贮存方便。④颗粒剂常采用蔗糖等矫味剂,以掩盖成分的不良臭味,便于服用。⑤必要时可对颗粒进行包衣,根据包衣材料的性质可制成缓、控释颗粒或肠溶颗粒,也可使颗粒具防潮性、掩味等作用。其缺点是:①多数颗粒剂因含糖较多,贮存、包装不当时,易受潮,软化结块,影响质量。②多种颗粒混合的颗粒剂可能因各种颗粒大小以及密度差异产生离析现象,使分剂量不易准确。

(二) 颗粒剂辅料

颗粒剂中常用的辅料有稀释剂、黏合剂与润湿剂、崩解剂,根据需要还可加入矫味剂、着色剂等。以下简单介绍前两类,矫味剂和着色剂参见液体制剂模块,崩解剂详见片剂生产管理项目。

1. 稀释剂

稀释剂主要用来增加制剂的重量或体积,也称填充剂。颗粒剂常用的稀释剂有以下几种。

(1) 糖粉 是结晶性蔗糖经低温干燥、粉碎而成的白色粉末。黏合力强,但吸湿性较强。一般不单独使用,常与糊精、淀粉配合使用。

(2) 糊精 淀粉水解的中间产物,为白色或黄色粉末,在冷水中溶解较慢,较易溶于热水。具有较强的黏结性,制粒时使用不当会造成颗粒崩解或溶出迟缓,有时也会影响含量测定,很少单独使用,常与糖粉、淀粉配合使用。

(3) 乳糖 由等分子葡萄糖及半乳糖组成,白色结晶性粉末,带甜味,易溶于水。常用含有一分子结晶水的乳糖(α-乳糖),无吸湿性,性质稳定,可与大多数药物配伍。

2. 黏合剂与润湿剂

(1) 黏合剂 指对无黏性或黏性不足的物料给予黏性,从而使物料聚结成粒的辅料。黏合剂可以用其溶液,也可以用其细粉。常用黏合剂如下所示。

①淀粉浆:由淀粉在水中受热糊化而得。由于淀粉价廉易得,淀粉浆黏合性良好,因此是制粒中首选的黏合剂,常用浓度为 8%~15%。淀粉浆的制法有煮浆法

和冲浆法两种。煮浆法是将淀粉混悬于全部量的冷水中,在夹层容器中加热并不断搅拌,直至糊化。冲浆法是将淀粉混悬于少量(1~1.5倍,质量比)水中,然后根据浓度要求冲入一定量的沸水,不断搅拌糊化而成。

②纤维素衍生物:是将天然的纤维素经处理后制备而成,常用的有甲基纤维素(MC)、羟丙基纤维素(HPC)、羟丙基甲基纤维素(HPMC)、羧甲基纤维素钠(CMC-Na)等。

③聚维酮(PVP):其根据分子质量不同分为多种规格,其中最常用的型号是K_{30}(相对分子质量$6×10^4$)。既溶于水,又溶于乙醇,因此可用于水溶性、水不溶性物料以及对水敏感性药物的制粒。

(2)润湿剂 润湿剂本身无黏性,但可润湿物料并诱发其黏性。在制粒过程中常用的润湿剂有以下几种。

①纯化水:是最常用的润湿剂,无味无毒,价格低廉,适用于对水稳定的药物,但制成的颗粒干燥温度高、干燥时间长,对热不稳定药物非常不利。在处方中水溶性成分较多时可能出现发黏、结块、湿润不均匀、干燥后颗粒发硬等现象,此时最好采用低浓度淀粉浆或乙醇溶液代替,以克服上述不足。

②乙醇:可用于遇水易分解的药物或遇水黏性太大的药物。中药浸膏的制粒常用乙醇-水溶液作润湿剂,随着乙醇浓度的增大,润湿后所产生的黏性降低,常用浓度为30%~70%。

(三)颗粒剂的制备

颗粒剂的制备方法与片剂生产中的制粒基本相同。传统的制备工艺流程如图1-21所示。

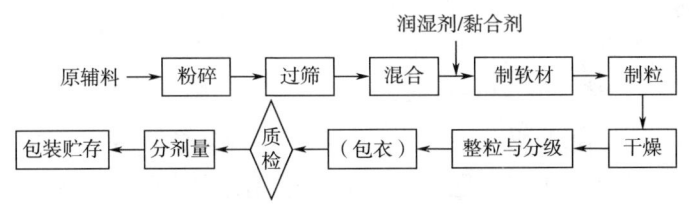

图1-21 颗粒剂传统的制备工艺流程

1. 粉碎、过筛、混合

主药与辅料在混合前均需经过粉碎、过筛或干燥等处理,其细度以通过80~100目筛为宜。剧毒药①、贵重药及有色的原辅料宜更细,易于混匀,使含量准确。

2. 制软材

制软材是指将药物与稀释剂(常用淀粉、蔗糖、乳糖等)、崩解剂(常用淀

---

① 通过精确稀释,达到治疗效果,而不产生明显毒副作用。

粉、纤维素衍生物等)等辅料混合后,再加入适宜的润湿剂或黏合剂进行混合,制成具有一定塑性物料的操作。采用湿法挤压制粒工艺生产时常采用槽型混合机进行制软材。现在常用的高速搅拌制粒机则可将制软材、制粒在同一设备中完成。

3. 制粒

制粒常用挤压制粒、高速搅拌制粒、流化(沸腾)制粒、喷雾制粒等方法。由于制粒后不再加入崩解剂,所以处方中所选用的黏合剂应不影响颗粒的崩解。淀粉和纤维素的衍生物兼有崩解和黏合作用,所以常作为颗粒剂的黏合剂。

泡腾颗粒含有泡腾剂(碳酸氢钠和有机酸),制备时须将泡腾剂的两种组分分别与药物制成颗粒,再混合均匀,分剂量。

4. 干燥

干燥常用的有厢式干燥法、流化床干燥法等。颗粒的干燥程度,以颗粒的含水量控制在2.0%以内为宜。

5. 整粒与分级

颗粒在干燥过程中,可能发生黏连甚至结块的现象,所以需要通过整粒以制成一定粒度的均匀颗粒。一般应按粒度规格的上限,过一号筛,把不能通过筛孔的部分进行粉碎,然后按粒度的下限,过五号筛,进行分级,除去粉末部分。

芳香性成分或香料一般溶于95%的乙醇中,雾化喷洒在干燥的颗粒上,混匀后密闭放置规定时间后再进行分装。

6. 包衣

为达到矫味、矫嗅、稳定、缓释或肠溶等目的,可对颗粒进行包衣,一般常用薄膜包衣。

7. 分剂量、包装与贮存

颗粒剂分剂量基本与散剂相同,但要注意均匀性,防止分层。颗粒剂的包装通常用复合塑料袋包装,其优点是轻便、不透湿、不透气、颗粒不易出现潮湿溶化现象。包装可采用单剂量包装或多剂量包装。除另有规定外,颗粒剂应密封、置干燥处保存,防止受潮。

(四)颗粒剂质量检查

颗粒剂的质量检查,除主药含量外,还应检查以下项目。

1. 外观

颗粒剂应干燥,色泽均匀一致,无吸潮、软化、结块、潮解等现象。

2. 粒度

除另有规定外,照粒度和粒度分布测定法(双筛分法)检查,不能通过一号筛与能通过五号筛的总和不得超过供试量的15%。

3. 干燥失重

除另有规定外,化学药品和生物制品颗粒剂照干燥失重测定法测定,于 105 ℃ 干燥至恒重(含糖颗粒应在 80 ℃ 减压干燥),减失质量不得超过 2.0%。

4. 水分

中药颗粒剂照水分测定法测定,除另有规定外,水分不得超过 8.0%。

5. 溶化性

除另有规定外,可溶颗粒、泡腾颗粒分别按下法检查,应符合规定。

(1)可溶颗粒检查法　取供试品 10 g(中药单剂量包装取 1 袋),加热水 200 mL,搅拌 5 min,立即观察,可溶颗粒应全部溶化或轻微浑浊。

(2)泡腾颗粒检查法　取供试品 3 袋,将内容物分别转移至盛有 200 mL 水的烧杯中,水温为 15~25 ℃,应迅速产生气体并呈泡腾状,5 min 内颗粒均应完全分散或溶解在水中。

颗粒剂按上述方法检查,均不得有异物,中药颗粒还不得有焦屑。

混悬颗粒及已规定检查溶出度或释放度的颗粒剂可不进行溶化性检查。

6. 装量差异

单剂量包装的颗粒剂的装量差异限度应符合表 1-7 规定。

表 1-7　　　　　　　　　　装量差异表

平均装量(或标识装量)	质量差异限度	平均装量(或标识装量)	质量差异限度
1.0 g 及 1.0 g 以下	±10%	1.5 g 以上至 6.0 g	±7%
1.0 g 以上至 1.5 g	±8%	6.0 g 以上	±5%

检查法:取供试品 10 袋(瓶),除去包装,分别精密称定每袋(瓶)内容物的质量,求出每袋(瓶)内容物的装量与平均装量。每袋(瓶)装量与平均装量相比较超出装量差异限度的颗粒剂不得多于 2 袋(瓶),并不得有 1 袋(瓶)超出装量差异限度 1 倍。凡无含量测定的颗粒或有标识装量的颗粒剂,应将每袋(瓶)装量与标识装量进行比较。

凡规定检查含量均匀度的颗粒剂,一般不再进行装量差异检查。

7. 装量

多剂量包装的颗粒剂,按照最低装量检查法检查,应符合规定。

检查法:除另有规定外,取供试品 5 个(50 g 以上者 3 个),除去外盖和标签,容器外壁用适宜的方法清洁并干燥,分别精密称定质量,除去内容物,容器用适宜的溶剂洗净并干燥,再分别精密称定空容器的质量,求出每个容器内容物的装量与平均装量,均应符合表 1-8 的有关规定。如有 1 个容器装量不符合规定,则另取 5 (或 3 个)复试,应全部符合规定。

表 1-8　　　　　　　　　　装量表

标识装量	固体、半固体、液体	
	平均装量	每个容器装量
20 g 以下	不少于标识量	不少于标识装量的 93%
20~50 g	不少于标识量	不少于标识装量的 95%
50 g 以上	不少于标识量	不少于标识装量的 97%

8. 微生物限度

颗粒剂微生物限度应符合要求。以动物、植物、矿物质来源的非单体成分制成的颗粒剂、生物制品颗粒剂，参照非无菌产品微生物限度检查；微生物计数法和控制菌检查法及非无菌药品微生物限度标准检查，应符合规定。

规定检查杂菌的生物制品颗粒剂，可不进行微生物限度检查。

9. 其他

含量均匀度应符合要求。缓控释颗粒需测定释放度。必要时，薄膜包衣颗粒应检查残留溶剂。

 新技术

固体分散技术

 学习效果检测

一、在线检测

测试 1　洁净与灭菌　　　测试 2　粉碎与筛分　　　测试 3　混合与干燥

项目一　颗粒剂生产管理

　　测试 4　制粒　　　　　　　测试 5　颗粒剂　　　　　　测试 6　散剂

二、项目考核

1. 按照附录 1 实操项目考核表进行小组和自我评价。
2. 将项目各岗位记录表上传至学习平台，同时提交实物，以供教师进行评价。

三、分析与探究

1. 药物与剂型之间有着辩证的关系。药物本身的疗效固然是主要的，而剂型对疗效的发挥，在一定条件下，也起着积极作用。剂型常用的有 30 余种。新的剂型也在不断地发展与创造中。将来会有更多的新剂型应用于临床，为什么需要这么多剂型？

2. 案例：维生素 C 泡腾颗粒剂

处方：维生素 C 1%～2%，柠檬酸 8%～10%，碳酸氢钠 6%～10%，糖粉 70%～90%，柠檬黄适量，甜味剂适量，食用香精适量。

讨论：(1) 处方中各成分起什么作用？

(2) 简述维生素 C 泡腾颗粒剂的制备工艺流程。

 课后拓展

　　粉体　　　　　　　　　固体制剂的溶出　　　　　　　散剂

　　膜剂　　　　　　　　　改良的熔融法

思政案例

连花清瘟来源于中医药抗疫智慧的结晶,其组方汇集了两千多年来中医药防治疫病的用药经验:东汉张仲景《伤寒杂病论》麻杏石甘汤、清代吴鞠通《温病条辨》银翘散以及明代吴又可治疫病用大黄经验,同时配伍藿香芳香化湿护脾胃,红景天调节免疫固正气,体现"卫气同治、表里双解,先证用药、截断病势,整体调节、多靶治疗"的积极干预策略。新冠肺炎期间,经过现代中医药专家的进一步改进,形成现代人们广泛使用的连花清瘟颗粒。

课程思政育人目标:二十大报告指出:"必须坚持守正创新。"通过连花清瘟的不断发展创新案例,引导学生对几千年来祖国中医药文化矢志不渝的坚守,激发学生通过科技创新驱动社会发展,增强学生的文化自信和爱国情怀。

项目二 胶囊剂生产管理

 项目概述

本项目以替硝唑胶囊为载体。

替硝唑(tinidazole,TNZ)与甲硝唑(MNZ)同属咪唑类化合物,为淡黄色结晶粉末,无臭或微有特异性臭味,味微苦;易溶于丙酮和三氯甲烷,微溶于水和乙醇。TNZ是继甲硝唑之后研制的疗效更好、疗程更短、耐受性更好的抗滴虫药物,广泛应用于原虫疾病和厌氧菌感染的预防、治疗。

TNZ现主要剂型有胶囊剂、片剂、栓剂等。一般片剂在口服后崩解、溶解、吸收有一定的时间过程,而胶囊剂在胃内溶解快、易吸收,比片剂见效快,且可以掩盖药物的苦味。替硝唑胶囊主要有0.2 g/粒、0.25 g/粒、0.5 g/粒3种规格。本项目采用湿法制粒,以羟丙基纤维素(HPC)、羧甲基淀粉钠(CMS-Na)、95%乙醇、聚维酮K_{30}等辅料,利用$1^{\#}$空心胶囊壳进行胶囊剂的制备。

 项目准备

项目任务书

项目名称		学员姓名/学号	
起始时间		指导教师	
组长		组成员	
学习任务	完成替硝唑胶囊的制备,产品质量符合质量标准,计算物料平衡。		
学习目标	知识目标 1. 掌握胶囊剂的特点与分类。 2. 掌握硬胶囊生产工艺和制备方法。 3. 掌握胶囊剂的质量检查。 4. 熟悉硬胶囊壳及软胶囊囊材的组成。 5. 熟悉全自动胶囊填充机的构造和操作要点。 6. 了解软胶囊囊材的组成、软胶囊剂的生产工艺。 7. 了解肠溶胶囊剂的制备。 8. 了解软胶囊剂制备设备的构造和操作要点。 9. 了解微型包囊常用的制备方法。		

续表

学习目标	**能力目标** 1. 能进行洁净室运行和性能确认、监测文件管理;能进行胶囊剂车间洁净度级别验证与偏差分析。 2. 能进行胶囊剂生产相关仪器设备管理。 3. 能按生产品种发放或悬挂生产工艺卡、标志牌,生产结束时及时收回。 4. 能及时发现胶囊剂生产过程中出现的常见产品质量问题,对中间品检测结果做数据分析。 5. 能按照生产工艺规程和岗位操作法进行胶囊剂安全生产,懂得安全防护、危险化学品的管理。 6. 能进行胶囊剂物料管理。 **素质目标(含思政目标)** 1. 通过胶囊剂制备工艺的学习,培养学生精益求精的精神。 2. 通过胶囊剂质量评价学习,培养诚实守信品质。 3. 通过胶囊剂环境条件学习,培养学生绿色环保和安全意识。 4. 通过新技术、新方法的学习,培养学生的创新意识。
工作内容与要求	
实施前	1. 填写项目任务书,明确任务目标、内容与要求。 2. 明确生产流程和操作要点。 3. 回答引导问题,填写项目预习记录,拍照上传至学习平台。
实施中	1. 穿戴整齐干净、整洁的实验服,佩戴乳胶手套、防毒口罩等防护用品。 2. 严格按规程完成备料称量、配料、制粒、填充等操作。 3. 严格按规程完成装量差异、外观、崩解时限等项目的检查。 4. 按 GMP 要求清场。 5. 按 GMP 要求填写工作记录。
实操结束	1. 上传电子版项目工作记录和产品照片,展示产品实物。 2. 在教师引导下总结项目操作要点,系统完成相关理论知识学习。 3. 对工作记录和工作成果进行互评。
进度要求	
1. 项目操作及相关记录、项目成果、项目现场考核,应在实操时间内完成。 2. 理论学习在项目完成后三天内完成。	

预习活页

项目名称	
学员姓名/学号	项目组成员

引导问题
1. 本项目制粒采用哪种方法？ 2. 本项目填充设备是什么？ 3. 项目的关键点在哪里？

引导问题回答

项目预习记录

一、物料信息						
序号	物料名称	含量/%	来源	密度/(g/cm^3)	溶解度/(mol/L)	注意事项
1						
2						
3						
4						
5						
6						
7						
8						
9						
10						

续表

二、操作注意事项

三、问题和建议

 项目实施

一、生产指令(举例)

生产车间	硬胶囊剂生产车间	包装规格	10粒/盒
品名	替硝唑胶囊剂	生产批量	1000粒
规格	0.25 g	生产日期	2023-10-18
批号	231003	完成时限	2023-10-20
生产依据	替硝唑胶囊剂生产工艺规程		
物料名称	规格	用量	单位	检验单号
替硝唑	药用	250	g	YLJY2023106
羟丙基纤维素	药用	7.5	g	FLJY2023103
羧甲基淀粉钠	药用	10	g	FLJY2023104

续表

95%乙醇	药用	11	g	FLJY2023105
聚维酮 K_{30}	药用	3	g	FLJY2023106
硬脂酸镁	药用	1.6	g	FLJY2023106
空心胶囊	1#	1000	粒	BCJY2023105
编制： 生产部：	审核： 质管部：		批准： 生产部：	

二、生产前检查

（1）检查操作现场、状态标识牌。

（2）确认操作间压差表在校准有效期以内，洁净走廊对缓冲间、房间压差≥5 Pa，不同洁净级别压差≥10 Pa。

（3）确认工作区操作间有"清场（洁）状态标识"。

（4）确认本岗位上批的清场合格证副本在有效期内，不存在任何与现操作无关的物料、容器、残留物、记录等。

（5）确认操作间内温、湿度计在校准的有效期以内，温度在 18～26 ℃，湿度≤65%。

（6）确认设备完好并有"清场（洁）状态标识"，设备及所用容器表面无异色、无可见残留物。确认工作区已清洁，不存在任何与现操作无关的物料、容器、残留物、记录等。

（7）检查计量设施在检定周期内并进行双重核对校准。

三、生产操作

1. 生产前准备

车间工艺质量员根据生产计划，编制生产指令，按处方量计算批产量所需的原辅料和包装材料的用量。车间统计员和配料人员根据批生产指令从仓库领取原辅料和包装材料，填写相关记录。

2. 配料

（1）车间配料人员根据工艺要求对替硝唑进行粉碎，过 60 目筛，填写前处理记录。

（2）质量保证人员对处理后的原辅料进行检查。

（3）配料人员根据生产指令进行配料，称取内加原辅料替硝唑、羟丙基纤维素、羧甲基淀粉钠，称取黏合剂95%乙醇、聚维酮 K_{30}，称取外加辅料硬脂酸镁。质量保证人员进行配料粉品名、批号、数量等内容的检查,填写检查记录。

(4)将95%乙醇与纯化水置于不锈钢桶中搅拌均匀,边搅拌边加入聚维酮K_{30}。

(5)搅拌溶解均匀后,称重填写标志卡。

(6)将替硝唑原辅料粉复核无误后,置于混合机内密封干混 10 min。

(7)加入聚维酮液,湿混 1~4 min,湿混后检查软材情况。

(8)生产结束后关闭电源,清理设备及环境卫生,清理生产过程中的遗留物,并填写生产记录和清场记录。

3. 制粒

(1)选择 16 目尼龙网安装在颗粒机中,尼龙网安装得要松紧均匀。

(2)用不锈钢铲将软材加入颗粒机中。

(3)开启颗粒机开关制粒。

(4)颗粒要求均匀完整。

(5)调节进风温度在 65~75 ℃。

(6)将湿颗粒均匀置于干燥器内。

(7)打开充气开关,密封干燥器的上下口,打开风机开关 1 min 后,开启搅拌开关开始干燥。

(8)干燥时注意检查干燥器上下密封情况和颗粒沸腾情况,并定时翻颗粒,达到均匀干燥。

(9)干燥 50~65 min 后停止风机,2 min 后振荡清粉。

(10)检查颗粒干燥情况,适当调整干燥时间,干燥后将干颗粒置于不锈钢桶中,称量重量并填写标识卡并记录。

(11)选择 14 目尼龙网安装在颗粒机中,尼龙网安装得要松紧均匀。

(12)将干颗粒用不锈钢铲加入颗粒机中。

(13)开启颗粒机开关进行整粒。

(14)颗粒要求细小均匀。

(15)将干颗粒与硬脂酸镁置于混合机中。

(16)打开电源及电机启动开关,混合 15 min。

(17)将混后的颗粒放置于衬有洁净塑料袋的不锈钢桶中。

(18)称重、记录,填写标识卡,交中间站存放。

(19)生产结束后关闭蒸汽总进汽阀,关闭风管阀,关闭电源,清理设备及环境卫生,清理生产过程中的遗留物,并填写生产记录和清场记录。

4. 胶囊填充

(1)安装 1#模具并调试设备。

(2)根据批记录从中间站领取制粒环节制备的颗粒与 1#胶囊壳,并核对品名、规格、批号等并记录。

(3)称取20粒胶囊壳重,根据设定装量计算填充后20粒的胶囊总重,并根据计算后重量试机。

(4)试机合格后,开始正常填充,操作人员每10 min取20粒称一次平均装量,并根据称量结果调整填充杆的高度,平均装量不得超出设定装量的±2.0%。

(5)填充1000粒左右时填写半成品请验单,由QA取样,检验。

(6)经常称量平均胶囊壳重,根据20粒胶囊壳重量变化计算称量重量。

(7)胶囊填充后筛除细粉,将胶囊放入衬有洁净塑料袋的不锈钢桶中,称重、填写标识卡并记录,将填充后的胶囊存放于中间站。

(8)生产结束后关闭电源,清理设备及环境卫生,清理生产过程中的遗留物,并填写好生产记录和清场记录。

5. 胶囊抛光

(1)领取填充后的胶囊并复核标识卡。

(2)打开设备电源,将胶囊均匀地加入抛光机中。

(3)根据抛光的清洁程度调节转速和设备的倾斜程度。

(4)抛光至胶囊表面无粉尘。

(5)加入适量的液体石蜡再抛光一遍。

(6)抛光后将胶囊放入衬有洁净的塑料袋的不锈钢桶中,称重、填写标识卡并记录,交中间站存放。

(7)生产结束后关闭电源,清理设备及环境卫生,清理生产过程中的遗留物,并填写好生产记录和清场记录。

6. 铝塑包装

(1)根据包装指令领取模具,检查正常后安装并调试设备。

(2)按包装指令要求调整批号、有效期并复核调整是否正确。

(3)领取胶囊、PVC、铝箔,并核对品名、规格、批号等。

(4)预热上下加热板、热封温度至设定温度。

(5)设备调试正常后,将待包装的胶囊转入加料斗中。

(6)开启设备进行生产,正常生产时由两人操作,一人负责整个设备的操作与加料,另一人负责铝塑板裁切后的挑拣、记数和更换PVC与铝箔。

(7)生产出的铝塑板记数后存放在周转筐中,填写标识卡,将铝塑板存放于暂存区。

(8)操作工填写半成品请验单,注明请验品名、批号等内容,将半成品请验单交QA取样。

(9)将内包装传递卡、铝塑板经传递窗传入外包装区。

(10)生产结束后关闭电源,清理设备及环境卫生,清理生产过程中的遗留物,并填写好生产记录和清场记录。

四、质量检查

参照《中国药典》(2020年版)进行溶出度、崩解时限和装量差异等方面的检测。

 工作记录

1. 胶囊填充岗位

1.1 胶囊填充岗位生产前记录

操作日期			生产岗位		胶囊填充	
品名			规格		批号	
一、操作前检查:合格打"√",若有不合格项目,重新进行清场,经检查全部项目合格后方可生产。							
检查项目						
1	地面无上批次遗留物				(	)
2	桌面无上批次遗留物				(	)
3	岗位有清场合格证,并在有效期内				(	)
4	容器具上有清洁合格证,并在有效期内				(	)
5	更换岗位生产状态标志				(	)
6	检查设备状态标志				(	)
7	检查地漏				(	)
8	静压差:≥5 Pa 符合产品生产规定				(	)
9	温度:20 ℃ 湿度:50% 符合产品生产规定				(	)
二、胶囊填充 工序所执行的操作程序							
1. 胶囊填充 岗位操作及清洁SOP:齐全 2. 全自动胶囊填充机 设备操作及清洁SOP:齐全							
备注:							
检查人			复核人		QA	

1.2 胶囊填充岗位生产记录

	生产日期			班次	
	品名			规格	
	批号			理论量/粒	
生产操作	填充时间/h			填充开始	
	填充结束			模具规格/mm	
	每粒重/g			装量差异/%	
	崩解时限/min			胶囊壳颜色	
	装量差异检查频率/(次/班)			填充速度/(粒/min)	
	领取颗粒量/kg			领取胶囊壳量/粒	
	颗粒余量/kg			胶囊总重量/kg	
	取样量/kg			废料量/kg	
	设备名称			设备编号	
物料平衡	公式	[(胶囊总量+取样量+颗粒余量)/领取颗粒量]×100%			
	计算				
	限度	95%≤限度≤100% 实际为： % （ ）符合限度（ ）不符合限度			
备注	偏差分析及处理：				
操作人		复核人		QA	

1.3 胶囊填充岗位清场记录

操作日期		生产岗位		硬胶囊填充	
品名		规格		批号	
清场工作:完成后打"√"。					
		清场项目			
1	剩余原料和本批次干燥产品清理并送中间站				（ ）
2	更换生产状态标志				（ ）
3	收集废弃物并清离现场				（ ）
4	器具送至洁具间进行清洗				（ ）
5	设备清洗				（ ）
6	清理生产环境				（ ）

续表

备注:			
清场人		检查人	

2. 铝塑包装岗位

2.1 铝塑包装岗位生产前记录

操作日期		生产岗位		铝塑包装	
品名		规格		批号	
一、操作前检查:合格打"√",若有不合格项目,重新进行清场,经检查全部项目合格后方可生产。					
检查项目						
1	地面无上批次遗留物				( )
2	桌面无上批次遗留物				( )
3	岗位有清场合格证,并在有效期内				( )
4	容器具上有清洁合格证,并在有效期内				( )
5	更换岗位生产状态标志				( )
6	检查计量器具合格证有效期				( )
7	检查地漏				( )
8	静压差:≥5 Pa 符合产品生产规定				( )
9	温度:20 ℃ 湿度:50% 符合产品生产规定				( )
二、铝塑包装 工序所执行的操作程序					
1. 铝塑包装 岗位操作及清洁 SOP:齐全 2. 铝塑包装机 设备操作及清洁 SOP:齐全					
备注:					
检查人		复核人		QA	

2.2 铝塑包装岗位生产记录

	生产日期			班次		
	品名			规格		
	批号			理论量		
生产操作	时间	批号清晰正确	热压花纹清晰均匀	时间	批号清晰正确	热压花纹清晰均匀
	9:00	是( )否( )	是( )否( )	14:00	是( )否( )	是( )否( )
	9:10	是( )否( )	是( )否( )	14:10	是( )否( )	是( )否( )
	9:20	是( )否( )	是( )否( )	14:20	是( )否( )	是( )否( )
	9:30	是( )否( )	是( )否( )	14:30	是( )否( )	是( )否( )
	9:40	是( )否( )	是( )否( )	14:40	是( )否( )	是( )否( )
	9:50	是( )否( )	是( )否( )	14:50	是( )否( )	是( )否( )
	10:00	是( )否( )	是( )否( )	15:00	是( )否( )	是( )否( )
	领片量/片		剩余量/片		下角料及废板量/kg	
	领铝箔量/kg		铝箔余量/kg			
	领PVC量/kg		PVC余量/kg			
	铝塑板总重/kg		PVC规格		包装规格	
	PVC产地			铝箔产地		
	设备名称	铝塑包装机	设备编号		模具型号	
物料平衡	公式	[(铝塑板总重+取样量+余料量+铝箔余量+PVC余量)/(领料量+药片量)]×100%				
	计算					
	限度	95%≤限度≤100% 实际为: % ( )符合限度 ( )不符合限度				
备注	偏差分析及处理:					
	操作人		复核人		QA	

2.3 铝塑包装岗位清场记录

操作日期		生产岗位		铝塑包装	
品名		规格		批号	
清场工作:完成后打"√"。					

续表

	清场项目	
1	剩余原料和本批次干燥产品清理并送中间站	( )
2	更换生产状态标志	( )
3	收集废弃物并清离现场	( )
4	器具送至洁具间进行清洗	( )
5	设备清洗	( )
6	清理生产环境	( )
备注：		

清场人		检查人	

3. 硬胶囊剂质量检查记录表

品名		包装规格		
规格		取样日期		
批号		取样量		
取样人		检测人		
取样依据				
检测项目	崩解时限/min	溶出度/%	重量差异	
			超出装量差异限度/粒	超出限度的1倍/粒
结果				
结论：				
备注：				

 支撑知识

一、胶囊剂概述

(一) 胶囊剂的特点

胶囊剂是指原料药物或与适宜辅料充填于空心胶囊或密封于软质囊材中制成的固体制剂,主要供口服用,也可用于其他部位,如直肠、阴道、植入等。构成硬质空心胶囊或软质胶囊壳的材料称为囊材,其填充内容物称为囊心物。

胶囊剂与其他口服固体制剂相比,具有如下特点。

1. 可掩盖药物的不良臭味,提高患者的依从性

如奎宁、氯霉素、鱼肝油等有不良臭味,制成胶囊剂可得到有效的掩盖。

2. 可提高药物的稳定性

对光敏感或遇湿、热不稳定的药物,如维生素、抗生素等,可装入不透光的胶囊中,保护药物不受湿气、氧气、光线的影响,提高其稳定性。

3. 药物的生物利用度较高

相对于片剂,胶囊剂的内容物为粉末或颗粒,在胃肠道中溶出快、吸收好,生物利用度较高。

4. 可弥补其他固体剂型的不足

油性药物如维生素 A、维生素 E、牡荆油等难以制成片剂等固体制剂时,可制成软胶囊剂;服用剂量小、胃肠道内易吸收的药物,可将其溶于适宜的油中,再制成软胶囊剂,以利于吸收,如尼莫地平软胶囊。

5. 可定时定位释放药物

可先将药物制成颗粒,然后用不同释药速度和不同溶解性能的材料包衣按需要的比例混匀后装入空心胶囊中,可制成缓释、控释、肠溶等多种类型的胶囊剂,如复方盐酸伪麻黄碱缓释胶囊等。

6. 整洁、美观、容易吞服

胶囊壳上可以印字或制成各种颜色,整洁美观,易于区别,服用方便。

胶囊剂的内容物无论是药物还是辅料,均不应造成胶囊壳的变质。因此下列药物不宜制成胶囊剂:①药物的水溶液和稀乙醇溶液,可使胶囊壁溶胀或溶解。②易溶性药物和小剂量的刺激性药物,如溴化物、碘化物等,由于胶囊壳溶解后,迅速释药,药物局部浓度过高而加剧对胃黏膜的刺激。③易风化的药物,可使胶囊壁软化。④吸湿性强的药物,可使胶囊壁脆裂。

(二) 胶囊剂的分类

胶囊剂按硬度可分为硬胶囊与软胶囊,按溶解性与释放特性可分为肠溶胶囊、

缓释胶囊与控释胶囊。

1. 硬胶囊

硬胶囊通称为胶囊,指采用适宜的制剂技术,将原料药物或加适宜辅料制成的均匀粉末、颗粒、小片、小丸、半固体或液体等,充填于空心胶囊中的胶囊剂,如头孢氨苄胶囊、地奥心血康胶囊等。

2. 软胶囊

软胶囊又称胶丸,指将一定量的液体原料药物直接包封,或将固体原料药物溶解或分散在适宜的辅料中制备成溶液、混悬液、乳状液或半固体,密封于软质囊材中的胶囊剂,如维生素E胶丸、藿香正气软胶囊等。

3. 肠溶胶囊

肠溶胶囊指用经肠溶材料包衣制成的颗粒或小丸充填于胶囊中而制成的硬胶囊,或用适宜的肠溶材料制备而得的硬胶囊或软胶囊,如奥美拉唑肠溶胶囊、双氯芬酸钠肠溶胶囊、阿司匹林肠溶胶囊等。

4. 缓释胶囊

缓释胶囊指在规定的释放介质中缓慢地非恒速释放药物的胶囊剂,如布洛芬缓释胶囊、盐酸氨溴索缓释胶囊等。

5. 控释胶囊

控释胶囊指在规定的释放介质中缓慢地恒速释放药物的胶囊剂,如盐酸地尔硫䓬控释胶囊、盐酸沙丁胺醇控释胶囊等。

二、硬胶囊制备

硬胶囊剂的生产过程包括物料的领取、囊心物的制备、填充、封口及打光等。硬胶囊剂的生产工艺流程及有洁净度要求的生产区域如图2-1所示。

(一)明胶空心胶囊的选择

1. 明胶空心胶囊的组成

明胶空心胶囊的主要胶囊材为明胶,呈淡黄色、黄色半透明固体,能够吸水膨胀呈胶体状。明胶来源不同,其物理性质差异较大,以骨骼为原料制得的骨明胶质地坚硬、性脆、透明度差;以猪皮为原料制得的猪皮明胶可塑性、透明度较好。为兼顾胶囊壳的强度和塑性,采用骨、皮混合制备的明胶较为理想。

为增加空心胶囊的韧性与可塑性,在生产明胶空心胶囊的胶液中一般加入增塑剂(含量<5%),如甘油、山梨醇、羧甲基纤维素钠(CMC-Na)、羟丙基纤维素(HPC)等。为减小流动性、增加胶冻力,可加入增稠剂,如琼脂。对光敏感的药物,可加遮光剂二氧化钛(2%~3%)。为美观和便于识别,可加食用色素等着色剂。

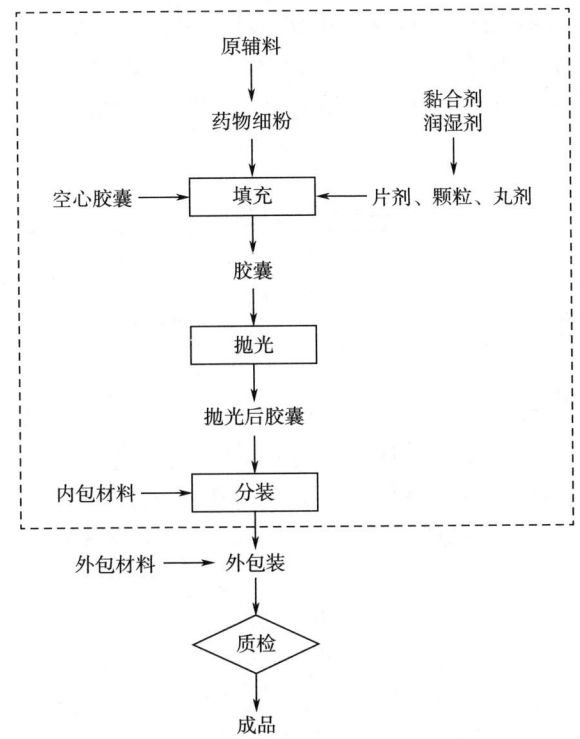

图 2-1　硬胶囊剂生产工艺流程图
注：虚线框内有洁净度要求

空胶囊壳上还可用食用油墨印字。为防止霉变,可加防腐剂尼泊金等。

2. 空心胶囊的种类与规格

如图 2-2 所示,空心胶囊呈圆筒形,由囊体和囊帽两节套合而成,有普通型和锁口型两类,锁口型又分为单锁口和双锁口两种。目前生产中多使用锁口式胶囊,其密闭性好,不必封口。

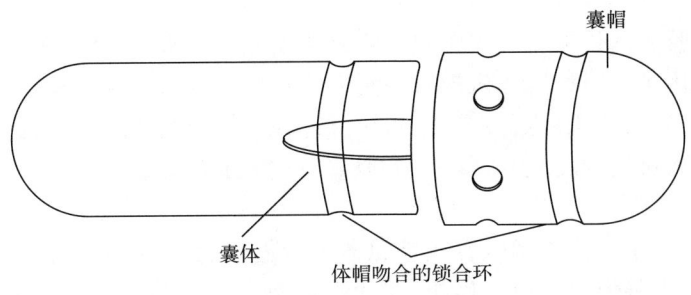

图 2-2　空心胶囊壳结构示意图

空心胶囊共有8种规格,即000、00、0、1、2、3、4、5号,其中000容积最大,5号最小,常用0~5号空心胶囊。随着号数由小到大,胶囊容积由大到小(表2-1)。小容积胶囊可用于儿童用药或填充贵重药品。一般按药物剂量所占容积来选用最小空胶囊。

表2-1　　　　　　　　空胶囊号数和容积的关系*

空胶囊号数	00	0	1	2	3	4
容积/mL	0.95	0.67	0.48	0.37	0.27	0.20

*摘自中国医药包装协会标准《明胶空心胶囊》(YBX-2000-2007)。

3. 空心胶囊的制备

明胶空心胶囊的生产企业必须取得药品生产许可证,一般由专门的企业生产,生产厂家只需按需购买即可。生产用空心胶囊都是由自动化生产线完成,采用的方法是栓模法,即将不锈钢制的栓模浸入明胶溶液中形成胶囊壳。

(二) 内容物的制备

根据具体产品要求,内容物采用不同的制剂技术制备成粉末、颗粒、小片、小丸等不同形式并充填于空心胶囊中。若纯药物粉碎至适宜粒度就能满足硬胶囊剂的填充要求,即可直接填充。但多数药物由于用药量小、流动性差等原因,需加适宜的辅料如稀释剂(淀粉微晶纤维素、蔗糖、氧化镁等)、润滑剂(硬脂酸镁、硬脂酸、滑石粉、二氧化硅等)、助流剂(微粉硅胶)等制成均匀粉末、颗粒或小片后再进行填充。

此外,可将普通小丸、速释小丸、缓释小丸、控释小丸或肠溶小丸单独或混合后填充,或将药物制成包合物、固体分散体、微囊或微球进行填充。溶液、混悬液或乳状液也可采用特制灌囊机填充于空心胶囊中密封。

(三) 胶囊的填充

硬胶囊的填充方法有手工填充和机械填充,其填充操作间应保持温度18~26℃,相对湿度45%~65%,温湿度过高可使胶囊软化、变形,影响产品质量。

1. 机械填充

目前,硬胶囊的机械填充主要使用全自动胶囊填充机,其特点是全自动密闭式操作,可防止污染,装量准确,机内有检测装置及自动排出废胶囊装置。

全自动胶囊填充机主要由机架、回转台、传动系统、胶囊送进机构、囊心物填充机构、胶囊分离机构、废胶囊剔除机构、胶囊封合机构、成品胶囊排出机构、清洁机构等组成。

全自动胶囊填充机采用电容式传感器感应控制粉环内囊心物高度,当物料斗里的料量低于极限值时可自动停机,防止出现不合格产品。可根据囊心物的流动性,适当调整传感器的高度,调整好计量盘、药粉的距离。

胶囊填充机填充胶囊的工作过程如图2-3所示。

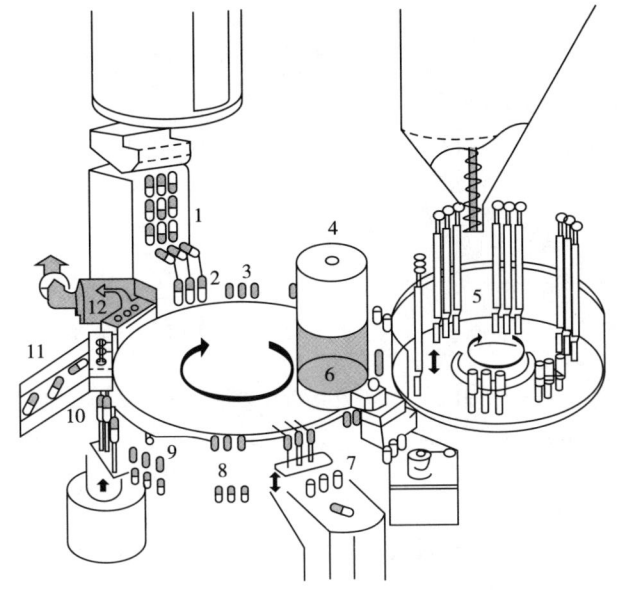

主工作盘及各区域
功能示意视频

空胶囊排序
装置视频

图 2-3　胶囊填充机工作示意图

1—胶囊排序入模　2—囊体、囊帽分离　3—囊体、囊帽水平分离
4—料斗　5、6—计量与装填　7—剔除未分离胶囊
8—模具安装工位　9—帽体重合　10—帽体锁合
11—成品顶出　12—清洁装置

（1）空胶囊的排序、定向与分离　空胶囊由料斗送入，经排序装置和定向装置后被送进上、下模板内，在此处利用真空把胶囊帽和胶囊体分开，上模板模孔内的限位台阶孔挡住囊帽下行。

（2）填充物料　装有胶囊体的下模板向外移动，接受药粉、小丸、片剂或液体的填充。

（3）胶囊的筛选　在囊体、囊帽分离工位未能分离的胶囊，在剔废工位被排除，其核心构件是一个可上下往复运动的顶杆架，上面设有与模块孔相对应的顶杆。当上模板运行至剔废工位时，顶杆上行，如空胶囊帽、体已分离，顶杆插入囊帽中。若帽、体未能分离，则顶杆上行时将空胶囊从上模板中顶出，剔除装置的结构与工作原理如图 2-4 所示。

（4）帽体重新套合　胶囊锁合装置由压板和顶杆组成，当上、下囊板的轴线对中后，压板下行，将胶囊帽压住，同时顶杆上行深入下囊板顶住胶囊体下部，随着顶杆的上升，胶囊闭合锁紧，如图 2-5 所示。

（5）胶囊成品排出机外　随着顶杆的上升，顶杆上行深入上囊板顶住胶囊体下部，相应的推杆把套合好的胶囊顶出，经滑槽送至成品桶，如图 2-6 所示。

闭合装置结构与
工作原理视频

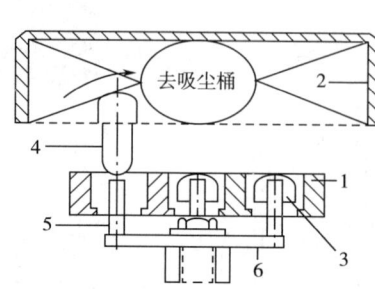 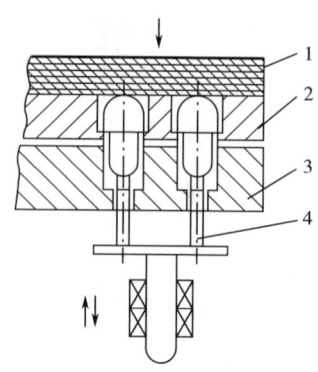

图 2-4　胶囊剔废装置结构与原理图
1—上囊板　2—下囊板　3—囊帽　4—空胶囊
5—剔废杆　6—顶杆架

图 2-5　胶囊锁合装置结构与原理图
1—弹性压板　2—上囊板　3—下囊板
4—顶杆

(6) 上、下模板的清洁　用压缩空气喷头,吹出上、下模板模孔内残余的药粉,这些药粉由吸气管收集,如图 2-7 所示。

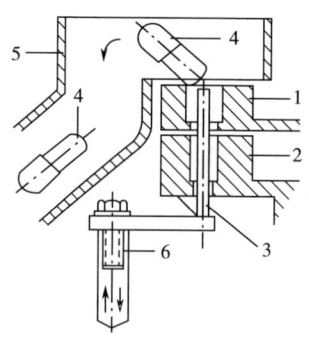 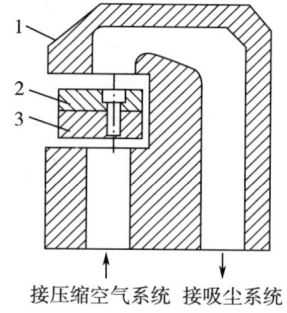 

图 2-6　胶囊成品导出结构
1—上模板　2—下模板　3—推杆
4—成品　5—滑槽　6—推杆架

图 2-7　清洁装置示意图
1—清洁装置　2—上模板　3—下模板

清洁装置结构与
工作原理视频

2. 药物填充方法

硬胶囊的囊心物为粉末及颗粒时,其充填方式有 4 种类型(图 2-8):①由螺旋钻压进物料[图 2-8(1)];②由柱塞上下往复运动压进药物[图 2-8(2)];③药物自由流入[图 2-8(3)];④在填充管内的捣棒将药物压成块状单位量,再填充于胶囊中[图 2-8(4)]。从填充原理看,(1)(2)型填充机对物料的要求不高,只要物料不易分层即可。(3)型填充机要求物料具有良好的流动性,常需要制粒才能达到。(4)型适用于流动性差但混合均匀的物料,如针状结晶药物、易吸湿药物等。

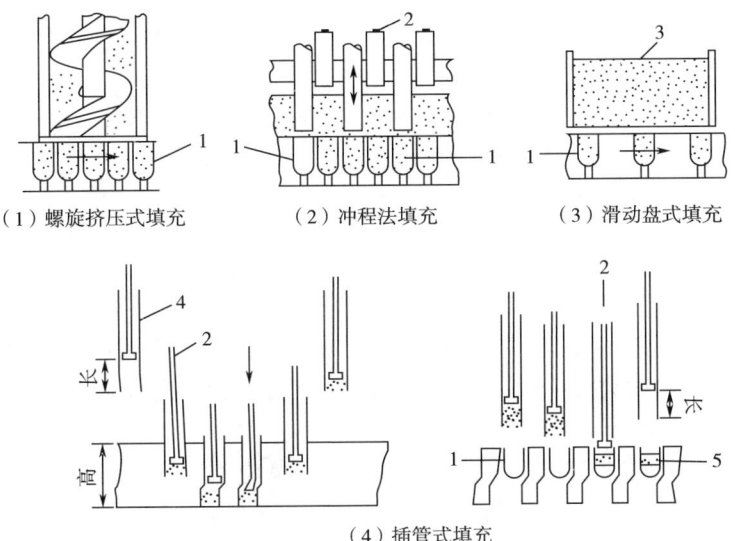

图 2-8 硬胶囊药物填充原理图
1—胶囊 2—柱塞 3—粉末 4—填充杆 5—药粉量

模板定量装置结构与工作原理

连续式活塞-滑块定量装置视频

(四)胶囊的抛光

填充后的硬胶囊表面会粘有药粉,胶囊剂通过抛光以达到胶囊外表无细粉。表面光滑的胶囊剂的抛光采用药品抛光机。

胶囊从抛光机斜槽入口,通过旋转毛刷将胶囊带至筛网筒中,通过毛刷的旋转运动带动胶囊沿抛光筒管壁做圆周螺旋运动,使胶囊顺螺旋弹簧前进,在与毛刷、抛光筒壁的不断摩擦下,使胶囊壳外表抛光,被抛光的胶囊从出料口进入废斗。在去废器中,由于负压的作用,胶囊在气流作用下,重量轻的不合格胶囊上升,通过吸管进入吸尘器内。重量大的合格胶囊继续下落,通过活动出料斗出料,有效达到抛光去废的目的。抛光过程中被刷落的药粉及细小碎片,通过抛光筒壁上的小孔进入密封筒后,被吸入吸尘器内回收。

连续式插管式定量装置视频

硬胶囊剔废与检查仪

三、胶囊剂的质量检查、包装与贮存

(一)质量检查

除另有规定外,胶囊剂应进行以下相应检查。

1. 外观

胶囊剂应整洁,不得有黏结、变形、渗漏或囊壳破裂等现象,并应无异臭;胶囊剂囊壳不应变质。

2. 水分

中药胶囊剂应进行水分检查,取供试品内容物,按照水分测定法[《中国药典》(2020年版)四部通则]检查,不得超过9.0%。

硬胶囊剂内容物为液体或半固体者不检查水分。

3. 装量差异

除另有规定外,取供试品20粒(中药取10粒),分别精密称定重量后,倾出内容物(不得损失囊壳),硬胶囊囊壳用小刷或其他适宜的用具拭净；软胶囊或内容物为半固体或液体的硬胶囊囊壳用乙醚等易挥发性溶剂洗净,置通风处使溶剂自然挥尽,再分别精密称定胶囊壳重量,求出每粒内容物的装量与平均装量。每粒的装量与平均装量相比较(有标识装量的胶囊剂每粒装量应与标识装量相比较),按表2-2规定,超出装量差异限度的不得多于2粒,并不得有1粒超出限度1倍。

表2-2　　　　　　　　　　　胶囊剂装量差异限度

平均装量	装量差异限度
0.30g以下	±10%
0.30g及0.30g以上	±7.5%(中药±10%)

凡规定检查含量均匀度的胶囊剂,一般不再进行装量差异的检查。

4. 崩解时限

崩解时限按《中国药典》(2020年版)四部通则规定的方法检查,取供试品6粒,分别置崩解仪吊篮的玻璃管中(如胶囊漂于液面,可加挡板),启动崩解仪进行检查,硬胶囊应在30 min内全部崩解,软胶囊应在1 h内全部崩解。软胶囊可改在人工胃液中进行检查。如有1粒不能完全崩解,应另取6粒复试,均应符合规定。

肠溶胶囊剂,除另有规定外,取供试品6粒,用上述装置与方法,先在盐酸溶液(9→1000,取9 mL盐酸定容至1000 mL,余同)中不加挡板检查2 h,每粒的胶囊壳均不得有裂缝或崩解现象；然后将吊篮取出,用少量水洗涤后,每管加入挡板,再按上述方法,改在人工肠液中进行检查,1 h内应全部崩解。如有1粒不能完全崩解,应另取6粒复试,均应符合规定。

凡规定检查溶出度或释放度的胶囊剂,可不进行崩解时限的检查。

5. 其他

溶出度、释放度、微生物限度等应符合规定。

(二)胶囊剂的包装与贮存

胶囊剂囊壳的主要材料为明胶,故高温、高湿对胶囊剂可产生不良影响,不仅会使胶囊吸湿、软化、变色,还容易滋生微生物,所以胶囊剂应选用透湿系数较小的泡罩式包装或玻璃等容器包装,注意防潮、防热,一般应密封贮存,其存放环境温度不高于 30 ℃,湿度应适宜,防止受潮、发霉、变质。

 **新技术**

微型包囊技术

 学习效果检测

一、在线检测

测试 1　概述

测试 2　囊壳

测试 3　胶囊制备

测试 4　软胶囊

测试 5　质量检查

二、项目考核

1. 按照附录 1 实操项目考核表进行小组和自我评价。

2. 将项目各岗位记录表上传至学习平台,同时提交实物,以供教师进行评价。

三、分析与探究

案例:速效感冒胶囊

处方:对乙酰氨基酚 250 g,咖啡因 15 g,马来酸氯苯那敏 3 g,人工牛黄 10 g,10%淀粉浆适量,食用色素适量,共制成硬胶囊 1000 粒。

讨论:(1)处方中各成分起什么作用?

(2) 速效感冒胶囊的制备工艺中应该注意哪些问题?

课后拓展

软胶囊制备

肠溶胶囊制备

栓剂制剂技术

全自动胶囊填充
机常见故障及排除

思政案例

江苏苏中药业集团股份有限公司在近日召开的国家科技大会上荣获"国家科技进步奖一等奖",成为2016年度国家科技进步一等奖中唯一的中医药创新成果。

苏中药业针对中药生产过程中最复杂、最关键的提取环节,结合有效部位研究结果,投资几千万元对黄蜀葵花提取方法和工艺参数进行了系统的探索和研究,进一步优化工艺参数,建新厂房、新自动流水线,进行黄蜀葵花提取过程中的关键工艺参数的自动控制,实现了提取过程程控化、质量控制自动化。此外,苏中药业将黄葵胶囊质量管控工作细化到每一工序、每一个人、每一台设备、每一操作步骤,实现了生产过程标准化、规范化,通过环环控制、层层把关,数字化、信息化、全方位保证了黄葵胶囊产品质量。[摘自姜堰日报《黄葵胶囊荣获国家科技进步奖一等奖》(2017-2-28)]

课程思政育人目标:通过黄葵胶囊案例,让学生了解药剂制备工艺的发展方向;从典型的工艺传承向智能化高质高效生成发展的创新。培养学生传承精华、守正创新的发展意识,强化学生的质量意识,塑造学生精益求精的匠心素养,激发学生科教兴国的热情。

项目三　片剂生产管理

项目概述

本项目以盐酸二甲双胍片为载体。本品为糖衣或薄膜衣片,除去包衣后显白色。本品用于单纯饮食控制不满意的 2 型糖尿病病人,尤其是肥胖和伴高胰岛素血症者,本药不但有降血糖作用,还可能有减轻体重和高胰岛素血症的效果。本品对某些磺酰脲类疗效差的患者可奏效,如与磺酰脲类、α-葡萄糖苷酶抑制剂或噻唑烷二酮类降糖药合用,较分别单用的效果更好,也可用于胰岛素治疗的患者,以减少胰岛素用量,是目前治疗 2 型糖尿病的首选一线口服降糖药。

全球盐酸二甲双胍行业相对集中,欧美等发达国家的企业占据全球市场主要份额,且市场集中度较高。我国盐酸二甲双胍行业起步相对较晚,具有发展速度快的特点,未来发展空间巨大,行业处于成长期。目前,在我国,产品的质量和可靠性一直是盐酸二甲双胍行业发展中的一大硬伤。

本项目以糊精、预胶化淀粉、淀粉等为辅料,采用制粒压片、薄膜包衣等工艺制备。

项目准备

项目任务书

项目名称		学员姓名/学号	
起始时间		指导教师	
组长		项目成员	
学习任务	完成盐酸二甲双胍片制备,产品质量符合质量标准,计算物料平衡。		
学习目标	知识目标 1. 掌握片剂的特点和分类。 2. 掌握片剂质量要求、制备工艺、常见压片法和质量评价。 3. 掌握片剂包糖衣和包薄膜衣的材料与工艺。 4. 掌握压片、包衣的物料平衡计算。 5. 熟悉片剂辅料的分类及常用辅料的性质、特点和应用。 6. 熟悉压片常用设备结构及操作要点。		

75

续表

学习目标	7. 熟悉包衣常用设备结构及操作要点。 8. 了解包衣目的、种类和方法。 9. 了解片剂的包装和贮存。 10. 了解缓释、控释制剂原理、种类及制备方法。 11. 了解药物稳定性及稳定性试验方法。 **能力目标** 1. 能进行洁净室运行和性能确认、监测文件的管理,进行片剂车间洁净度级别验证与偏差分析。 2. 能较好地进行片剂生产相关仪器设备的管理,熟练使用旋转式压片机进行压片操作。 3. 能正确处理片剂生产过程中出现的问题,对中间品检测结果做数据分析,参与偏差调查。 4. 能进行片剂生产现场的岗位质量控制与安全管理,监督整个工艺操作与工艺规程、岗位操作法的一致性等。 5. 能进行物料信息标识的使用和管理、物料平衡管理。 **素质目标(含思政目标)** 1. 通过严格的片剂制备规程,培养学生良好的职业素养和追求卓越的精神。 2. 通过片剂质量评价学习培养诚实守信的品质。 3. 通过片剂环境条件学习培养学生绿色环保和安全意识。 4. 通过片剂制备学习强化学生的创新意识。
工作内容与要求	
实施前	1. 填写项目任务书,明确任务目标、内容与要求。 2. 明确生产流程和操作要点。 3. 回答引导问题,填写项目预习记录,拍照上传至学习平台。
实施中	1. 穿戴整齐干净的工作服。 2. 严格按照规程完成片剂制备的各环节操作。 3. 严格按照规程完成重量差异、崩解时限、硬度和脆碎度的检查。 4. 按 GMP 要求清场。 5. 按 GMP 要求填写工作记录。
实操结束	1. 上传电子版项目工作记录和产品照片,展示产品实物。 2. 在教师引导下总结项目操作要点,系统完成相关理论知识学习。 3. 对工作记录和工作成果进行互评。
进度要求	
1. 项目操作及相关记录、项目成果、项目现场考核,应在实操时间内完成。 2. 理论学习在项目完成后三天内完成。	

项目三　片剂生产管理

预习活页

项目名称			
学员姓名/学号		项目组成员	
引导问题			

1. 本项目压片采用的方法是什么？
2. 本项目包衣采用的方法是什么？
3. 本项目的关键点在哪里？

引导问题回答

项目预习记录

一、物料信息						
序号	物料名称	含量/%	来源	密度/(g/cm^3)	溶解度/(mol/L)	注意事项
1						
2						
3						
4						
5						
6						
7						
8						
9						
10						

续表

二、操作注意事项
三、问题和建议

 项目实施

一、生产指令(举例)

生产车间	片剂生产车间	包装规格	铝塑包装,10片/板,2板/盒	
品名	盐酸二甲双胍片	生产批量	1000片	
规格	0.25 g/片	生产日期	2023-10-18	
批号	231005	完成时限	2023-10-20	
生产依据	盐酸二甲双胍片生产工艺规程			
物料名称	规格	用量	单位	检验单号
盐酸二甲双胍	药用	250	g	YLJY2023116
糊精	药用	5	g	FLJY2023111

续表

预胶化淀粉	药用	35.7	g	FLJY2023112
淀粉	药用	8.3	g	FLJY2023113
硬脂酸镁	药用	1	g	FLJY2023114
编制： 生产部：	审核： 质管部：	批准： 生产部：		

二、生产前检查

（1）检查操作现场、状态标识牌。

（2）确认操作间压差表在校准有效期以内，洁净走廊对缓冲间、房间压差≥5 Pa，不同洁净级别压差≥10 Pa。

（3）确认工作区操作间有"清场（洁）状态标识"。

（4）确认本岗位上批的清场合格证副本在有效期内。不存在任何与现操作无关的物料、容器、残留物、记录等。

（5）确认操作间内温、湿度计在校准的有效期以内，温度在18~26 ℃，湿度≤65%。

（6）确认设备完好并有"清场（洁）状态标识"，设备及所用容器表面无异色、无可见残留物。确认工作区已清洁，不存在任何与现操作无关的物料、容器、残留物、记录等。

（7）检查计量设施在检定周期内并进行双重核对校准。

三、生产操作

1. 配料

（1）盐酸二甲双胍原料置粉碎机粉碎，过80目筛，其他辅料过100目筛。过筛后的原辅料装在周转桶中到称量配料室称重，填写物料卡，在称量配料室暂存。

（2）按生产指令称量配料　称量人核对原辅料的品名、批号、合格证等，确认无误后，按规定方法和指令的定额量称量、记录、签名，双人复核。配好的批量原辅料装在洁净的不锈钢周转桶中密闭，挂好物料卡（内外各一个），注明品名、批号、规格、数量、称量人、复核人、日期等，转入混合制粒工序。

（3）生产结束后关闭电源，清理设备及环境卫生，清理生产过程中的遗留物，并填写生产记录和清场记录。

2. 制粒

（1）称取规定量的纯化水置于电加热夹层锅中，边搅拌边均匀加入已称好的淀粉，搅拌均匀煮熟后作为黏合剂备用，黏合剂浓度为8%~12%。

(2)将按生产指令配制的原辅料置于混合机中,干混 20 min,加 8%~12%淀粉糊(温度 50 ℃以下)搅拌均匀,用 16 目筛网,制粒时间 30 min。

(3)将湿颗粒放入热风循环烘箱中干燥,温度(65±2)℃,干燥 30 min,停机翻盘,开机继续干燥,控制颗粒含水量<5%。

(4)将干燥的颗粒置于整粒机中,用 14 目筛网整粒,使制出的颗粒大小均匀。

(5)将整粒后的颗粒置于混合机中,加入硬脂酸镁,20 r/min,混合 40 min,使之混合均匀。

(6)经混合后的颗粒用洁净的周转桶盛装,然后称量加盖封好后,桶内外挂上物料卡,交中间站贮存称量、复核,填写半成品请验单,检测规定项目。

(7)边操作边填写生产记录,生产结束后,按清场标准操作规程进行清场,由质检员检查发放清场合格证。

3. 压片

(1)选择冲模规格为 Φ10 mm 的浅凹冲,检查冲头完整情况,用消毒剂擦拭消毒,上好冲模。

(2)根据检测的颗粒含量计算片重,先调解填充量,然后调节压力,开启除尘器及压片机,保证压出的素片片重、脆碎度、外观等符合质量要求。

(3)压片过程中,每隔 15 min 称一次片重,片重差异在±5%内,随时检查片子外观。

(4)压片结束后片剂用周转桶加盖封好,贴物料卡后交中间站,在中间站称量,填写半成品请验单,质检员按规定取样。

(5)边操作边填写记录,生产结束后,按压片机清洁标准操作规程及相关的清洁规程要求进行清场,由质检员检查合格并发放清场合格证。

4. 包薄膜衣

(1)所用薄膜衣材料为醇溶性复合材料,要保证素片质量。

(2)薄膜衣材料溶解后需搅拌 40 min 以上,用量为 3 kg/100 kg。

(3)预热至片床温度为 40 ℃左右,调整进风、出风量,使锅内负压在 2~5 Pa,调整喷枪雾化扇面和喷浆压力,使包衣液喷在片面上并形成一个旋涡,以 2 r/min 起锅,当喷雾完 1/3 包衣液时,观察片面有薄薄一层膜时,可调整包衣锅转速至 4~5 r/min,包衣将要结束时,可适当调节包衣锅转速为 6~7 r/min,同时适当调小喷量,继续包衣直至结束。

(4)喷至结束后,调整包衣锅转速至 4~5 r/min,打光约 10 min。

(5)凉片 4~8 h,然后入桶,挂签请验。

(6)生产结束后关闭电源,清理设备及环境卫生,清理生产过程中的遗留物,并填写好生产记录和清场记录。

四、质量检查

参照《中国药典》(2020年版)进行硬度、崩解时限和装量差异等方面的检测。

 工作记录

1. 总混

1.1 总混生产前记录

操作日期		生产岗位		总混	
品名		规格		批号	
一、操作前检查:合格打"√",若有不合格项目,重新进行清场,经检查全部项目合格后方可生产。					
检查项目					
1	地面无上批次遗留物			(	)
2	桌面无上批次遗留物			(	)
3	岗位有清场合格证,并在有效期内			(	)
4	容器具上有清洁合格证,并在有效期内			(	)
5	更换岗位生产状态标志			(	)
6	检查设备状态标志			(	)
7	检查地漏			(	)
8	静压差:≥5 Pa 符合产品生产规定			(	)
9	温度:20 ℃ 湿度:50% 符合产品生产规定			(	)
二、总混 工序所执行的操作程序					
1. 总混 岗位操作及清洁 SOP:齐全 2. 三维混合机 设备操作及清洁 SOP:齐全					
备注:					
检查人		复核人		QA	

1.2 总混岗位生产记录

		生产日期			班次		
		品名			规格		
		批号			理论量/kg		
生产操作	第1次		外加物料			投料颗粒总量/kg	
			物料用量/kg				
			混合时间			混合颗粒收量/kg	
			混合开始				
			混合结束				
	第2次		外加物料			投料颗粒总量/kg	
			物料用量/kg				
			混合时间			混合颗粒收量/kg	
			混合开始				
			混合结束				
		总混后颗粒总量/kg		颗粒件数	2件	取样量/kg	
		设备名称				设备编号	
物料平衡		公式	[(总混后颗粒总量+取样量)/(整粒后颗粒总量+外加物料量)]×100%				
		计算					
		限度	93%≤限度≤100% 实际为: % ( )符合限度 ( )不符合限度				
备注		偏差分析及处理:					
		操作人		复核人		QA	

1.3 总混岗位清场记录

操作日期				生产岗位		总混	
品名				规格		批号	
清场工作:完成后打"√"。							
				清场项目			
	1	剩余原料和本批次干燥产品清理并送中间站					( )
	2	更换生产状态标志					( )
	3	收集废弃物并清离现场					( )

续表

4	器具送至洁具间进行清洗	( )
5	设备清洗	( )

备注：	
清场人	检查人

2. 压片岗位

2.1 压片岗位生产前记录

操作日期		生产岗位		压片	
品名		规格		批号	
一、操作前检查：合格打"√"，若有不合格项目，重新进行清场，经检查全部项目合格后方可生产。					
检查项目					
1	地面无上批次遗留物				( )
2	桌面无上批次遗留物				( )
3	岗位有清场合格证，并在有效期内				( )
4	容器具上有清洁合格证，并在有效期内				( )
5	更换岗位生产状态标志				( )
6	检查计量器具合格证有效期				( )
7	检查地漏				( )
8	静压差：≥5 Pa		符合产品生产规定		( )
9	温度：20 ℃ 湿度：50%		符合产品生产规定		( )
二、压片 工序所执行的操作程序					
1. 压片 岗位操作及清洁 SOP：齐全 2. 压片机 设备操作及清洁 SOP：齐全					
备注：					
检查人		复核人		QA	

2.2 压片岗位生产记录

生产日期			班次	
品名			规格	
批号			理论量/片	

生产操作	压片时间		压片开始	
	压片结束		模具规格/mm	
	片重/kg		片重限度/g	
	崩解时限/min		脆碎度/%	
	平均片重检查频次/(次/班)		设备转速/(r/min)	
	领取颗粒量/kg		颗粒余量/kg	
	素片总量/kg		取样量/kg	
	废料量/kg			
	设备名称		设备编号	

物料平衡	公式	[(压片总量+取样量+颗粒余量)/领取颗粒量]×100%
	计算	
	限度	95%≤限度≤100%　实际为：　%　(　)符合限度(　)不符合限度

| 备注 | 偏差分析及处理： |

| 操作人 | | 复核人 | | QA | |

2.3 压片岗位清场记录

操作日期		生产岗位		压片	
品名		规格		批号	

清场工作:完成后打"√"。

	清场项目	
1	剩余原料和本批次干燥产品清理并送中间站	(　)
2	更换生产状态标志	(　)
3	收集废弃物并清离现场	(　)
4	器具送至洁具间进行清洗	(　)
5	设备清洗	(　)

续表

6	清理生产环境	( )
备注:		

清场人		检查人	

3. 包衣岗位

3.1 包衣岗位生产前记录

操作日期		生产岗位		包衣	
品名		规格		批号	
一、操作前检查:合格打"√",若有不合格项目,应重新进行清场,经检查全部项目合格后方可生产。					
检查项目					
1	地面无上批次遗留物			(	)
2	桌面无上批次遗留物			(	)
3	岗位有清场合格证,并在有效期内			(	)
4	容器具上有清洁合格证,并在有效期内			(	)
5	更换岗位生产状态标志			(	)
6	检查计量器具合格证有效期			(	)
7	检查地漏			(	)
8	静压差:≥5 Pa 符合产品生产规定			(	)
9	温度:20 ℃ 湿度:50% 符合产品生产规定			(	)
二、包衣　　工序所执行的操作程序					
1. 包衣　　　岗位操作及清洁SOP:齐全 2. 包衣机　　设备操作及清洁SOP:齐全					
备注:					

检查人		复核人		QA	

3.2 包衣岗位生产记录

生产日期					班次				
品名					规格				
批号					理论量/片				
生产操作	素衣量/片				隔离液包衣液/L				
	包衣液/L								
	进风温度/℃				出风温度/℃				
	包衣筒转速/(r/min)				蠕动泵速率/(r/min)				
	压缩空气压力/Pa		进风量/(m³/h)				出风量/(m³/h)		
	锅号	1	2	3	4	5	6	7	8
	开始时间								
	结束时间								
	包衣液用量/L								
	衣片总量/片				取样量/片				
	废料量/片				崩解时限/min				
	晾片开始时间				室内温度/℃				
	晾片结束时间				室内湿度/%				
物料平衡	公式	[(包衣片总量+取样量)/总投料量]×100%							
	计算								
	限度	98%≤限度≤100% 实际为： % （ ）符合限度（ ）不符合限度							
备注	偏差分析及处理：								
操作人			复核人				QA		

3.3 包衣岗位清场记录

操作日期		生产岗位		包衣	
品名		规格		批号	
清场工作:完成后打"√"。					
清场项目					
1	剩余原料和本批次干燥产品清理并送中间站				（ ）

续表

2	更换生产状态标志		( )
3	收集废弃物并清离现场		( )
4	器具送至洁具间进行清洗		( )
5	设备清洗		( )
6	清理生产环境		( )
备注：			
清场人		检查人	

4. 片剂质量检查岗位记录表

品名			包装规格		
规格			取样日期		
批号			取样量/片		
取样人			检测人		
取样依据					
检测项目	脆碎度/%	崩解时限/min	溶出度/%	重量差异	
				超出装量差异限度/片	超出限度的1倍/片
结果					

结论：

备注：

 支撑知识

一、片剂概述

(一) 片剂的特点

片剂是指原料药物或与适宜的辅料制成的圆形或异形的片状固体制剂。片剂是现代药物制剂中临床应用最为广泛的剂型之一。自 19 世纪 40 年代片剂问世后,特别是近 50 年以来,随着制药技术的不断发展,国内外药学工作者对片剂成型理论、崩解溶出机制以及各种新型辅料进行了更加深入的研究;同时片剂的生产技术、机械设备、质量控制等方面也有了飞速发展,其中包括全粉末直接压片、流化喷雾制粒、全自动高速压片机、全自动程序控制高效包衣机等新技术、新工艺和新设备已经广泛地应用于片剂生产,从而使片剂的种类不断增多,片剂的产量和质量得到了迅速提高。进入 21 世纪后,我国全面实施 GMP 管理,同时 2010 年版新 GMP 的实施为保证片剂质量奠定了基础。

片剂具有以下特点:①以化学药品、抗生素等为原料制备的片剂,其剂量准确,成分含量均匀,而且一些药片还压上凹纹,便于再次分剂量。②因片剂为干燥固体制剂,其产品致密,受外界空气、光线、水分等因素的影响较小或产生不良影响所需的时间较长,故一般产品表现出良好的稳定性。一些易氧化变质或潮解的药物可通过包衣加以保护,从而增强片剂的稳定性。③片剂的体积小,机械强度较大,故方便携带、运输和服用。④片剂生产的机械化、自动化程度较高,因此便于大量生产。⑤药片上可以压上产品名称、含量等标记,也可以将片剂着上不同颜色,使其便于识别。⑥可制成不同类型的片剂,如分散片、控释片、肠溶片、咀嚼片及含片等,也可以制成含有两种或两种以上药物的复方片剂,从而满足临床医疗或预防的不同需要。片剂除具有上述优点外,也存在着一些不足:①幼儿及不能正常进食的患者由于吞咽功能问题不易吞服。②生产工艺处方和生产过程不当会影响药物的溶出和生物利用度。③除个别品种外,片剂普遍不具有应急性。④一些药物不宜制成片剂,如在胃肠道不吸收或吸收达不到治疗剂量的药物以及要求发挥局部作用或要求含有一定液体成分的药物等。

(二) 片剂的分类

片剂以口服普通片为主,还有分散片、含片、舌下片、口腔贴片、泡腾片、阴道片等,中药还有浸膏片、半浸膏片和全粉片等。片剂归纳起来可分为三大类,即口服用片剂、口腔用片剂和其他给药途径片剂。

1. 口服用片剂

(1) 普通压制片 指药物与辅料混合、压制而成的未包衣的普通片剂,又称为素片或片芯。片重一般控制在 0.1~0.5 g。使用时将制剂放入口中,然后用 100 mL 左

右的温水帮助吞咽即可。因此患者不用水而直接服用片剂等固体制剂是比较危险的,这样有可能使干燥的固体制剂黏附在食管中,特别是睡前服用时,容易产生食管损伤或刺激,如磺胺嘧啶片、去痛片等。

(2)包衣片　指在普通压制片的表面包上衣膜的片剂。根据包衣材料的不同可分为以下几种:①糖衣片:以蔗糖为主要包衣材料的片剂,主要保护药物或掩盖其不良气味,如土霉素片(糖衣片)、牛黄解毒片(糖衣片)等。②薄膜衣片:用高分子成膜材料(如羟丙基甲基纤维素)进行包衣的片剂,其作用与糖包衣类相同,如复方丹参片(薄膜衣片)等。③肠溶衣片:用肠溶性包衣材料进行包衣的片剂。使用时请勿将肠溶片分割或研碎,否则会大大降低药物疗效,同时增加药物不良反应,如阿司匹林肠溶片等。

(3)泡腾片　指含有碳酸氢钠和有机酸,遇水可产生气体而呈泡腾状的片剂。泡腾片中的原料药物应是易溶性的,加水后应能溶解。有机酸一般用柠檬酸、酒石酸、富马酸等。供口服的泡腾片一般宜用100~150 mL凉开水或温水浸泡,可迅速崩解和释放药物,待其完全溶解或气泡消失后再饮用。不应让幼儿自行服用。泡腾片严禁直接服用或口含服用。溶解后的药液有不溶物、沉淀、絮状物时不宜服用,如维生素C泡腾片等。

(4)咀嚼片　指于口腔中咀嚼后吞服的片剂。一般应选择甘露醇、山梨醇、蔗糖等水溶性辅料作为填充剂和黏合剂,咀嚼片的硬度应适宜。对于崩解困难的药物制成咀嚼片可有利于吸收,如碳酸钙咀嚼片等。服用咀嚼片时,在口腔内的咀嚼时间要充分,咀嚼后可用少量的温水送服。治疗中和胃酸的咀嚼片应在餐后1~2h服用。

(5)分散片　指在水中能迅速崩解并均匀分散的片剂。分散片中的原料药物应是难溶性的。分散片在使用时可加水分散后口服,也可将分散片含于口中吮服或吞服,如阿奇霉素分散片等。

(6)多层片　指由两层或多层构成的片剂。每层含不同的药物和辅料,这样可以避免复方制剂中不同药物之间的配伍变化,或者制成缓释和速释组合的双层片,如维U铝镁双层片、马来酸曲美布汀多层片等。

分散片与泡腾片有何异同

(7)缓释片　指在规定的释放介质中缓慢地非恒速释放药物的片剂。缓释片具有血药浓度平稳、服用次数少且作用时间长等特点,如硫酸沙丁胺醇缓释片等。使用时除另有规定外,一般应整片吞服,严禁嚼碎或击碎分次服用。

(8)控释片　指在规定的释放介质中缓慢地恒速释放药物的片剂。控释片具有药物释放平稳,接近零级速率的释放过程;吸收可靠,血药浓度平稳;药物作用时间长,不良反应小,并可减少服药次数等特点,如维铁控释片等。使用时除另有规定外,一般应整片吞服,严禁嚼碎或击碎分次服用。

(9)口崩片　指在口腔内不需要用水即能迅速崩解或溶解的片剂,一般适合于小剂量原料药物，常用于吞咽困难或不配合服药的患者。口崩片应在口腔内迅速崩解或溶解，口感良好，容易吞咽，对口腔黏膜无刺激性，如兰索拉唑口崩片等。

2. 口腔用片剂

（1）含片　指含于口腔中缓慢溶化产生局部或全身作用的片剂。含片中的原料药物一般是易溶性的，主要起局部消炎、杀菌、收敛、止痛或局部麻醉作用，如复方草珊瑚含片、葡萄糖酸钙含片等。

（2）舌下片　指置于舌下能迅速溶化药物，经舌下黏膜吸收发挥全身作用的片剂。舌下片中的原料药物应易于直接吸收，主要适用于急症的治疗，如硝酸甘油舌下片等。使用时将药片放于舌下，一般含服时间控制在 5 min 以下，以保证药物吸收；不要咀嚼或吞咽药物，不要吸烟、进食等；含后 30 min 内不宜吃东西或饮水。

（3）口腔贴片　指粘贴于口腔，经黏膜吸收后起局部或全身作用的片剂，适用于肝脏首关效应较强的药物，如吲哚美辛贴片等。

3. 其他给药途径片剂

（1）可溶片　指临用前能溶解于水的非包衣片或薄膜包衣片。可溶片应溶解于水中，溶液可呈轻微乳光，可供口服、外用、含漱等用，如复方硼砂漱口片等。

（2）阴道片与阴道泡腾片　指置于阴道内应用的片剂。阴道片和阴道泡腾片的形状应易置于阴道内，可借助器具将阴道片送入阴道。阴道片在阴道内应易溶化、溶散或熔解、崩解并释放药物，主要起局部消炎、杀菌的作用。也可给予性激素类药物，如壬苯醇醚阴道片、甲硝唑阴道泡腾片等。具有局部刺激性的药物不得制成阴道片。

（3）植入片　指通过手术或特制的注射器植入（埋入）皮下缓慢溶解并吸收，产生持久药效（长达数月至数年）的片剂。植入片适用于剂量小并需要长期应用的药物，如激素类避孕药物醋酸去氧皮质酮皮下植入片等。

（三）片剂的质量要求

《中国药典》（2020 年版）四部通则要求片剂外观完整、光洁、色泽均匀，重量差异小，含量均匀，有适宜的硬度，崩解或溶出度符合规定，口服片剂应符合卫生学要求，贮存期间物理、化学和微生物等方面的质量稳定，并有适宜的包装。

二、片剂的辅料

片剂由药物和辅料两部分组成。辅料是指在片剂处方中除主药以外的所有附加物的总称。常用辅料的作用主要有填充、黏合、崩解和润滑作用等，为提高患者的依从性还可加入着色剂、矫味剂等。

片剂所用的辅料应无生理活性；性质稳定，不与主药发生任何物理、化学反应；对人体无毒、无害、无不良反应，不影响主药的疗效和含量测定。辅料为非治疗成分，但完全惰性的辅料几乎是不存在的，有时会因选用辅料不当影响制剂中药物的释放与吸收,进而影响制剂的质量和疗效。所以,应根据药物性质和用药目的来选择辅料。

常用的辅料按其作用不同主要包括稀释剂与吸收剂、润湿剂与黏合剂、崩解剂和润滑剂等。有时一种辅料兼具数种功能,如淀粉既可作为稀释剂,干燥后又是很好的崩解剂;微晶纤维素既是良好的稀释剂和干燥黏合剂,又具有良好的流动性和崩解作用。因此,必须掌握各种辅料的特点,在处方设计时灵活运用。

(一)稀释剂与吸收剂

稀释剂也称填充剂,是制剂中用来增加体积和重量的成分。片剂的直径一般不小于 6 mm,每片重量一般不小于 100 mg;如果主药只有几毫克或几十毫克,不加辅料将无法压制成片。加入稀释剂不但可以增加体积促进成型,还可减少主药成分的剂量偏差。片剂中若含有液体成分如挥发油时,需加入适当的辅料将液体吸收以便于制备制剂,此种辅料称为吸收剂。稀释剂与吸收剂广泛用于散剂、颗粒剂、胶囊剂、片剂等固体制剂的生产中。

1. 淀粉

淀粉是片剂生产中最常用的稀释剂,制药工业中以玉米淀粉最为常用。淀粉为白色或类白色粉末,不溶于水及乙醇,性质稳定,吸湿性小。淀粉单独使用可压性差,压制出的片剂较为松散,因此常与可压性好的蔗糖粉、糊精等合用,以增加其黏合性和片剂的硬度。

2. 蔗糖

蔗糖为无色结晶或白色结晶性的松散粉末,有矫味和黏合作用,可用来增加片剂压制过程中的硬度,使片剂的表面光滑美观,但蔗糖的吸湿性较大,用量大时会使制粒、压片困难,长期储存会使片剂的硬度加大,崩解超时限和溶出度降低。一般不单独使用,常与糊精、淀粉等合用。

3. 糊精

糊精为白色或类白色无定形粉末,在沸水中易溶,不溶于乙醇。糊精具有较强的黏结性,在作为稀释剂时,使用不当会使片剂表面出现麻点、水印或造成片剂崩解或溶出迟缓,在含量测定时会影响测定结果的准确性和重现性,故常与蔗糖粉、淀粉混合使用。

4. 乳糖

乳糖为白色带甜味的结晶性颗粒或粉末。常用的乳糖为含有 1 分子结晶水的 α-乳糖。乳糖是一种优良的稀释剂,其性质稳定,与大多数药物不起化学反应,易溶于水,无吸湿性。

5. 预胶化淀粉

预胶化淀粉也称可压性淀粉,为白色或类白色粉末,无臭无味,具有良好的流动性、可压性、润滑性和干燥黏合性,并具有较好的崩解作用,其作为多功能辅料,常用于粉末直接压片。

6. 微晶纤维素

微晶纤维素(MCC)为微白色或类白色粉末或颗粒状粉末,具有良好的可压性。除用作稀释剂外,还兼有黏合、助流、崩解等作用,尤其适用于粉末直接压片。

7. 甘露糖醇与山梨糖醇

甘露糖醇与山梨糖醇互为同分异构体,为白色、无臭、具有甜味的结晶性粉末或颗粒。山梨糖醇甜度约为蔗糖的一半,在溶解时吸热,有清凉感,适用于咀嚼片、口腔崩解片等,但价格较高,常与蔗糖配合使用。

8. 无机盐类

无机盐类主要是无机钙盐,如硫酸钙、磷酸氢钙、碳酸钙等,通常用作挥发油等的吸收剂。

(二)润湿剂与黏合剂

润湿剂和黏合剂是在制粒时添加的辅料,以使物料聚结,方便制粒。

1. 润湿剂

润湿剂是指本身无黏性,但可诱发物料黏性的液体辅料,常用的润湿剂有以下几种。

(1)纯化水　无毒,无味,价廉。应用时,由于物料往往对水的吸收较快,因此较易出现发黏、结块、润湿不均匀、干燥后颗粒发硬等现象,最好添加适量乙醇,以克服这种不足。

(2)乙醇　可用于水分解的药物或遇水产生较大黏性的药物,随着乙醇浓度的增大,润湿后所产生的黏性将逐渐降低。因此,应根据原辅料的性质选择不同浓度的乙醇,一般为30%~70%。如处方中的原辅料经水润湿会产生极强的黏性,则用高浓度的乙醇作为润湿剂,使用量不宜过大;相反,则应选用低浓度的乙醇,并可酌情增加用量。

2. 黏合剂

黏合剂是指一类能使无黏性或黏性不足的物料粉末聚集成颗粒,或压缩成型的具有黏性的固体粉末或溶液,以固体粉末状态直接应用的黏合剂称为干燥黏合剂。常用的黏合剂有以下几种。

(1)淀粉浆　淀粉浆是最常用的黏合剂,常用浓度为8%~15%;若物料的可压性较差,可适当提高淀粉浆的浓度到20%。

(2)纤维素衍生物　是指将天然的纤维素经处理后制成的各种纤维素的衍生物,主要有以下几种。

①甲基纤维素(MC)和羧甲基纤维素钠(CMC-Na):两者均具有良好的水溶性,可形成黏稠的胶浆。前者使用浓度为2%~10%,后者使用浓度为1%~2%。

②羟丙基纤维素(HPC)和羟丙基甲基纤维素(HPMC):两者性质稳定,易溶于

冷水。羟丙基纤维素既可作为制粒的黏合剂,也可作为粉末直接压片的干燥黏合剂。羟丙基甲基纤维素的常用浓度为2%~5%,除用于黏合剂外,也是一种薄膜衣材料。

③乙基纤维素(EC):不溶于水,溶于乙醇等有机溶剂,故其醇溶液可作为对水敏感药物的黏合剂。本品的黏性较强,且在胃肠液中不溶解,会对片剂等固体制剂的崩解及药物的释放产生阻滞作用,目前常用于缓释、控释制剂的包衣材料。

(3)聚维酮(PVP)　本品既溶于水,又溶于乙醇,因此是广泛用于颗粒剂、片剂等的黏合剂,特别是对湿热敏感的药物,用其乙醇液制粒,可缩短颗粒干燥时间。

(4)其他黏合剂　5%~20%明胶溶液、50%~70%蔗糖溶液等,可用于可压性差的药物的黏合剂。

(三)崩解剂

1. 崩解剂的概念

崩解剂是指加入处方中促使制剂迅速崩解成小单元并使药物更快溶解的成分。由于药物被较大压力压成片剂后,孔隙率很小,结合力很强,即使易溶解的药物在压成片剂后其在水中溶解或崩解也需要一定的时间,因此片剂中难溶性药物的溶出速度便成为体内药物吸收速度的限制因素,而片剂的崩解一般是药物溶出的第一步。为使片剂尽快崩解,释放出有效成分,除了有特殊要求的含片、咀嚼片、舌下片、缓(控)释片等片剂外,一般片剂和有崩解时限要求的固体制剂均需加入崩解剂。

2. 崩解剂的作用机制

崩解剂的作用不仅是要消除黏合剂或润湿剂使制剂产生的黏合力与制剂压制时承受的机械力,使片剂变为细小颗粒,而且还应使颗粒变为粉末。

崩解剂的作用机制主要有以下几种。

(1)毛细管作用　崩解剂在加压下使片剂内部形成了无数孔隙和毛细管,这些孔隙和管路具有强烈的吸水性,使水迅速进入片剂内部,促进整个片剂润湿而崩解。

(2)膨胀作用　崩解剂多为亲水性高分子物质,遇水后被润湿而膨胀使片剂崩解。

(3)产气作用　在泡腾片中加入泡腾崩解剂,遇水即产生气体,借助气体的膨胀而使片剂崩解。

(4)润湿热作用　物料在水中产生溶解热时,使片剂内部残存的空气膨胀,促使片剂崩解。

3. 常用的崩解剂

(1)淀粉及其衍生物

①干淀粉:在我国是一种最为传统、经典的崩解剂。淀粉作为崩解剂使用时,

要在 100~105 ℃下干燥 1h,使其含水量在 8%以下。干淀粉的吸水性较强,其吸水膨胀率为 186%左右。本品适用于作为水不溶性或微溶性药物的崩解剂,但对易溶性药物的崩解作用较差。

②羧甲基淀粉钠(CMS-Na):具有良好的吸水性和膨胀性,吸水后体积可膨胀至原体积的 300 倍,是一种性能优良、价格低廉的崩解剂,用量一般为 1%~6%。本品既适用于不溶性药物,也适用于水溶性药物;既可用于粉末直接压片,也可用于湿法制粒压片。

(2)低取代羟丙基纤维素(L-HPC)　是国内近年来应用较多的一种崩解剂,其具有很大的孔隙率和比表面积,其吸水膨胀率为 500%~700%。崩解后的颗粒细小,从而可提高药物的溶出速度和生物利用度,用量一般为 2%~5%。本品既可用于湿法制粒压片,也可用于直接压片。

(3)交联羧甲基纤维素钠(CCNa)　其在水中溶胀不溶解,能吸收数倍于自身重量的水,膨胀为原体积的 4~8 倍,故具有较好的崩解作用。常用量为 5%~10%,当与羧甲基淀粉钠合用时崩解效果更好,但与干淀粉合用时崩解作用会下降。

(4)交联聚维酮(PVPP)　流动性良好,有极强的吸湿性,在水中可迅速溶胀形成无黏性的胶体溶液,崩解性能非常优越,一般用量为片剂的 1%~4%。

(5)泡腾崩解剂　是一种泡腾制剂专用的崩解剂,最常用的是由柠檬酸、酒石酸或富马酸与碳酸氢钠组成的混合物,此崩解剂遇水产生二氧化碳气体,使片剂迅速崩解。含有这种崩解剂的制剂应妥善包装,避免受潮而造成崩解剂失效。

(6)表面活性剂　其作为崩解辅助剂能增加疏水性固体制剂的润湿性,使水分迅速渗透到固体制剂内部,从而加速固体制剂的崩解和药物的溶出。常用的表面活性剂有聚山梨酯 80、十二烷基硫酸钠等,单独使用崩解效果不好,常与干淀粉等混合使用。

4. 崩解剂的加入方法

崩解剂的加入方法是否恰当,将直接影响片剂的崩解和溶出的效果,应根据具体品种和要求分别对待。

(1)内加法　崩解剂与处方中的其他成分混匀后共同制粒,崩解剂存在于颗粒内部,片剂的崩解发生在颗粒内部,故崩解较慢,但一经崩解便成为粉末,有利于药物溶出。

(2)外加法　崩解剂加入整粒后的干颗粒中,片剂的崩解发生在颗粒之间,因此崩解迅速,但颗粒内无崩解剂,片剂不易崩解成粉末,故药物的溶出较差。

(3)内外加法　将崩解剂分成两份,一份按内加法加入(一般为崩解剂的 50%~75%),另一份按外加法加入(一般为崩解剂的 25%~50%),此法集中了前两种方法的优点,可使片剂的崩解既发生在颗粒内部又发生在颗粒之间,以达到良好的崩解效果。显然,在相同的用量下,就崩解速度而言,外加法>内外加入法>内加法;就溶出速率而言,内外加入法>内加法>外加法。

表面活性剂作为辅助崩解剂的加入方法也有 3 种:①溶于润湿剂或黏合剂内。②与崩解剂混合加入干颗粒中。③制成醇溶液,喷入干颗粒中,此种方法崩解时限最短。

(四) 润滑剂

1. 润滑剂的作用

润滑剂兼有润滑、助流、抗黏附 3 种作用,是润滑剂、助流剂和抗黏附剂三种辅料的统称。

(1)润滑作用　降低压制片剂时制剂与冲模壁之间的摩擦力,以减少冲模的磨损,使片剂容易脱离冲模,保证了片剂的完整性。

(2)助流作用　降低粉粒之间的摩擦力,增加粉粒的流动性,满足片剂等固体制剂的制剂设备所需的快速、均匀填充的要求,减小片剂的重量差异。

(3)抗黏附作用　防止压制片剂时物料黏附于冲模上,保证片剂表面光洁。

2. 常用的润滑剂

(1)硬脂酸镁　其为疏水性的润滑剂,有良好的黏附性,与粉粒混合后不易分离,压制的片剂表面光滑美观,故应用广泛。用量一般为 0.1%~1%,如用量过大,会增加片剂的疏水性,从而影响片剂的崩解和药物的溶出,可加入适量表面活性剂如十二烷基硫酸钠等进行改善。本品有弱碱性,不宜用于含阿司匹林、某些抗生素及多数有机碱盐类药物的片剂中。

(2)微粉硅胶　其不溶于水,亲水性强,有良好的流动性、可压性、附着性,为优良的助流剂,可用于粉末直接压片,常用量为 0.1%~0.3%。

(3)滑石粉　其不溶于水,助流性、抗黏附性良好,润滑性、附着性较差,制备制剂过程中的机械振动会使之与粉粒分离,一般不单独使用,常与硬脂酸镁配合应用,常用量为 0.1%~3%。

(4)氢化植物油　其为白色或黄白色细粉、片状,不溶于水,但溶于液体石蜡等。应用时一般将其溶于轻质液体石蜡,然后喷于干颗粒上,利于均匀分布,用作润滑剂。常用量为 1%~6%,常与滑石粉联合使用。

(5)聚乙二醇(PEG)类　其常用聚乙二醇 4000 和 6000,为水溶性润滑剂,制得片剂的崩解与溶出不受影响,适用于要求迅速溶解、均匀分散的片剂,如分散片、泡腾片等。

(6)十二烷基硫酸钠(镁)　其为水溶性润滑剂,并可以促进片剂的崩解和药物的溶出。

3. 润滑剂的使用

为使其能均匀地覆盖在物料表面,充分发挥润滑、助流和抗黏附作用,润滑剂在使用时应注意以下几点。

(1)粉末的粒度　润滑剂的粉末越细,表面积越大,润滑性能越好,润滑剂应能通过九号筛。

（2）加入方法　①直接加到颗粒中，此法不能保证分散混合均匀。②用60目筛筛出颗粒中的细粉，用配研法与润滑剂混合，再加到颗粒中混合均匀。③将润滑剂溶于适宜溶剂中，或制成混悬液（乳浊液），喷入颗粒中混匀后将溶剂挥发，液体润滑剂常用此法。目前生产中多采用第二种方法，其能将润滑剂和颗粒充分混匀。

（五）其他辅料

1. 着色剂

片剂中常加入着色剂以改善外观和便于识别。一般为食用色素，用量一般不超过0.05%。

2. 矫味剂

片剂中加入矫味剂等辅料可改善片剂的口味，含片、口腔贴片、咀嚼片、分散片、泡腾片、口崩片等常用芳香剂和甜味剂作为矫味剂，以缓和或消除药物不良臭味，增加患者顺应性。

3. 稳定剂

有些不稳定的药物在处方中加入适宜的稳定剂，以提高药物的稳定性。

三、片剂的制备

片剂的制备方法按制备工艺分为两大类，即制粒压片法和直接压片法。制粒压片法分为湿法制粒压片法和干法制粒压片法；直接压片法分为粉末直接压片法和结晶药物直接压片法。凡属挥发性或对光、热不稳定的原料药物，在制片过程中应采取遮光、避热等适宜方法，以避免成分损失或失效。

要制得符合质量要求的片剂，用于压片的物料必须具备以下三个条件，即具有良好的流动性、可压性和润滑性。流动性良好的物料可顺利地流入压片机的模孔，保证在较短的时间内完成充分填充物料的过程，从而保持较小的片重差异；可压性良好的颗粒或粉末容易被压缩成具有一定形状的片剂；良好的润滑性可保证片剂不黏冲，使压成的片剂被顺利推出。为使压片物料满足以上三个条件，片剂生产中应用最为广泛的是制粒压片法。

制颗粒的目的在于：①增加用于压片的颗粒或粉末的流动性，改善可压性。②增大药物松密度使空气逸出，减少片剂松裂。③尽量使各组分混合均匀，避免各成分分层，使片剂中的药物含量准确。④避免粉尘飞扬及粉末黏附于冲头表面而造成黏冲、挂模的现象。

（一）湿法制粒压片法

湿法制粒压片法是将药物和辅料粉末混合后加入黏合剂或润湿剂制备颗粒，经干燥后压制成片的工艺方法。本法可以较好地解决粉末流动性差、可压性差的问题,对湿热稳定的药物常采用此法。湿法制粒压片法的生产工艺流程如图3-1所示。

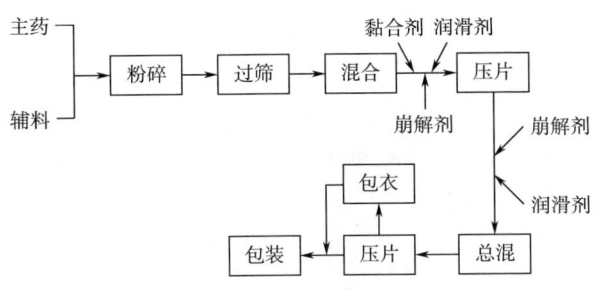

图3-1 湿法制粒压片法生产工艺流程

1. 原辅料的准备和处理

原辅料在使用前必须经过鉴定、含量测定、干燥、粉碎、过筛等处理,压片过程中所用的原辅料均应符合有关标准。要求原辅料粉末细度一般在80~100目,对剧毒药、贵重及有色泽的原料则要求更细,以便于混合均匀。片剂的疗效与片剂中药物的溶出度有关,对于溶解度很小的药物,必要时可经微粉化处理使粒径减小(如<5μm)以提高溶出度。片剂的疗效也与晶型有关,必要时应鉴定其晶型。多数药用辅料是高分子材料,应选择合适的型号和规格,例如纤维素衍生物的取代度、黏度等。由于片剂生产过程主要为物理过程,因此应控制某些辅料如崩解剂、润滑剂等的物理性质,如粒度和粒度分布等。处方中各组分用量差异大时,应采用等量递加法或溶剂分散法以保证混合均匀。

2. 制备颗粒

制备颗粒是生产片剂的关键,生产中大多采用湿法制粒压片法制备片剂,其生产工艺流程主要包括制湿颗粒、湿颗粒干燥、整粒、总混等几个过程。

(1) 制湿颗粒 具体制粒方法及要点参照颗粒剂中的湿法制粒。

(2) 湿颗粒干燥 湿颗粒制成后应及时干燥,放置过久,湿颗粒易结块或受压变形。干燥温度由原料性质而定,一般以50~60 ℃为宜,对湿热稳定的原料可提高温度以缩短干燥时间。干燥时温度应逐渐升高,否则颗粒表面干燥后结成一层硬壳,造成外干内湿的假干燥。干燥的程度可通过测定含水量进行控制,含水量太高易发生黏冲,太低则不利于压制成形。颗粒干燥可用厢式干燥器、沸腾干燥器、微波干燥器或远红外干燥器等加热干燥设备。

(3) 整粒 湿颗粒在干燥过程中某些颗粒可能发生黏连或结块,干颗粒需要再次通过筛网,使干燥过程中结块、黏连的颗粒分散开,以得到大小均匀的颗粒。一般采用过筛的方法整粒,所用筛孔要比制粒时的筛孔稍小一些。若颗粒疏松,适当选用孔径较大的筛网及摇摆式制粒机整粒,以免破坏颗粒和增加细粉;若颗粒较粗硬,宜选用孔径较小的筛网及旋转式制粒机整粒,以免颗粒过于粗硬。

(4)总混　是指颗粒在干燥与整粒之后,为顺利进行压片和保证压出片剂的质量,向颗粒中加入片剂处方中尚未加入的其他成分,并混合均匀的操作过程。总混是压片前的关键工序,是片剂生产批号确立的重要依据。

总混时需要加入的物料一般有:①挥发油或挥发性物质:若制剂中含有挥发油,可直接从干颗粒中筛出部分细粉,将挥发油加入上述细粉中混匀后,再与全部干颗粒混匀;若挥发性药物为固体(如薄荷脑)或量较少时,可用适量乙醇溶解,或与其他成分混合研磨共熔后喷入干颗粒中,混匀后,密闭数小时,使挥发性药物均匀渗入颗粒。②剂量小或对湿热不稳定的药物:有些情况下,先制成不含药物的空白干颗粒或将稳定的药物与辅料制成颗粒,然后再将剂量小或对湿热不稳定的主药加入整粒后的干颗粒中混匀。③润滑剂和外加崩解剂:一般润滑剂需过100目以上筛,崩解剂应先干燥过筛,再将崩解剂及润滑剂与干颗粒一起加入混合器械中进行总混。

3. 压片

(1)计算片重

①按主药含量计算:片重是每片所含的药物及辅料的总量。尽管物料是按照处方准确计算后进行投料的,但压片前经过的一系列操作必将使物料有所损耗,因此压片前应对颗粒中主药的实际含量进行测定,然后按式(3-1)计算片重。

$$片重 = \frac{每片含主药量(标识量)}{干颗粒中主药的百分含量(实测值)} \quad (3-1)$$

注:公式中片重和每片含主药量均以克(g)为单位,余同。

例3-1　已知乙酰螺旋霉素片标准中要求每片含乙酰螺旋霉素0.1 g,制成颗粒,经总混后,测得颗粒中含主药量为48.5%,现计算理论片重范围。

解:　$片重 = \frac{每片含主药量(标识量)}{干颗粒中主药的百分含量(实测值)} = \frac{0.1}{48.5\%} = 0.206(g)$

按《中国药典》(2020年版)要求,0.3 g以下片剂的重量差异限度为±7.5%,所以该片的理论重量范围应如下所示:

理论片重范围 = 0.206±0.206×7.5% = 0.191 g(下限) ~ 0.221 g(上限)

②按干颗粒总重计算片重:中药片剂成分复杂,没有准确的含量测定法,可根据实际投料量与应制备的总片数,按式(3-2)计算片重。

$$片重 = \frac{干颗粒重 + 压片前加入的辅料量}{预定压片总数} \quad (3-2)$$

例3-2　欲制备某中药浸膏片剂,要求每片含相当于原生药5 g,今投料原生药2500 kg,共制得干颗粒238.9 kg,压片前又加入润滑剂硬脂酸镁2.5 kg,试计算片重。

解:　$片重 = \frac{干颗粒重 + 压片前加入的辅料量}{预定压片总数}$

$= \frac{(238.9+2.5)\times1000}{(2500\times1000)\div5} = \frac{238.9+2.5}{500} = 0.48(g)$

该中药浸膏片每片重量的理论值为 0.48 g。

（2）压片机及压片过程

压片机是将各种颗粒状或粉状物料通过特定的模具压制成片剂的设备。目前常用的压片机有单冲压片机和多冲旋转式压片机。压片机的压片模具叫冲模，由上冲、下冲和模圈组成，构成材质为优质不锈钢。上、下冲的直径相等，与模圈的模孔应匹配良好，冲和模圈的径差不大于 0.06 mm，能保证冲头在模圈中上下自由滑动且不泄漏药粉。冲头的直径有各种规格，其端面形状可以是平面，也可以是浅凹或深凹形，也可以在端面上刻有文字、数字、字母、线条等，以表明产品的名称、规格、商标等。

压片机的冲模

单冲压片机主要由加料器（含加料斗、饲料靴）、压缩部件（含上冲、下冲、模圈）和调节器（含压力调节器、出片调节器、片重调节器）三部分组成（图 3-2）。单冲压片机的产量一般为 80~100 片/min，适用于新产品试制或小量生产。

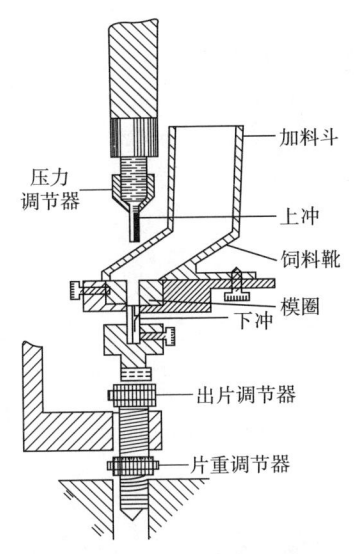

单冲压片机结构

图 3-2 单冲压片机设备图

多冲旋转式压片机有多种型号，按冲数分为 16、19、27、33、55、77 冲等类型，其主要工作部分有机台、压轮、片重调节器、出片调节器、加料斗、饲粉器、吸尘器、保护装置等。机台分为三层，中层安装有若干模圈，上层和下层分别装有若干上冲和下冲，上、下冲头在随机台绕轴旋转的同时沿着各自固定的轨道有规律地上下运动。多冲旋转式压片机压片时由上、下冲同时加压，压力分布均匀，不易出现裂片，具有片重差异小、生产效率高等优点。

压片机的压片过程：以多冲旋转式压片机为例，过程如图 3-3 所示。①填充：当下冲转到饲粉器之下时，其位置较低，颗粒装满模孔；下冲转动到片重调节器之上时略有上升,经刮粉器将多余的颗粒刮去。②压片:当上冲和下冲转到上、下压轮之间时,两个冲头之间的距离最近,可将颗粒压缩成片。③推片(出片):上冲和下冲抬起,下冲将药片抬到恰与模孔上缘相平的位置,药片被刮粉器推开。每套冲模都如此反复进行填充、压片、推片等操作。

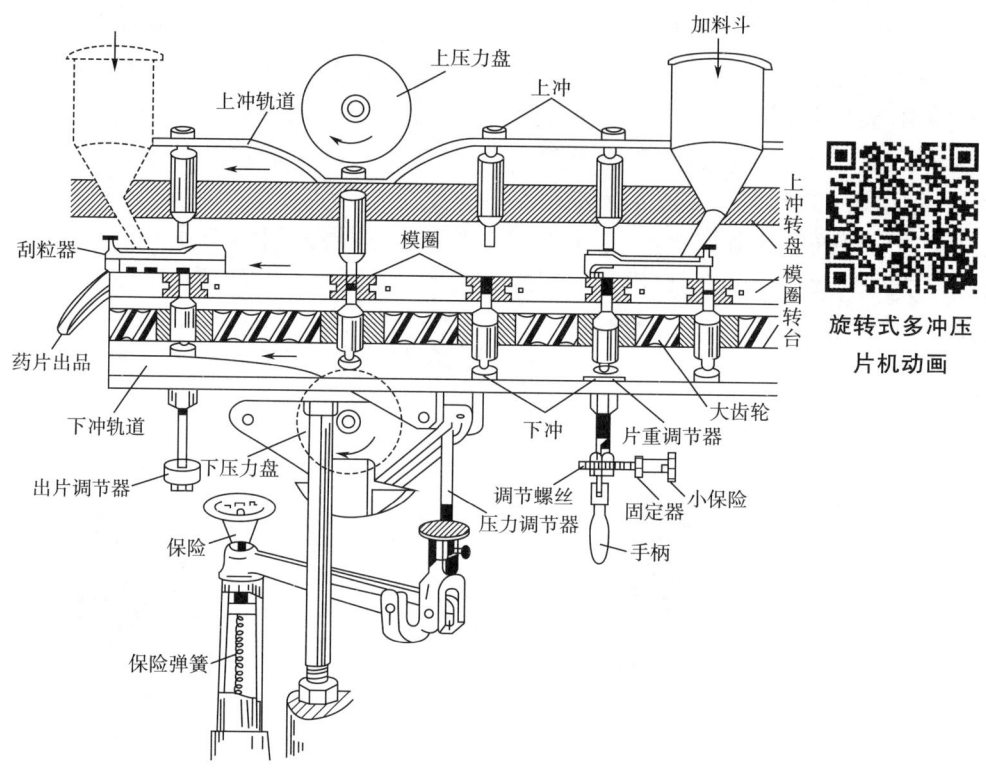

图 3-3　旋转式压片机的压片过程示意图

实例解析 3-1:维生素 C 泡腾片

【处方】维生素 C　　100 g　　酒石酸　　450 g　　碳酸氢钠　　650 g
　　　　蔗糖粉　　　1600 g　　糖精钠　　20 g　　 氯化钠　　　适量
　　　　色素　　　　适量　　　单糖浆　　适量　　 香精　　　　适量
　　　　聚乙二醇 6000 适量　　　　　　　　　　　　制成 1000 片

【制法】将维生素 C、酒石酸分别过 100 目筛,混匀,以 95%乙醇和适量色素溶液制成软材,过 14 目筛制颗粒,于 50~55 ℃干燥,备用;另取碳酸氢钠、蔗糖粉、氯化钠、糖精钠和单糖浆适量制成软材,过 12 目筛,于 50~55 ℃干燥,与上述干颗粒混合,16 目筛整粒,加适量香精的乙醇溶液,密闭片刻,加适量聚乙二醇 6000 混匀,压片,片重 0.3 g。

【解析】①本品用于预防和治疗各种急、慢性传染性疾病或其他疾病,增强机体抵抗力,用于疾病恢复期、创伤愈合期及过敏性疾病的辅助治疗,用于预防和治疗维生素 C 缺乏症。②处方中的维生素 C 为主药,碳酸氢钠和酒石酸为泡腾崩解剂,蔗糖粉为黏合剂、氯化钠、糖精钠、香精为矫味剂。聚乙二醇 6000 为水溶性润滑剂。③本例为泡腾片剂的制备。泡腾片的处方设计中也可以用碳酸氢钾、碳酸钙等代替碳酸氢钠,以适应某些不宜多食钠的患者。

(二) 干法制粒压片法

某些药物对湿、热不稳定,且可压性、流动性较差时,可采用干法制粒压片法。即将药物与适宜的辅料混合后,用适宜的设备压成块状或大片,再将其破碎成大小合适的颗粒,最后压制成片剂。干法制粒压片法可分为滚压法和重压法。滚压法是将药物与辅料混合均匀,通过特殊的滚压机压成薄片,然后通过摇摆式颗粒粉碎机粉碎制粒,再加入润滑剂混合后压片的方法。目前国内使用的滚压式干法制粒机可将滚压、碾碎、整粒一次进行,可直接将粉末挤压成颗粒,工艺简便且制得的颗粒质量好。重压法系将药物与辅料的混合物用重型压片机压制成大片,冲模的直径一般为 19mm 或更大些,然后再破碎成一定大小颗粒的方法,又称为大片法,此法虽工序少,操作简单,但是由于压片机需用较大的压力,冲模等部件容易损耗,且细粉也较多,目前已很少用。

(三) 粉末直接压片法

粉末直接压片法是指将药物的细粉与适宜的辅料混匀后,不制粒而直接压制成片的方法。粉末直接压片法生产工艺流程如图 3-4 所示。

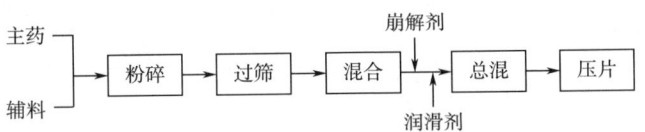

图 3-4 粉末直接压片法生产工艺流程

本法不经过制粒过程,工艺简单,有利于片剂生产的连续化和自动化,具有生产工序少、设备简单、辅料用量少、产品崩解或溶出较快等优点,适用于对湿热不稳定的药物;不足之处是粉末的流动性差,片重差异大,压片时粉尘较多,易造成裂片,再者本法所用的辅料价格较为昂贵等,使其应用受到一定限制。近些年  结晶药物直接压片
来随着片剂生产技术的革新、新型辅料的研发、高速旋转式压片机的使用,促进了粉末直接压片的发展,各国的粉末直接压片品种不断增加,某些国家可达到 60%以上。

粉末直接压片的辅料应符合下列基本条件:①具有良好的流动性和可压性。②可与多种药物配伍使用而不发生化学变化。③有较大的"容纳量"(即能与较高百分比的药物配合而不影响压片性能),且不影响主药的生物利用度。④粒度与大多数药物相近等。与制粒压片不同的是粉末直接压片需加入的辅料主要有微晶纤维素、可压性淀粉、喷雾干燥乳糖、微粉硅胶、L-HPC、PVPP、CMC-Na 等。

为适应粉末直接压片的需要,本法除通过加入适宜的辅料改善压片用物料的流动性和可压性外,还应从以下 3 个方面改进压片设备:①改进饲粉装置,在饲粉器上加振荡器或其他适宜的强制饲粉装置。②增加预压装置,先通过预压排出粉末中的空气,第二次最终压成药片。③改进除尘设备。

(四)片剂生产中的质量问题与解决方法

由于片剂的处方、生产工艺及机械设备等方面的综合影响,在制备过程中可能导致片剂出现很多问题,如图 3-5 所示。主要原因是药物和颗粒本身的性能、机械方面的因素、操作技术和环境等,需要具体问题具体分析,查找原因,针对性解决。常见的问题有以下几种。

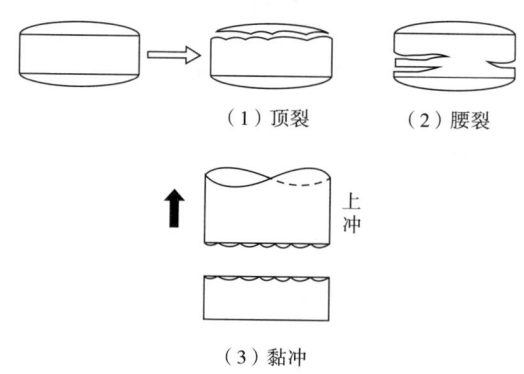

图 3-5 片剂的不良现象

1. 裂片

腰裂是指片剂受到振动或在储存过程中从腰间裂开的现象。从片剂顶部或底部剥落一层的现象称为顶裂。产生裂片的原因有很多,如黏合剂选择不当或用量不足、细粉过多、压力过大、冲头与模圈不符等。而最主要的原因是压片时压力分布不均匀和片剂的弹性复原率大。解决的主要措施是选用弹性小、塑性大的辅料,选用适宜的制粒方法、适宜的压片机和操作参数等,从整体上提高物料的压缩成形性,降低弹性复原率。裂片常见原因及解决方法见表 3-1。

表 3-1　　　　　压片过程中出现裂片的原因及解决办法

裂片的原因	解决办法
纤维性药物或油类成分较多	调整处方,筛选辅料
颗粒中细粉太多	筛去细粉,重新制粒
润滑剂过量	减少润滑剂用量

续表

裂片的原因	解决办法
黏合剂选择不当或用量不足	筛选黏合剂或增加用量
颗粒过干,含水量不足	喷入50%~60%浓度的适量乙醇,混匀
压片压力过大或车速过快	调小压力或降低车速
冲模不精准	检查、更换
压片环境	调整压片环境温湿度

2. 松片

松片指片剂硬度不够,受振动易出现松散破碎的现象,主要原因是药物的弹性复原率大、可压性差,可通过选用黏性强的黏合剂、增大压片机的压力等方法来解决。松片常见原因及解决方法见表3-2。

表3-2　　　　　　压片过程中出现松片的原因及解决办法

松片的原因	解决办法
纤维性药物或油类成分较多	调整处方,筛选辅料
颗粒中细粉太多	筛去细粉,重新制粒
颗粒过干,含水量不足	喷入50%~60%浓度的适量乙醇,混匀
黏合剂选择不当或用量不足	筛选黏合剂或增加用量
压片机的压力不够	加大压片机压力
冲模不精准	检查、更换

3. 黏冲

黏冲是指冲头或冲模上黏着细粉,造成片面粗糙不平或有凹痕的现象,尤其是刻有文字或模线的冲头更易发生黏冲现象。主要原因有颗粒的含水量过高、润滑剂使用不当、冲头表面粗糙和工作场所的湿度太高等,应根据实际情况查找原因并予以解决。黏冲常见原因及解决方法见表3-3。

表3-3　　　　　　压片过程中出现黏冲的原因及解决办法

黏冲的原因	解决办法
颗粒含水量大、药物或辅料易吸湿或工作场所湿度过高	充分干燥控制水分、控制环境湿度
润滑剂选用不当、用量不足或混合不匀	更换润滑剂、调节用量、混合均匀
冲头表面粗糙、锈蚀、不洁	清洁或更换冲头
冲头刻字太深或有棱角	更换冲头或用微量液状石蜡润滑刻字
压片机的压力调节不当	调节压片机压力
压片机车速太快	调节车速

4. 崩解迟缓

崩解迟缓是指片剂不能在《中国药典》规定的时限内完全崩解或溶解，其原因有崩解剂选择不当或用量不足、黏合剂黏性太强或用量过多、压片时压力过大、疏水性润滑剂用量过多等，应根据实际情况查找原因并予以解决。常见原因及解决方法见表3-4。

表3-4　　片剂出现崩解迟缓的原因及解决办法

崩解迟缓的原因	解决办法
崩解剂崩解能力不足或用量不当	更换崩解剂或加大用量
黏合剂的黏性太强或用量太大	更换黏合剂或减少用量
颗粒过粗、过硬	粗粒过筛、喷入高浓度乙醇降低硬度
疏水性润滑剂用量过多	降低疏水性润滑剂用量或改用亲水性润滑剂
压片压力过大	调节压片压力、降低片剂硬度

5. 片重差异超限

片重差异超限是指片重差异超过《中国药典》规定的限度范围。产生片重差异超限的主要原因有颗粒的流动性不好、颗粒内的细粉太多或颗粒的大小悬殊、加料斗内的颗粒时多时少、冲头与模孔的吻合程度不好等，应根据实际情况加以解决。常见原因及解决方法见表3-5。

表3-5　　片剂出现重量差异超限的原因及解决办法

片重差异超限的原因	解决办法
颗粒内细粉过多、颗粒大小悬殊	将颗粒混匀或筛去细粉重新制粒
颗粒流动性较差	加适宜的助流剂以改善流动性
加料斗内的颗粒时多时少	调节料斗并保证含1/3体积以上的颗粒
双轨压片机两个加料器不平衡	平衡加料器
冲头、冲模吻合度不好	检查、更换冲头冲模
下冲升降不灵活	调节或更换下冲
加料斗堵塞	疏通料斗、保持压片环境干燥

6. 含量不均匀

含量不均匀是指含量均匀度超过《中国药典》规定的限度，所有造成片重差异超限的因素均可造成片剂的含量均匀度不合格。对于小剂量的药物来说，除了混合不均匀以外，可溶性成分在颗粒内和颗粒间迁移是其含量均匀度不合格的主要原因。

7. 变色与花斑

变色与花斑是指片剂表面的颜色发生改变或出现色泽不一的斑点的现象,导致外观不符合要求,其主要原因有颗粒过硬、混料不匀、接触金属离子、压片机污染油污等。

可溶性成分的迁移

8. 麻点

麻点是指片剂表面产生许多小凹点的现象,主要原因有润滑剂和黏合剂选用不当、颗粒大小不均匀或受潮、粗粒或细粉量过多、颗粒过硬、冲头表面粗糙等。

9. 叠片

叠片是指两个药片叠压在一起的现象,其主要原因有出片调节器调节不当、上冲黏片及加料斗故障等。叠片时,压力相对过大,机器易损坏,应立即停机检修。

10. 溶出超限

溶出超限片剂在规定的时间内未能溶出规定的药物量时,即为溶出超限或溶出度不合格,主要原因有片剂不崩解、颗粒过硬、药物的溶解度差等。

四、片剂的包衣

(一) 概述

片剂包衣是指在片剂(常称为片芯、素片)的表面均匀地包裹上适宜材料的衣层,使药物与外界隔离的操作。经包衣处理的片剂称为包衣片,包衣的材料称为包衣材料或衣料。

1. 包衣的目的

(1)防潮、避光、隔绝空气,增加药物的稳定性,如硫酸亚铁片等。

(2)掩盖药物的不良臭味,具有苦味、腥味的药物可包糖衣,如盐酸小檗碱片、氯霉素片等。

片剂包衣的四个里程碑

(3)控制药物释放部位和释放速度　利用不同包衣材料溶解性和通透性的不同,控制药物在胃肠道的释放部位或释放时间。可将对胃有刺激性或易受胃酸、胃酶破坏的药物、肠道驱虫药物等制成肠溶衣片,如肠溶阿司匹林片、胰酶片等;也可将药物制成缓释片、控释片等。

(4)防止药物配伍变化　使有配伍变化的药物隔离,可将两种有化学性配伍禁忌的药物分别置于片芯和衣层。

(5)改善片剂的外观和便于识别等。

2. 包衣的种类

根据包衣材料性质的不同,片剂的包衣可分为糖包衣、薄膜包衣两大类,其中薄膜包衣又可分为胃溶性、肠溶性和水不溶性薄膜衣三种。

3. 包衣的质量要求

(1)包衣片芯的质量要求　片芯外形应具有适宜的弧度,以利于边缘部位覆盖衣层和保持衣层的完整性;片芯要有一定的硬度,能承受包衣过程的滚动、碰撞和摩擦;片芯的脆性小,以免因碰撞而破裂,这比硬度更重要。

(2)片剂包衣后应达到的要求　衣层应均匀、牢固,并与片芯不起任何作用,崩解时限应符合规定;能够在设计的部位释放药物;经过长时间贮存仍能保持光洁、美观、色泽一致且无裂片现象,且不影响药物的溶出和吸收,必要时,薄膜包衣片剂应检查残留溶剂。

(二)包衣材料

1. 糖衣材料

糖衣材料有糖浆、有色糖浆、胶浆、滑石粉、白蜡等。液态物料应新鲜配制,以防止污染或变质。

(1)糖浆　采用干燥粒状蔗糖制成,浓度为65%～75%,用于粉衣层与糖衣层。高浓度有利于包衣迅速干燥析晶,保温使用有利于包衣均匀分布。

(2)有色糖浆　为含可溶性食用色素的糖浆,用于有色糖衣层。常用色素有苋菜红、柠檬黄、亮蓝等,用量为0.03%左右,可单独或配合应用。一般先配成浓有色糖浆,用时把糖浆稀释至所需的浓度。

(3)胶浆　多用于包隔离层,可增加衣层的防潮性、可塑性和牢固性,对片芯起保护作用。常用10%～15%明胶浆、35%阿拉伯胶浆、4%白及胶浆等,也可选用聚乙烯醇、聚乙烯吡咯烷酮等。若选用抗吸湿性强的玉米朊、纤维醋法酯(CAP)包隔离层,则必须控制衣层厚度,以免在胃中不溶。

(4)滑石粉　作为粉衣料,有时为了增加片剂的洁白度和对油类的吸收,可在滑石粉中加入15%～20%碳酸钙或碳酸镁(酸性药物不能使用)或适量的淀粉。

(5)白蜡　又名虫蜡,用于糖衣片打光。使用前应先加热至80～100℃熔化后过100目筛,去除悬浮杂质,并加2%硅油混匀,冷却后制成80目细粉备用。

2. 薄膜衣材料

薄膜包衣材料由三部分组成,即为高分子成膜材料、溶剂和附加剂。

(1)高分子成膜材料　按其溶解性分为胃溶型、肠溶型、水不溶型三大类。

①胃溶型:是指在水中或胃液中可以溶解的材料,主要有羟丙基甲基纤维素(HPMC)、羟丙基纤维素(HPC)、丙烯酸树脂Ⅴ号、聚乙烯吡咯烷酮(PVP)、聚乙烯缩乙醛二乙胺乙酸等。

②肠溶型:是指在胃中不溶解但可以在pH较高的水或肠液中溶解的成膜材

料。常用的肠溶型材料主要有虫胶、纤维醋法酯（CAP）、丙烯酸树脂类（Ⅰ、Ⅱ、Ⅲ号）、羟丙甲基纤维素酞酸（HPMCP）、聚乙烯醇酞酸酯（PVAP）等。

③水不溶型：是指在水中不溶解的高分子薄膜材料，主要有乙基纤维素（EC）、醋酸纤维素（CA）等。

（2）溶剂　其能溶解、分散薄膜衣及增塑剂，并使薄膜衣材料在片剂表面均匀分布，且具有一定的挥发性。常用的是乙醇、丙酮等有机溶剂，这类溶剂黏度较低，易挥发除去，但用量较大，易燃并有一定的毒性。目前多采用不溶性高分子材料的水分散体进行包衣。

（3）附加剂　其常用的有增塑剂、释放速度调节剂、固体物料及色料等。

①增塑剂：增塑剂可改变高分子薄膜的物理机械性质，使其更具有柔韧性。聚合物与增塑剂之间要具有化学相似性，如甘油、丙二醇等可作为某些纤维素衣材的增塑剂。精制椰子油、玉米油、蓖麻油、液体石蜡、甘油单醋酸酯、甘油三醋酸酯等可作为脂肪族非极性聚合物的增塑剂。

②释度调节剂：又称释放速度促进剂或致孔剂，为水溶性物质，一旦遇水会迅速溶解，形成多孔膜作为扩散屏障。释度调节剂常用蔗糖、氯化钠、表面活性剂、聚乙二醇等。薄膜衣材料不同，调节剂的选择也不同，如聚山梨酯、脂肪酸山梨坦、羟丙基甲基纤维素作为乙基纤维素薄膜衣的致孔剂。

其他：①固体物料：在包衣过程中有些聚合物的黏性过大时，适当加入固体粉末以防止颗粒或片剂黏连，如乙基纤维素中加入胶态二氧化硅、聚丙烯酸树脂中加入滑石粉等。②色料：主要是为了便于鉴别和美观，同时也有遮光作用，如食用色素和二氧化钛。

(三)包衣方法与包衣工艺

1. 包衣方法

目前常用的包衣方法有滚转包衣法、流化床包衣法及压制包衣法等。

（1）滚转包衣法　在包衣锅中使片剂滚转运动，包衣材料层均匀地黏附于片剂表面形成包衣的方法称为滚转包衣法，也称为锅包衣法，此种方法使用的主要设备为高效包衣机和普通包衣机（也称为荸荠式包衣机）。

①高效包衣机：高效包衣机干燥时热风穿过片芯间隙，并与表面的水分或有机溶剂进行热交换，这样热能得到更多的利用，片芯表面湿分的挥发速度有所提高，因而干燥效率高。目前在制药生产中应用较为广泛的高效包衣设备为 BG 型高效包衣机，其是对片芯外表面进行薄膜衣和糖衣包衣的设备，主要由主机、热风柜、排风柜、以可编程控制器（PLC）为中心的电源控制系统、糖衣部件、喷嘴装置、送液装置、薄膜溶液供液桶和出料装置等部件组成，如图 3-6 和图 3-7 所示。

BG 型高效包衣机的包衣过程为被包衣的片芯在包衣机主机的密闭包衣滚筒内做连续复杂的轨迹运动。在这个过程中，包衣介质经过蠕动泵和喷枪自动地喷洒（或滴流）在片芯表面，热风柜按设定的程序和温度向片床供给洁净的热风，对

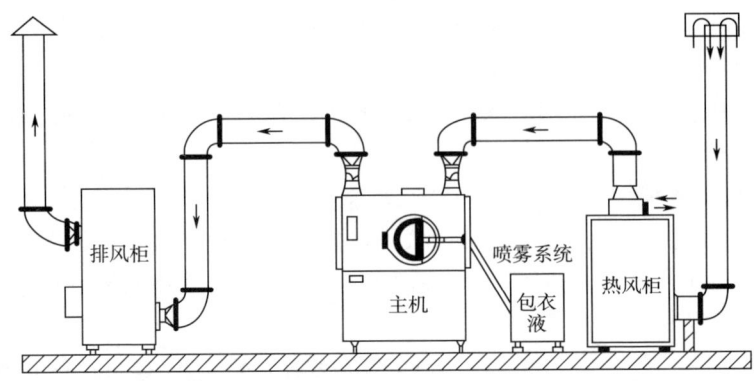

图 3-6 BG 型高效包衣机系统配置图

药片进行干燥,同时排风柜将废气排出,使片芯表面快速形成坚固、细密、光滑圆整的表面薄膜。

②普通包衣机:普通包衣机主要由包衣锅、鼓风机、加热器、吸粉罩和排风装置构成。

包衣锅一般为不锈钢或紫铜材质,性质稳定并有良好的导热性能,适合于片剂包糖衣。荸荠形包衣机的倾斜角度与水平呈 30°~45°,使片剂在包衣锅中既能随锅的动力方向滚动,又能沿轴的方向运动,混合效果较好。包衣锅的转速应适宜,使片剂在锅内能随着锅的转动而上升一定高度,又能呈弧线运动,分步滚转而下,在锅口附近形成漩涡,使片剂与包衣材料充分混合,并在片与片之间有适宜的

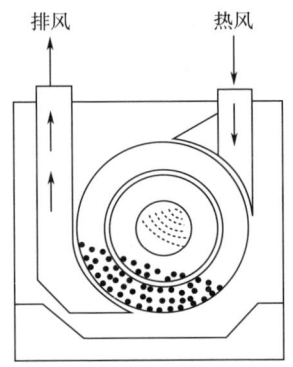

图 3-7 BG 型高效包衣机主机工作原理图

摩擦力。普通包衣机配有加热装置,以加速包衣溶液中溶剂的挥发。加热方式有两种:一种是直接用燃气或电热丝加热锅壁;另一种是采用电热丝加热空气,经鼓风机向锅内吹入热风进行加热,鼓风机同时可以吹入冷风起冷却和除尘作用。在包衣锅口上方安装有吸粉罩及排风管道,排出包衣时产生的粉尘、水分和废气,并清洁工作环境。

普通包衣机结构

因普通包衣锅具有耗能较大、操作时间长、工艺复杂等缺点,其改良方式为在物料层内插进喷头和空气入口,称为埋管包衣锅,如图 3-8 所示。这种包衣方法使包衣液的喷雾在物料层内进行,热气通过物料层,不仅能防止喷液的飞扬,且能加快物料的运动速率和干燥速率。

(2)流化床包衣法 流化床包衣法的原理与流化喷雾制粒相似,即为片芯置于流化床中,通入气流,借急速上升的空气流使片

流化包衣机工作原理

剂悬浮于包衣室,呈上下翻动,处于流化(沸腾)状态,另将包衣材料的溶液或混悬液输入流化床并雾化,使片芯的表面黏附一层包衣材料,继续通入热空气使其干燥,如此操作直至包裹若干层包衣,达到规定要求。

(3)压制包衣法 采用两台压片机联合起来压制包衣,两台压片机以特制的转动器连接配套使用,该法可以避免水分、高温对药物的不良影响,生产流程短,自动化程度高,劳动条件好,但对压片机械的精度要求较高。

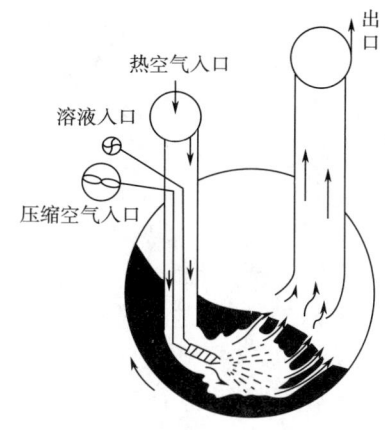

图3-8 埋管包衣锅工作原理示意图

2. 包衣工艺

(1)糖包衣 是以蔗糖为主要包衣材料的包衣工艺,所用的辅料价廉、易得、无毒,形成的衣层遮盖作用强,外观美观;缺点是辅料用量多,包衣时间长,受操作经验影响较大。片剂糖包衣的工艺流程如图3-9所示,根据不同品种的具体要求,有的工序可省略。

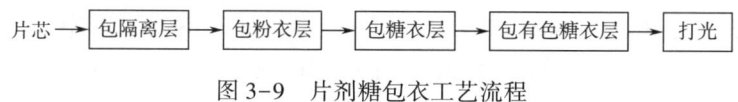

图3-9 片剂糖包衣工艺流程

隔离层:凡含吸湿性、易溶性或酸性药物的片剂,包隔离层可将片芯与糖衣隔离,形成一层能延缓水分进入或不透水的屏障,阻止糖浆中的水分浸入片芯,可防止药物吸潮变质和糖衣破坏。所用材料有10%玉米朊乙醇溶液、15%~20%虫胶乙醇溶液、10%醋酸纤维素酞酸酯的乙醇溶液、15%明胶浆或30%~35%阿拉伯胶浆。包隔离层若使用有机溶剂,应注意防爆防火。采用低温干燥(40~50 ℃),每层的干燥时间约为30 min,一般包4~5层。

粉衣层:目的在于使衣层增厚,消除药片原有的棱角,为包好糖衣层打基础,一般需要包15~18层。不需包隔离层的片剂可直接包粉衣层。常用的包衣材料为糖浆及滑石粉等。

糖衣层:目的是增加衣层的牢固性和甜味,使片面坚实、平滑。包衣材料用糖浆,注意每次加入糖浆应在40 ℃下缓缓吹风,以使糖浆缓缓干燥形成蔗糖结晶体连接而成的衣层,一般包10~15层。

有色糖衣层:其目的是增加美观,便于识别,遇光易被分解破坏的药物包深色糖衣层有保护作用。包衣材料为有色糖浆,加入时应由浅到深,以免产生花斑。一般包8~15层。

打光:在包衣片衣层表面打上薄薄一层白蜡,使片衣表面光亮,且有防潮作用。

(2)薄膜包衣　薄膜包衣是以高分子成膜材料为主要包衣材料的包衣工艺。与糖包衣相比,其特点有:①操作简单,生产周期短,效率高。②片重增加小,减少辅料用量,对片剂的崩解和溶出影响小。③易实现机械化和标准化,对经验程度要求小。薄膜包衣可用滚转包衣法,但包衣锅应有可靠的排气装置,以排出有毒、易燃的有机溶剂。包衣时溶液以细流或喷雾形式加入,在片芯表面均匀地分布,通过热风使溶剂蒸发,反复若干次即得。也可用空气悬浮包衣法:将热空气流直接通入包衣室后,将片芯向上吹起呈悬浮状态,然后用雾化系统将包衣液喷洒于片芯表面进行包衣。薄膜包衣的工艺流程见图 3-10。

半薄膜包衣

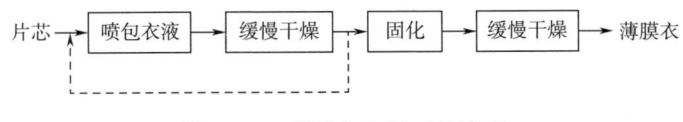

图 3-10　薄膜包衣的工艺流程

(四)包衣过程中的质量问题与解决方法

包衣质量可直接影响产品的外观和内在质量。包衣片芯的质量(如形状、水分、硬度等)较差,所用的包衣物料或配方组成不合适,包衣工艺或操作方法不当等原因均可造成包衣片在生产或储存过程中出现问题。包衣过程常出现的问题和解决方法如下所示。

1. 包糖衣容易出现的问题

(1)糖浆不黏锅　产生糖浆不黏锅的主要原因是锅壁上的蜡未除尽。解决方法为再次洗净锅壁或再涂上一层热糖浆,撒一层滑石粉。

(2)黏锅　产生黏锅的主要原因是加糖浆过多,黏性大,搅拌不匀。解决方法为糖浆的含糖量应恒定,一次用量不宜过多,锅温不宜过低。

(3)片面不平　产生片面不平的主要原因是粉衣料太多,温度过高,衣层没有干燥即包第二层。解决方法为改进操作方法,做到低温干燥、勤加料、多搅拌。

(4)色泽不均匀　产生色泽不均匀的主要原因是片面粗糙,有色糖浆量太少,温度太高,衣层未干燥就打光。解决方法为洗去色衣层,重新包衣。

(5)龟裂与爆裂　产生龟裂与爆裂的主要原因是片芯太松,干燥过快,糖浆与滑石粉加料不当。解决方法为控制片芯硬度,注意干燥温度,控制加料速度。

(6)露边与麻面　产生露边与麻面的主要原因是衣料用量不当,温度过高或吹风过早。解决方法为注意糖浆和粉料的用量,糖浆以均匀润湿片芯为度,粉料以能在片面均匀黏附一层为宜,片面不见水分和产生光亮时再次吹风。

(7)膨胀磨片或剥落　产生膨胀磨片或剥落的主要原因是片芯层与糖衣层未

充分干燥,崩解剂用量过多。解决方法为包衣时注意干燥,控制胶浆或糖浆的用量。

2. 包薄膜衣容易出现的问题

（1）皱皮　产生皱皮的主要原因是选择衣料不当或用量太多,干燥条件不当等。解决方法为更换衣料或控制用量,改善成膜温度。

（2）气泡　产生气泡的主要原因是固化条件不当,干燥速度太快。解决方法为控制成膜条件,降低干燥温度。

（3）花斑　产生花斑的主要原因是增塑剂、色素等选择不当,干燥时溶剂将可溶性物料带到衣膜表面。解决方法为改变包衣处方,调节空气的温度与流量,减慢干燥速度。

（4）剥落　产生剥落的主要原因是选择衣料不当,两次包衣间隔时间太短。解决方法为更换衣料,调节间隔时间,调节干燥温度和适当降低包衣液的浓度。

（5）色泽不匀　产生色泽不匀的主要原因是喷雾设备未调节好,喷雾不均匀,色素在包衣浆中分布不匀。解决方法为薄膜材料配成稀溶液,少量多次喷入或色素与包衣材料在球磨机中研磨均匀再喷入。

（6）片面粗糙　产生片面粗糙的主要原因是干燥温度高,溶剂蒸发快或包衣液混入杂质等。解决方法为降低干燥温度,使用合适的包衣膜材料。

3. 包肠溶衣容易出现的问题

（1）不能安全通过胃部　可能是由于衣料选择不当、衣层太薄或没有将片芯全部包裹上,衣层机械强度不够。应注意选择适宜的衣料,重新调整包衣处方,增加包衣层数。

（2）肠溶衣片肠内不溶解　可能是由于选择衣料不当、衣层太厚、储存变质等。

五、片剂的质量检查

片剂的质量直接影响其药效和用药的安全性,因此在片剂的生产过程中,除了要对原辅料的选用、生产处方的设计、生产工艺的制订、包装和贮存条件的确定等采取适宜的措施外,还必须按照《中国药典》(2020年版)中的有关规定进行严格的质量检查,合格后方可以供临床使用。

（一）外观

片剂应完整光洁,边缘整齐,片形一致,色泽均匀,字迹清晰,无杂斑,无异物。

（二）重量差异

在片剂的制备过程中,很多因素均可影响片剂的重量。重量差异大,意味着每片的主药含量不一致,对临床治疗可能产生不利的影响,因此必须将片剂的重量差异控制在规定的限度内。《中国药典》(2020年版)四部通则规定的片剂重量差异限度见表3-6。

表 3-6　　　　　　　　　　　重量差异限度

平均片重或标识片重	重量差异限度
0.30 g 以下	±7.5%
0.30 g 及 0.30 g 以上	±5%

检查方法:取供试品 20 片,精密称定总重量,求得平均片重后,再分别精密称定每片的重量,每片重量与平均片重比较(凡无含量测定的片剂或有标识片重的中药片剂,每片重量应与标识片重比较),按表 3-6 中的规定,超出重量差异限度的药片不得多于 2 片,并不得有 1 片超出限度 1 倍。

糖衣片的片芯应检查重量差异并符合规定,包糖衣后不再检查重量差异。薄膜衣片应在包薄膜衣后检查重量差异并符合规定。

凡规定检查含量均匀度的片剂,一般不再进行重量差异检查。

(三) 硬度与脆碎度

硬度和脆碎度反映药物的压缩成形性,不仅影响片剂的生产、运输和贮存,还会影响片剂的崩解和溶出。片剂硬度在《中国药典》(2020 年版)中无明确的量化指标,但由于硬度可能对片剂的崩解、溶出产生影响,制药企业仍将硬度作为内控质量指标之一。

《中国药典》(2020 年版)四部通则中的片剂脆碎度检查法用于检查非包衣片的脆碎情况及其他物理强度,如压碎强度等,具体检查方法为:片重为 0.65 g 或 0.65 g 以下者取若干片,使其总重约为 6.5 g;片重>0.65 g 者取 10 片。用吹风机吹去脱落的粉末,精密称重,置片剂脆碎度检查仪的圆筒中,转动 100 次。取出,同法除去粉末,精密称重,减失重量不得超过 1%,且不得检出断裂、龟裂及粉碎的片。本试验一般仅做 1 次,如减失重量超过 1% 时,应复测 2 次,3 次的平均减失重量不得过 1%,并不得检出断裂、龟裂及粉碎的片。

(四) 崩解时限

崩解是指口服固体制剂在规定条件下全部崩解溶散或成碎粒,除不溶性包衣材料或破碎的胶囊壳外,应全部通过筛网。如有少量不能通过筛网,但已软化或轻质上漂且无硬心者,可作符合规定结论。除《中国药典》(2020 年版)四部通则规定进行"溶出度、释放度或分散均匀性"检查的片剂以及某些特殊的片剂(如缓控释片、咀嚼片)以外,一般的口服片剂均需进行崩解时限检查,其具体要求见表 3-7,检查方法见《中国药典》(2020 年版)四部通则。

表 3-7　　　　　　　　　　　片剂崩解时限

片剂种类	崩解时限/min
普通压制片	15

续表

薄膜衣片	30
糖衣片	60
泡腾片	5
舌下片	5
可溶片	3
口崩片	1
含片	各片均不应在10min内全部崩解或溶化
肠溶片	先在盐酸溶液(9→1000)中检查2h,每片均不得有裂缝、崩解或软化现象;用少量水洗涤后,每管各加入挡板1块,再按上述方法在磷酸盐缓冲液(pH6.8)中进行检查,1h内应全部崩解
结肠定位肠溶片	各片在盐酸溶液(9→1000)及pH6.8以下的磷酸盐缓冲液中均应不得有裂缝、崩解或软化现象,在pH7.5~8.0的磷酸盐缓冲液中1h内应全部释放或崩解

(五) 含量均匀度

含量均匀度是指小剂量或者单剂量的固体、半固体和非均相液体制剂的每片(个)含量符合标识量的程度。

除另有规定外,片剂、硬胶囊剂、颗粒剂或散剂等,每一个单剂标识量小于25 mg或主药含量小于每一个单剂重量的25%者,药物间或药物与辅料间采用混粉工艺制成的注射用无菌粉末,内充非均相溶液的软胶囊,单剂量包装的口服混悬液、透皮贴剂和栓剂等品种项下规定的含量均匀度应符合要求的制剂,均应检查含量均匀度。复方制剂仅检查符合上述条件的组分,多种维生素或微量元素一般不检查含量均匀度。

凡检查含量均匀度的制剂,一般不再检查重(装)量差异;当全部主成分均进行含量均匀度检查时,复方制剂一般也不再检查重(装)量差异。具体测定方法详见《中国药典》(2020年版)四部通则。

(六) 溶出度与释放度

溶出度是指活性药物从片剂、胶囊剂或颗粒剂等普通制剂中在规定条件下溶出的速率和程度,在缓释制剂、控释制剂、肠溶制剂及透皮贴剂等制剂中也称为释放度。

难溶性药物的溶出是其吸收的限制过程。实践证明,很多药物的片剂其体外溶出与吸收有相关性,因此溶出度测定法作为反映或模拟体内吸收情况的试验方法,在评定片剂的质量方面有着重要意义。在片剂中除规定检查崩解时限外,对以下情况还要进行溶出度测定以控制或评定其质量:①含有在消化液中难溶的药物。

②与其他成分容易发生相互作用的药物。③久贮后溶解度降低的药物。④剂量小、药效强、不良反应大的药物片剂。

《中国药典》(2020年版)收载的溶出度与释放度测定法有第一法(篮法)、第二法(桨法)、第三法(小杯法)、第四法(桨碟法)和第五法(转筒法),第四法、第五法适用于透皮贴剂。具体测定方法和结果判断详见《中国药典》(2020年版)四部通则。

(七) 其他

阴道泡腾片还需要进行发泡量检查,分散片进行分散均匀性检查,以动物、植物、矿物来源的非单体成分制成的片剂,生物制品片剂以及黏膜或皮肤炎症或腔道等局部用片剂(如口腔贴片、外用可溶片、阴道片、阴道泡腾片等)参照非无菌产品微生物限度检查法检查,均应符合《中国药典》(2020年版)规定。

六、片剂的包装与贮存

(一) 片剂的包装

片剂的包装既要注意外形美观,更应密封、防潮、避光以及使用方便等。按片剂的包装剂量分类,片剂的包装形式主要有以下两种。

1. 多剂量包装

几片至几百片包装在一个容器中,常用的容器多为玻璃瓶或塑料瓶,也有用软性薄膜、纸塑复合膜、金属箔复合膜等制成的药袋。塑料瓶质地轻,不易破碎,容易制成各种形状,外观精美等,但密封隔离性能欠佳,在高温及高湿下可能会发生变形。玻璃瓶密封性好,不透水汽和空气,化学惰性好,但因其重量较大,且易于破损,目前应用较少。

2. 单剂量包装

将片剂每片隔开包装,每片均处于密封状态,避免使用时交叉污染,提高了对片剂的保护作用,使用方便,外形美观。

(1) 泡罩式包装是用底层材料和热成形塑料薄膜,在平板泡罩式或吸泡式包装机上经热压形成的泡罩式包装。铝箔为背层材料,背面印有药名等,聚氯乙烯制成的泡罩透明、坚硬、美观。

(2) 窄条式包装是由两层磨片(铝塑复合膜、双纸塑料复合膜等)经黏合或热压形成的带状包装,比泡罩式包装简便,成本也稍低。

(二) 片剂的贮存

片剂应密封储存,防止受潮、发霉、变质。除另有规定外,一般应将包装好的片剂放在阴凉、通风、干燥处贮存。对光敏感的片剂,应避光保存(宜采用棕色瓶包装)。受潮后易分解变质的片剂,应在包装容器内放干燥剂(如干燥的硅胶)。

片剂是一种稳定的剂型,只要包装和贮存适宜,在规定的有效期内使用是安全有效的。但因片剂所含的药物性质不同,往往片剂质量也不同,如含挥发性药物的片剂贮存时易有含量的变化,糖衣片易有外观的变化等,应注意掌握适宜的贮存环境。另外必须注意每种片剂的有效期。

 **新剂型**

缓释与控释制剂

 学习效果检测

一、在线检测

测试1　概述　　　　　测试2　压片　　　　　测试3　压片问题

测试4　包衣　　　　　测试5　质量检查　　　测试6　1+X证书

二、项目考核

1. 按照附录1实操项目考核表进行小组和自我评价。
2. 将项目成果上传至学习平台,同时提交实物,以供教师进行评价。

三、分析与探究

1. 案例:盐酸环丙沙星片(制成1000片)

【处方】盐酸环丙沙星291 g,低取代羟丙基纤维素40 g,淀粉100 g,十二烷基硫酸钠1~4 g,硬脂酸镁4 g,1.5%羟丙基甲基纤维素(HPMC)适量。

讨论:(1)处方中各成分起什么作用?

(2)盐酸环丙沙星片的制备中应该注意哪些问题?

2. 某制剂处方为主药 510 g,微晶纤维素 280 g,羧甲基淀粉钠 30 g,羟丙基甲基纤维素 15 g,十二烷基硫酸钠 10 g,60%乙醇浆 20 目湿法制粒,外加羧甲基淀粉钠 25 g,二氧化硅 15 g。颗粒水分 2.0%,旋转压片机压片裂片,请分析出现裂片的可能原因并给出解决办法。

3. 案例:王女士被诊断为 2 型糖尿病 3 年,最近调整治疗方案,医师处方格列吡嗪控释片(5 mg),每日 1 片。仔细的赵女士发现药物整片出现在次日的大便中,担心药物没被吸收,疗效可能会打折扣,带着疑问找到了医师。该医师处方不属于用药错误和误区,但在使用某些控释制剂时,确实会出现赵女士的情况,这是为什么?

 课后拓展

药物制剂稳定性
试验方法

 思政案例

2022 年 9 月 26 日,知名财经作家、"蓝狮子"创始人吴晓波带着近 300 位企业家走进了位于江西省南昌市的江中药谷,这是吴晓波发起的"走进标杆工厂 2022"活动的第五站,在这里,我们探寻到了流传千年的传统中医药智能化之美。

在江中药谷固体制剂车间,学员们看到了亚洲最大片剂生产线。这里拥有目前世界上单锅容量最大的包衣机,单锅可达 600 kg,工艺参数全程由电脑控制;两台 61 冲全能电脑控制压片机,单台设备每天能产上千万片,产值达到 200 万元。在这里生态、研发和智造完美地和谐统一,构成了"中国最美工厂"画卷。

课程思政育人目标:在生产和环保中找准平衡点,坚持绿色发展理念,并依靠科技创新、智能驱动,促进社会经济协调发展。坚守产品质量的初心不变,保持精益求精的匠心永恒。

项目四　丸剂生产管理

项目概述

本项目以苏冰滴丸为载体。

苏冰滴丸为冠心苏合蜜丸改良而成的滴丸,由苏合香、冰片组成。研究结果表明,苏冰滴丸与冠心苏合蜜丸相比,具有体积小,崩解和溶出性能良好,见效快,疗效好等优点。经临床验证,它的疗效与蜜丸相似,但因剂量较小,相对地提高了疗效。

本品为淡黄色滴丸,芳香气味,味辛苦,具有芳香开窍、理气止痛的功效,常用于胸闷、心绞痛、心肌梗死等。常见规格为每丸重 50 mg,每粒含冰片应为标识量的 90.0%~110.1%,多采用滴制法制备。

项目准备

项目任务书

项目名称		学员姓名/学号	
起始时间		指导教师	
组长		项目成员	
学习任务	完成苏冰滴丸的制备,产品质量符合质量标准。		
学习目标	**知识目标** 1. 掌握丸剂的特点、分类及质量要求。 2. 掌握滴丸剂的制备工艺与滴制方法。 3. 掌握滴丸剂质量检查项目与评价方法。 4. 熟悉滴丸剂常用基质与冷凝液。 5. 熟悉影响滴丸剂丸重与圆整度的因素。 6. 了解中药丸剂、微丸制剂的制备。 **能力目标** 1. 能进行洁净室运行和性能确认、监测文件管理;能进行丸剂车间洁净度级别验证与偏差分析。 2. 能较好地进行滴丸剂生产相关仪器设备管理,熟练使用滴丸机进行制丸操作。		

续表

学习目标	3. 能正确处理丸剂生产过程中出现的问题,对中间品检测结果做数据分析,参与偏差调查。 4. 能进行滴丸剂生产现场的岗位质量控制与安全管理,监督整个工艺操作与工艺规程、岗位操作法的一致性等。 5. 能进行物料信息标识的使用和管理、物料平衡管理。 **素质目标(含思政目标)** 1. 通过滴丸剂制备工艺的学习,培养学生精益求精的精神。 2. 通过滴丸剂质量检查学习,帮助学生建立诚实守信的质量观。 3. 通过中药丸剂的学习,提升学生的民族自豪感和创新意识。
工作内容与要求	
实施前	1. 填写项目任务书,明确任务目标、内容与要求。 2. 明确生产流程和操作要点。 3. 回答引导问题,填写项目预习记录,拍照上传至学习平台。
实施中	1. 穿戴整齐干净的工作服。 2. 严格按照规程完成丸剂制备各环节的操作。 3. 严格按照规程完成外观、溶散时限、重量差异的检查。 4. 按 GMP 要求清场。 5. 按 GMP 要求填写工作记录。
实操结束	1. 上传电子版项目工作记录和产品照片,展示产品实物。 2. 在教师引导下总结项目操作要点,系统完成相关理论知识学习。 3. 对工作记录和工作成果进行互评。
进度要求	

1. 项目操作及相关记录、项目成果、项目现场考核,在实操时间内完成。
2. 理论学习在项目完成后两天内完成。

预习活页

项目名称			
学员姓名/学号		项目组成员	
引导问题			

1. 本项目中制备要点有哪些?
2. 本项目所用的基质是哪些?
3. 本项目涉及的主要生产设备有哪些?

引导问题回答

项目预习记录

一、物料信息							
序号	物料名称	含量/%	来源	密度/ (g/cm^3)	溶解度/ (mol/L)	注意事项
1						
2						
3						
4						
5						
6						
7						
8						
9						
10						

二、操作注意事项

三、问题和建议

 项目实施

一、生产指令(举例)

生产车间	丸剂生产车间	包装规格	10 粒/盒
品名	苏冰滴丸	生产批量	2000 粒
规格	50 mg	生产日期	2023-10-18
批号	231003	完成时限	2023-10-20
生产依据	苏冰滴丸生产工艺规程		
物料名称	规格	用量	单位	检验单号
苏合香酯	药用	10	g	YLJY2023111
冰片	药用	20	g	FLJY2023133
聚乙二醇 6000	药用	70	g	FLJY2023123
编制: 生产部:		审核: 质管部:		批准: 生产部:

二、生产前检查

(1)检查操作现场、状态标识牌。

(2)确认操作间压差表在校准有效期以内,洁净走廊对缓冲间、房间压差≥5 Pa,不同洁净级别压差≥10 Pa。

(3)确认工作区操作间有"清场(洁)状态标识"。

(4)确认本岗位上批的清场合格证副本在有效期内,不存在任何与现操作无关的物料、容器、残留物、记录等。

(5)确认操作间内温湿度计在校准的有效期以内,温度在 18~26 ℃,湿度≤65%。

(6)确认设备完好并有"清场(洁)状态标识",设备及所用容器表面无异色、无可见残留物。确认工作区已清洁,不存在任何与现操作无关的物料、容器、残留物、记录等。

(7)检查计量设施在检定周期内并进行双重核对校准。

三、生产操作

1. 生产前准备

操作人员按处方量计算批产量所需的原辅料和包装材料的用量。车间统计员和配料人员根据批生产指令从仓库领取原辅料和包装材料,称取相应物料,填写相关记录。

2. 制丸

(1)关闭滴头开关。

(2)打开电源开关,接通电源。

(3)设置生产所需的制冷温度 10~15 ℃、油浴温度 80~90 ℃、药液温度 80~90 ℃ 和底盘温度 30~40 ℃,按下制冷开关,启动制冷系统,按下油泵开关,启动磁力泵,手动调节左侧下部的液位调节旋钮,使其冷却剂液位平衡,冷却介质输入冷却室内,冷却介质面控制在冷却室上口之下,达到稳定状态。

(4)按下油浴开关,启动加热器为罐内的导热油进行加热。按下滴盘开关,为滴盘进行加热保温。应注意第一次加热时,应将两者温度显示仪先设置到 40 ℃,待两者温度升高到设置温度后,关闭油浴开关或滴盘开关,停留 10 min,使导热油或滴盘温度适当传导后,再将两者温度显示仪调到所需温度,直到温度达到要求。

(5)启动空气压缩机,使其达到 0.7 MPa 的压力。

(6)当药液温度达到所设温度时,将滴头用开水加热浸泡 5 min 后,装入滴罐下方。

(7)将加热熔融的滴液从滴罐上部加料口处加入,在加料时,可调节面板上的真空旋钮使滴罐内形成真空,滴液能迅速进入滴罐。

(8)加料完毕后,盖好上料口盖。启动搅拌开关,调节调速按钮,控制在前 2~4 格。

(9)缓慢扭动打开滴罐上的滴头开关,需要时可调节面板上的气压或真空旋钮,使下滴的滴液符合滴制工艺要求,药液较稠时调气压旋钮,药液较稀时调真空旋钮。

(10)药液滴制完毕时,关闭滴头开关。关闭面板上的制冷、油泵开关。

(11)生产结束后关闭电源,清理设备及环境卫生,清理生产过程中的遗留物,并填写生产记录和清场记录。

四、质量检查

按《中国药典》(2020 年版)四部通则 0108 丸剂项下的质量要求检查滴丸外观、重量差异、溶散时限。

 **工作记录**

滴丸岗位生产记录

室内温度		相对湿度		日期	
品名		批号		规格	
车间		工序		地点	
设备名称			编号		
生产时间	年 月 日 时 分 ~ 年 月 日 时 分					
操作指令	制丸记录				

	时间	喷体温度/℃	冷风温度/℃	制丸机转速/(r/min)	胶盒温度/℃	胶皮厚度/mm	胶液保温温度/℃	净含量/(mg/粒)
1. 本工序在10万级洁净区中进行。 2. 按照生产指令进行备料,核对物料的名称、批号、数量。								
设备运行情况								

操作人:	复核人:	日期: 年 月 日 时 分

清场:1. 生产操作区按"洁净区生产操作区清洁规程"清洁。
　　　2. 容器具按"洁净区容器具清洁规程"清洁。
　　　3. 设备按"设备清洁规程"清洁。

操作人:	复核人:	日期: 年 月 日 时 分
质量监控:	结论:	QA监控员:	日期: 年 月 日
移交数量: kg 共 件	移交人:	接收人:	日期: 年 月 日

☆生产过程异常情况:无( )
　　　　　　　　　　有( ) 按"生产过程偏差处理管理规程"处理并附相应记录。

 **支撑知识**

一、概述

(一)滴丸剂的发展

滴丸剂指原料药物与适宜的基质加热熔融混匀后,再滴入不相混溶、互不作用的冷凝介质中,由于表面张力的作用使液滴收缩成球状而制成的制剂。滴丸剂可制成球形、椭圆形、橄榄形或圆片形等多种不同丸剂。滴丸剂主要供口服用,也有供外用,如眼、耳、鼻、直肠、阴道等局部用滴丸,还可制成缓释、控释等多种类型的滴丸剂。五官科制剂多为液态或半固态剂型,作用时间不持久,制成滴丸剂可起到延效作用。

滴丸是在中药丸剂基础上发展起来的滴制丸剂,具有传统丸剂所没有的多种优点,所以发展非常迅速。滴丸剂制备始于1933年丹麦一家药厂用滴制法制备维生素AD滴丸,而我国则始于1958年用滴制法制备酒石酸锑钾滴丸,并在1977年版《中国药典》中收载了滴丸剂剂型,使我国药典成为国际上第一个收载滴丸剂的药典。我国中药滴丸的研制始于20世纪70年代末——采用滴制法制备苏冰滴丸,而复方丹参滴丸已进入国际市场。

安宫牛黄丸制备

(二) 滴丸剂的特点

滴丸剂在我国是一个发展较快的剂型,它主要具有如下优点。

(1) 生物利用度高,疗效迅速,副作用小,可成为高效、速效的制剂。如螺内酯及灰黄霉素滴丸的剂量只需要微粉片剂的1/2,联苯双酯滴丸剂,其剂量只需片剂的1/3。

(2) 可增加药物稳定性　由于基质的使用,使易水解、易氧化分解的药物和易挥发药物包埋后,稳定性增强。

(3) 液体药物可制成固体滴丸,便于服用和运输,如满山红油滴丸及芸香油滴丸等。

(4) 可发挥速效或缓释作用　用固体分散技术制备的滴丸由于药物呈高度分散状态,可起到速效作用;而选择脂溶性好的基质制备的滴丸由于药物在体内缓慢释放,则可起到缓释作用。

(5) 滴丸可用于局部用药　滴丸剂型可克服西药滴剂的易流失、易被稀释,以及中药散剂的妨碍引流、不易清洗、易被脓液冲出等缺点,从而可广泛用于耳、鼻、眼、牙科的局部用药。

(6) 设备简单、操作简便、生产工序少、自动化程度高。

滴丸剂也存在缺点,如可供选用的滴丸基质和冷凝剂品种较少,滴丸载药量低、服用粒数多,且一般仅适宜于剂量小的药物,尚难滴制大丸(一般丸重不超过100 mg),因而使滴丸剂的发展受到限制。

(三) 滴丸剂的质量要求

根据《中国药典》(2020年版)的有关规定,滴丸剂的质量应符合以下规定。

(1) 滴丸应大小均匀、色泽一致,表面无冷凝介质黏附。

(2) 重量差异小,丸重差异检查应符合规定。

(3) 溶散时限、微生物限度检查应符合规定。

二、基质和冷凝液

滴丸中除主药以外的赋形剂均称"基质"。滴制法关键环节之一就是选用合适的基质。尽可能选择与主药性质相似的物质作为基质,但要求与主药不发生化学反应,不影响主药的疗效和检测,对人体无害,并要求熔点较低,在60~100℃条件下能熔化成液体,遇冷又能立即凝成固体(在室温下仍保持固体状态)。

基质分为水溶性及非水溶性两大类,常用的水溶性基质有聚乙二醇类、硬脂酸钠、聚氧乙烯单硬脂酸酯等;非水溶性基质有硬脂酸、单硬脂酸甘油酯、虫蜡、氢化植物油等。国内常用PEG6000加适量硬脂酸调整熔点,可得到较好的滴丸。

冷凝液也分两类:一是水性冷凝液,常用的有水或不同浓度的乙醇等,适用于非水溶性基质的滴丸;二是油性冷凝液,常用的有液体石蜡、二甲硅油、植物油等,适用于水溶性基质的滴丸。

可根据主药和基质的性质选用冷凝液,要求有适宜的相对密度和黏度(略高或略低于滴丸的相对密度),使滴丸(液滴)在冷凝液中缓缓下沉或上浮,有足够时间进行冷凝,保证成形完好。另外,还要有适宜的表面张力,因为在滴制过程中能否顺利形成滴丸,取决于液滴的内聚力是否大于药液与冷凝液间的黏附力,这两者的差就是成形力,当成形力为正值时液滴才能成丸形。

三、滴丸剂的制备

(一)滴丸剂的制备工艺

滴丸剂多采用滴制法进行制备,其生产工艺流程见图4-1。

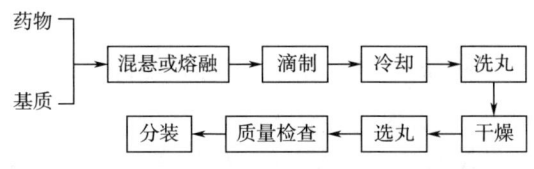

图4-1 滴制法制备丸剂工艺流程图

(二)滴丸剂滴制设备

工业生产滴丸的设备主要是用滴丸机。滴丸机主要部件有:滴管系统(滴头和定量控制器)、保温设备(带加热恒温装置的贮液槽)、控制冷凝液温度的设备(冷凝柱)及滴丸收集器等。滴丸剂滴制设备型号规格多样,有单滴头、双滴头和多个滴头的,可根据情况选用。滴丸剂法制备滴丸设备示意图如图4-2(上浮式)、图4-3(下沉式)所示。

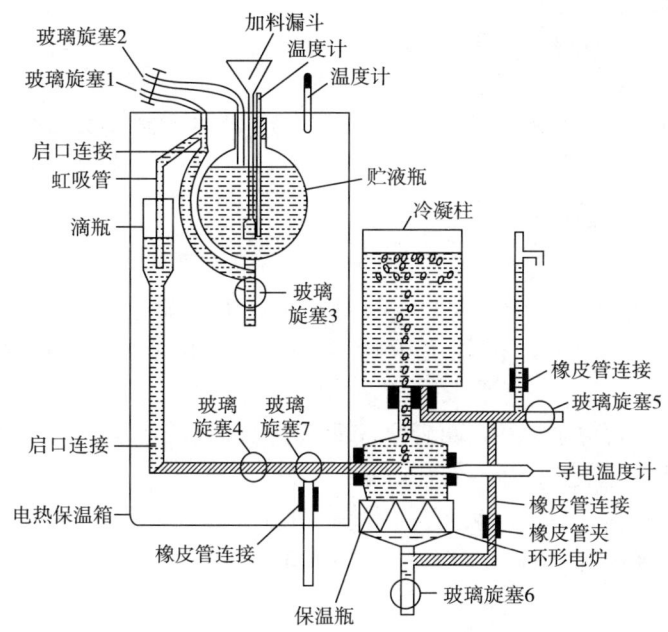

图 4-2　上浮式制备滴丸设备示意图

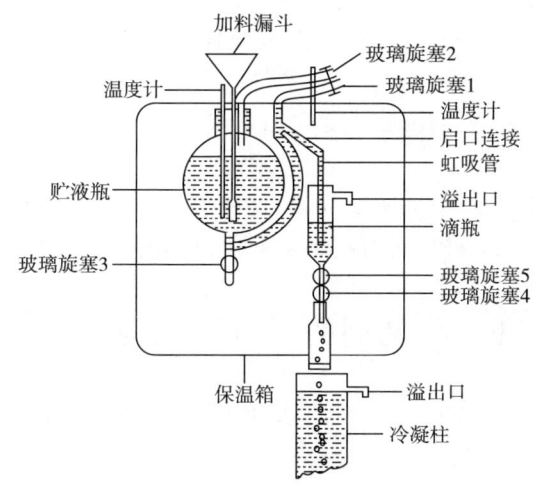

图 4-3　下沉式制备滴丸设备示意图

(三)滴制方法

(1)将主药溶解、混悬或乳化在适宜的基质内制成药液。

(2)将药液移入加料漏斗,保温(80~90 ℃)。

(3)选择合适的冷凝液,加入滴丸机的冷凝柱中。

(4)将保温箱调至适宜温度(80~90 ℃,依据药液性状和丸重大小而定),滴入(或上浮到)已预先冷却的冷凝液中冷凝,收集,即得滴丸。

(5)取出丸粒,清除附着的冷凝液,剔除废次品。

(6)干燥、包装　根据药物的性质与使用、贮藏的要求,在滴制成丸后也可包糖衣或薄膜衣。

(四)影响丸重与圆整度的因素

1. 影响丸重的因素

(1)滴管口径　在一定范围内管径大则滴制的丸也大,反之则小。

(2)温度　温度上升,表面张力下降,丸重减小;反之丸重则增大。因此,操作中要保持恒温。

(3)滴管口与冷却剂液面的距离　两者之间距离过大时,液滴会因重力作用被跌散而产生细粒,因此两者距离不宜超过 5 cm。

(4)冷却液　为了加大滴丸的重量,可采用滴出口浸在冷却液中滴制,滴液在冷却液中能够顺利滴下,必须要求滴丸自身的重力大于滴丸在冷却液中产生的浮力,故丸重增大。

2. 影响滴丸圆整度的因素

(1)液滴在冷却液中的移动速度　液滴与冷却液的密度相差大、冷却液的黏滞度小都能增加移动速度。移动速度越快,受的力越大,其形越扁。

(2)液滴的大小　液滴小,液滴收缩成球体的表面张力大,因而小丸的圆整度比大丸好。

(3)冷凝剂性质　适当增加冷凝剂和液滴的亲和力,使液滴中的空气尽早排出,保护凝固时丸的圆整度。

(4)冷凝剂温度　最好是梯度冷却,有利于滴丸充分成形冷却,但使用甲基硅油作为冷却剂不必分步冷却,只需控制滴丸出口温度(40 ℃左右),如苏冰滴丸。

四、滴丸剂的质量控制与检查

按照《中国药典》(2020 年版)四部通则 0108 丸剂项下的质量要求进行检查。除主要含量外,还应检查以下项目。

1. 外观

外观应大小均匀,色泽一致,无黏连现象,表面无残留冷凝液。

2. 重量差异

除另有规定外,取供试品 20 丸,精密称定总重量,求得平均丸重后,再分别精密称定每丸的重量。每丸重量与平均丸重相比较(无标识丸重的,与平均丸重比较),按表4-1 中的规定,超出重量差异限度的滴丸不得多于 2 丸,并不得有 1 丸超出限度 1 倍。

表 4-1　　　　　　　　　　滴丸剂重量差异限度要求

平均丸重	重量差异限度
0.03 g 及 0.03 g 以下	±15%
0.03 g 以上至 0.1 g	±12%
0.1 g 以上至 0.3 g	±10%
0.3 g 以上	±7.5%

包糖衣滴丸应在包衣前检查丸芯的重量差异,符合规定后方可包衣。包糖衣后不再检查重量差异。薄膜衣滴丸应在包薄膜衣后检查重量差异并符合规定。

3. 溶散时限

按照《中国药典》(2020 年版)四部通则 0108 丸剂项下溶散时限检查法进行检查,普通滴丸应在 30 min 内全部溶散,包衣滴丸应在 1 h 内全部溶散。如有 1 粒不能完全溶散,应取 6 粒复试,均应符合规定。以明胶为基质的滴丸,可改在人工胃液中进行检查。

4. 微生物限度

按照《中国药典》(2020 年版)四部通则 1105 微生物计数法、通则 1106 控制菌检查法及通则 1107 非无菌药品微生物限度标准检查,应符合规定。

学习效果检测

一、在线检测

测试 1　滴丸剂概述

测试 2　滴丸剂基质与冷凝液

测试 3　滴丸剂制备与质量控制

二、项目考核

1. 按照附录 1 实操项目考核表进行小组和自我评价。
2. 将项目成果上传至学习平台,同时提交实物,以供教师进行评价。

三、分析与探究

1. 探究

滴丸剂的基质与冷凝液应符合哪些要求?如何根据基质类型选择冷凝液?

2. 案例:灰黄霉素滴丸

处方:灰黄霉素 1 份,PEG6000 9 份。

制法:取 PEG6000 在油浴上加热至约 135 ℃,加入灰黄霉素细粉,不断搅拌使其全部熔融,趁热过滤,置贮液瓶中,135 ℃下保温,用滴管(内外径分别为 9.0 mm,9.8 mm)滴制,滴入含 43%液状石蜡的植物油的冷凝液中,滴速 80 滴/min,冷凝成丸;以液状石蜡洗丸,至无煤油味,吸除表面的液状石蜡,即得。

根据以上内容回答以下问题。

(1)为什么选择含 43%液状石蜡的植物油作为冷凝液?

(2)灰黄霉素制成滴丸有何优点?

 思政案例

西黄丸被誉为"中药抗癌第一药",同仁堂的西黄丸多是手工环节生产,生产周期较长,机械化程度较低,实现西黄丸机械化迫在眉睫。2014 年 8 月,厂里引进了自动化设备扩大产能,从手工全过程生产到机械化生产,颠覆了传统的制作模式,精湛制药技艺与现代化工装设备相结合,压力和难度都可想而知,制药人李宁尊古不泥古,积极寻找着手工技艺与现代机械化生产结合的最佳途径,在李宁的带领下,班级人员集思广益,桨叶拆除,喷枪只保留一个,垂直内壁改良有一定弧度,精准把控喷雾器洒水量、添加药粉的时机,保证了药丸颗颗分明。同时,西黄丸的有效成分中含有挥发性物质,原来只能进行阴干,"但阴干就需要更长的时间,我就想到改变干燥模式,运用低温流动的方式,达到了在缩短干燥时间的同时而有效成分不衰减的目的。"就这样,在李宁的钻研下,西黄丸的生产周期从之前的每批七天缩短至每批五天,但药性、药效始终与之前手工制丸时一致。

西黄丸机制丸的成功,不仅大大提高了生产效率,同时把手工技艺和经验与现代化机械完美结合。微丸史无前例地从 300 多年的手工制作,创新为现代化设备的生产模式,成就了一次里程碑式的飞跃。

课程思政育人目标:通过西黄丸非遗传承人李宁制作西黄丸的案例,弘扬守正创新的进取精神,培养学生踏实严谨、追求卓越的工作作风,激发学生对中医药文化的热爱和自信。

模块二　液体制剂生产管理

项目五　溶液剂生产管理

 项目概述

本项目以复方碘口服溶液为载体。

复方碘口服溶液剂主要成分为碘和碘化钾,常用于地方性甲状腺肿的治疗和预防、甲亢治疗后的手术前准备、甲亢危象等治疗。目前常用的复方碘口服液为深棕色的澄明液体,有碘臭气味,含碘量为 4.5%~5.5%,含碘化钾为 9.5%~10.5%。碘化钠和碘化钾也可单独使用。

本品主要有 50 mg/mL、100 mg/mL 两种规格。碘溶液有氧化性,应储存在密闭玻璃塞瓶中;见光易分解,避光保存。

 项目准备

项目任务书

项目名称		学员姓名/学号	
起始时间		指导教师	
组长		项目成员	
学习任务	完成复方碘口服溶液剂的制备,产品质量符合口服溶液剂质量标准。		
学习目标	知识目标 1. 掌握液体制剂的特点、分类和组成。 2. 掌握液体制剂常用的附加剂种类。 3. 掌握溶液剂的生产工艺流程。 4. 掌握溶液剂过滤、灌封相关操作要点。 5. 掌握溶液剂的配制方法。 6. 熟悉溶液剂的灭菌和检漏方法及可见异物的质量检查方法。 7. 了解制水技术纯化水制备工艺。 8. 了解过滤技术过滤器设备的原理、常见过滤装置。		

续表

学习目标	**能力目标** 1. 能进行洁净室运行和性能确认、监测文件管理。 2. 能基本完成溶液剂生产相关仪器设备管理,正确使用制水设备进行制备、过滤制药用水等操作。 3. 能按口服液体制剂生产品种悬挂生产工艺卡、标志牌,生产结束时及时收回。 4. 能遵循口服液体制剂生产工艺规程和岗位操作法,懂得安全防护、危险化学品的管理、压力容器的安全管理。 5. 能进行溶液剂的灌装和灯检等岗位生产。 6. 能够对溶液剂进行质量检查和评价。 **素质目标(含思政目标)** 1. 通过溶液剂制备工艺的学习,培养学生精益求精的职业精神。 2. 通过溶液剂质量评价的学习和操作,树立诚实守信意识。 3. 通过溶液剂生产过程的物料平衡管理,培养成本意识、节约意识。
工作内容与要求	
实施前	1. 填写项目任务书,明确任务目标、内容与要求。 2. 明确生产流程和操作要点。 3. 回答引导问题,填写项目预习记录,拍照上传至学习平台。
实施中	1. 穿戴整齐干净的工作服。 2. 严格按照规程完成溶液剂制备各环节操作。 3. 严格按照规程完成澄明度、pH、装量差异的检查。 4. 按 GMP 要求清场。 5. 按 GMP 要求填写工作记录。
实操结束	1. 上传电子版项目工作记录和产品照片,展示产品实物。 2. 在教师引导下总结项目操作要点,系统完成相关理论知识学习。 3. 对工作记录和工作成果进行互评。
进度要求	

1. 项目操作及相关记录、项目成果、项目现场考核,在实操时间内完成。
2. 理论学习在项目完成后两天内完成。

预习活页

项目名称			
学员姓名/学号		项目组成员	
引导问题			

1. 本项目中主要涉及哪几个关键点?
2. 本项目制备溶液剂用哪种水?
3. 本项目有何洁净区要求?

续表

引导问题回答

项目预习记录

一、物料信息						
序号	物料名称	含量/%	来源	密度/ (g/cm^3)	溶解度/ (mol/L)	注意事项
1						
2						
3						
4						
5						
6						
7						
8						
9						
10						
二、操作注意事项						

续表

三、问题和建议

项目实施

一、生产指令(举例)

生产车间	口服溶液剂生产车间	包装规格	5 支/盒
品名	复方碘口服溶液剂	生产批量	200 支
规格	50 mL	生产日期	2023-10-18
批号	231003	完成时限	2023-10-20
生产依据	复方碘口服溶液剂生产工艺规程			
物料名称	规格	用量	单位	检验单号
碘	药用	0.5	kg	YLJY2023112
碘化钾	药用	1	kg	FLJY2023135
纯化水	药用	约10	L	FLJY2023136

编制: 　　　　　审核: 　　　　　批准:
生产部: 　　　　质管部: 　　　　生产部:

二、生产前检查

(1)检查操作现场、状态标识牌。

(2)确认操作间压差表在校准有效期以内,洁净走廊对缓冲间、房间压差≥5 Pa,不同洁净级别压差≥10 Pa。

(3)确认工作区操作间有"清场(洁)状态标识"。

(4)确认本岗位上批的清场合格证副本在有效期内,不存在任何与现操作无关的物料、容器、残留物、记录等。

(5)确认操作间内温、湿度计在校准的有效期以内,温度在18~26 ℃,湿度≤65%。

(6)确认设备完好并有"清场(洁)状态标识",设备及所用容器表面无异色、无可见残留物。确认工作区已清洁,不存在任何与现操作无关的物料、容器、残留物、记录等。

(7)检查计量设施在检定周期内并进行双重核对校准。

三、生产操作

1. 生产前准备

操作人员按处方量计算批产量所需的原辅料和包装材料的用量。车间统计员和配料人员根据批生产指令从仓库领取原辅料和包装材料,填写相关记录。

2. 配料

操作人员根据生产任务和制备方案,制定物料使用计划,填写领料单,领取规定的原、辅料,相应数量的口服液管制瓶,按物料进出洁净区规程经脱包、缓冲后存放至指定位置,按照生产要求称量所需物料,存放于中间站,填写操作记录。

3. 理瓶洗瓶

(1)清除外包装,根据洗瓶机速度,去掉收缩膜,选出破损的口服液管制瓶,使口服液管制瓶通过输瓶网带进入洗瓶机。

(2)检查隧道式灭菌干燥机开关,检查各层流风机及排风机是否运行,调节变频器使高温区压强高于冷却区、预热区,检查网带走动是否正常,设定高温温度为280 ℃,升温,达到设定温度后,启动洗瓶机。

(3)将口服液管制瓶送入输瓶网带,打开电气箱后端主开关,打开纯化水阀门,将压力调至0.2~0.3 MPa,启动水泵按钮,打开循环水阀门,将压力调至0.2~0.3 MPa,检查超声波装置应完好正常。打开压缩空气阀门,将压力调至0.2~0.4 MPa,打开喷淋水阀门,将压力调到0.04~0.06 MPa。

(4)启动运行纯化水冲洗3次、洁净压缩空气冲3次,推入烘干隧道烘干。

(5)洗瓶前、中、后各检查一次清洗后的口服液瓶的洁净程度。经清洗灭菌的口服液瓶应清洁、无毛点、无残留水流出,直接转入灌装轧盖工序。填写操作记录。

(6)生产结束后关闭电源,清理设备及环境卫生,清理生产过程中遗留物,并填写生产记录和清场记录。

4. 配液

(1)在1号预溶罐中加入碘化钾配制量0.8~1倍重量的纯化水,然后加入处方量的碘化钾搅拌直至溶解。

(2)再加入碘,搅拌,加纯化水至全量,混匀20 min,过滤(本品一般不过滤,若需过滤,宜用垂熔玻璃滤器),填写操作记录。

(3)生产结束后关闭电源,清理设备及环境卫生,清理生产过程中的遗留物,并填写生产记录和清场记录。

5. 灌装轧盖操作

(1)安装灌装组件,调整灌装针头,使之与瓶子中心对准,调整好高度。

(2)按下进瓶启动按钮,再点击理瓶启动按钮,进瓶盘开始转动后调整装量。

(3)机器开始运转,检查轧盖质量。

(4)装量和轧盖质量合格后,调节振荡斗内的铝盖输送速度,启动机器,投入正常生产操作。

(5)灌装过程中每30 min抽检一次装量、轧盖质量,剔除不合格品,灌装前、中、后期检查药液澄明度,并记录于批生产记录中。

(6)在收瓶室将已灌装轧盖好的制品用推板足够紧凑地装入周转盘中,每盘半成品码放整齐,转交灭菌工序。

(7)生产结束后关闭电源,清理设备及环境卫生,清理生产过程中遗留物,并填写生产记录和清场记录。

6. 灭菌操作

(1)根据工艺要求对各参数进行设定(置换温度、灭菌温度、灭菌时间、冷却温度、保压时间、清洗时间)。

(2)在收瓶室领取灌装轧盖后的半成品,整齐摆放,领取时应对其数量进行核对。

(3)打开进蒸汽阀、供水阀、空气压缩机,使蒸汽压力为0.4~0.6 MPa,水源压力为0.15~0.3 MPa,压缩空气压力为0.4~0.6 MPa。

(4)启动自动运行:完成升温→灭菌→冷却→检漏、清洗→结束。打印灭菌动态曲线图,并附于批生产记录中。只进行检漏的品种不经过灭菌程序。

(5)关闭供蒸汽阀、供水阀,关闭排水阀,切断电源,从灭菌室打开柜门,将灭菌车拉入搬运车上固定,转入晾瓶室。经灭菌检漏后,剔除破损的半成品,核对数量,及时填写产品取样表,待瓶子晾干后码放在货架上,悬挂物料状态标识卡,转入贮药室。填写操作记录。

(6)生产结束后关闭电源,清理设备及环境卫生,清理生产过程中遗留物,并填写生产记录和清场记录。

7. 灯检操作

(1)打开澄明度检测仪,设备操作详见各厂家《澄明度检测仪使用清洁和维护保养SOP》。

(2)进行澄明度检查,同时注意剔除装量、轧盖等其他不合格品。

(3)澄明度检测仪置于操作台的正前方,调整好灯检坐凳高度,保证灯检时产品与眼睛的距离为20~25 cm;将盛有药品的周转盘倾斜45°左右,对着光源四周看,剔出轧盖、检漏的不合格品。

用夹子夹住瓶的颈部,每夹15支反正翻转,时间约为20 s,检查出玻璃屑、纤维、点块、装量不合格、变色等不良品,并分类记录。

每批产品灯检过程中,QA按1/1000比例进行复查,漏检率不应超过3%,不符合要求时应返工重检,并将结果记录于批生产记录中。

(4)将灯检合格的中间产品整齐地排放于周转盘后转入暂存室。

(5)生产结束后关闭电源,清理设备及环境卫生,清理生产过程中遗留物,并填写生产记录和清场记录。

注:检查人员在操作2 h后,休息15~20 min恢复视力,定期检查视力,对视力达不到1.0者进行换岗。

四、质量检查

复方碘口服液:本品为深棕色的澄明液体,有碘臭。本品含碘(I)应为4.5%~5.5%,含碘化钾(KI)应为9.5%~10.5%。

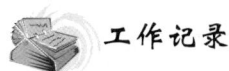

1. 理瓶洗瓶岗位生产记录

产品名称:		规格:		生产批号:		生产日期:	年 月 日
生产前检查: 1. 计量器具有"周检合格证",并在周检效期内(　　) 2. 设备有"运行完好证"及"已清洁"状态标记(　　) 3. 容器具有"已清洁"状态标记(　　) 4. 该岗位门外有"清场合格证"(　　) 5. 岗位有"准许生产证"(　　) 6. 物料有"物料标识卡""流转证""检验报告单"(　　) 7. 岗位现场无上批生产遗留物(　　)							
检查人:		复核人:			日期:	年 月 日	时 分

续表

生产操作：1. 执行洗瓶、干燥岗位生产操作规程。 2. 依据该产品的工艺规程及主配方操作。 3. 执行设备操作规程。（　　　　　　）				
理瓶数量：　个　个/盘　　损耗数：　个		理瓶人：	复核人：	
洗瓶		烘瓶		
开始加热时间		烘干预热段温度/℃及压力/Pa		
开始送瓶时间		烘干灭菌段温度/℃及压力/Pa		
洗瓶段压力/Pa		烘干冷却段温度/℃及压力/Pa		
进盘速度/(支/min)		出盘数量/支		
停止送瓶时间		停机时间		
投料量：　kg　产出量：　kg　废品量：　kg　物料平衡：　%（限度　　）				
操作人：　　　复核人：　　　　　　　　　　日期：　年　月　日　时　分				
清场：1. 生产操作区按"洁净区生产操作区清洁规程"清洁。 2. 容器具按"洁净区容器具清洁规程"清洁。 3. 设备按"设备清洁规程"清洁。				
操作人：　　　复核人：　　　　　　　　　　日期：　年　月　日　时　分				
质量监控：　　　结论：　　QA监控员：　　　　　日期：　年　月　日				
移交数量：　kg　共　件	移交人：	接收人：	日期：　年　月　日	
☆生产过程异常情况：无(　) 　　　　　　　　　有(　) 按"生产过程偏差处理管理规程"处理并附相应记录。				

备注：物料平衡公式：[(产出量+废品量)/投料量]×100%。

2. 配制过滤岗位生产记录

产品名称：	规格：	生产批号：	生产日期：　年　月　日
配制总量		mL　折合　万支	

生产前检查：

1. 计量器具有"周检合格证"，并在周检效期内(　)
2. 设备有"运行完好证"及"已清洁"状态标记(　)
3. 容器具有"已清洁"状态标记(　)
4. 该岗位门外有"清场合格证"(　)
5. 岗位有"准许生产证"(　)
6. 物料有"物料标识卡""流转证""检验报告单"(　)
7. 岗位现场无上批次生产遗留物(　)

检查人：　　　复核人：　　　　　　　　　　日期：　年　月　日　时　分

续表

生产操作:1. 执行配制、过滤岗位生产操作规程。						
2. 依据该产品的工艺规程及主配方操作。						
3. 执行设备操作规程。 （ ）						
物料名称	批号	件数	数量	报告单号		
					加入总量: kg 过滤起止时间: 开始: 结束:	
产药液总量: mL		取样量: mL				
操作人:	复核人:		日期:	年 月 日 时 分		

清场:1. 生产操作区按"洁净区生产操作区清洁规程"清洁。
2. 容器具按"洁净区容器具清洁规程"清洁。
3. 设备按"清洁规程"清洁。

操作人:	复核人:	日期:	年 月 日 时 分
质量监控: 结论: QA 监控员:		日期:	年 月 日 时 分
移交数量: mL 共 件	移交人:	接收人:	日期: 年 月 日

☆生产过程异常情况:无( )
有( )按"生产过程偏差处理管理规程"处理并附相应记录。

3. 灌装轧盖岗位生产记录

产品名称		规格		批号	
接液总量/L		理论装量/mL		最低装量/mL	
装量范围/mL		理论产量/支			
操作前现场检查情况					
执行的标准文件		物料		现场	
设备、岗位 SOP 文件	( )	中间产品品名、批号核对	( )	清洁、清场合格标志	( )
清洁、清场 SOP 文件	( )	数量核对	( )	设备试运行良好	( )
各种记录表格	( )	合格报告单	( )	计量、器具符合要求	( )
其他有关文件	( )	包装完好	( )	其他	( )

续表

操作记录						
灌装、轧盖起止时间							
装量自查记录(每 20 min 一次,每次 5 瓶)						
抽检瓶次 / 每次装量 / 时间	1	2	3	4	5	平均装量/mL	检查人

内包装材料领用记录					
包材名称	领用数/kg	使用数/kg	损耗数/kg	剩余数/kg	领用人

物料平衡	接液总量/L	灌装支数/支	总平均装量/mL	灌装总量/L	本批剩余药液量/L

物料平衡计算:灌装总量=灌装瓶数×平均装量

物料平衡公式: $\dfrac{灌装总量 + 本批剩余药液 + 其他废液量}{接液总量} \times 100\% =$

98%≤限度≤100%　实际为　　　符合限度(　)　不符合限度(　)

收率 $= \dfrac{灌装总量}{接液总量} \times 100\% =$

97%≤限度≤100%　实际为　　　符合限度(　)　不符合限度(　)

操作人:　　　　　组长:　　　　　现场 QA:

4. 检漏岗位生产记录

产品名称:	规格:	生产批号:
生产批量:	生产日期:　年　月　日	

生产前检查:
1. 计量器具有"周检合格证",并在周检效期内(　)
2. 设备有"运行完好证"及"已清洁"状态标记(　)
3. 容器具有"已清洁"状态标记(　)
4. 该岗位门外有"清场合格证"(　)
5. 岗位有"准许生产证"(　)
6. 物料有"物料标识卡""流转证""检验报告单"(　)
7. 岗位现场无上批次生产遗留物(　)

检查人:　　　复核人:　　　　　日期:　年　月　日　时　分

续表

| 生产操作: | 1. 执行检漏岗位生产操作规程。 |
| 2. 依据该产品的工艺规程及主配方操作。 |
| 3. 执行设备操作规程。   (   ) |

半成品总量:		支			
项目	灭菌柜号			备注	
	1	2	3		
装柜时间					
装筐数量/筐					
开汽时间					
灭菌温度/℃					
保温时间					
结束时间					

| 投入量: 支   产出量: 支   废品量: 支 |
| 物料平衡: % |
| 操作人: 复核人: 日期: 年   月   日   时   分 |

| 清场: | 1. 生产操作区按"洁净区生产操作区清洁规程"清洁。 |
| 2. 容器具按"洁净区容器具清洁规程"清洁。 |
| 3. 设备按"清洁规程"清洁。 |
| 操作人: 复核人: 日期: 年   月   日   时   分 |

支撑知识

一、液体制剂概述

(一) 液体制剂的特点

液体制剂是指药物分散在分散介质中制成的液体形态的制剂,可供内服和外用,是主要将固体或液体药物分散在适宜的分散介质中而制成的剂型,特殊情况下可以将某些气体药物溶解到溶液中。

液体制剂是临床上广泛使用的一类剂型,具有以下优点。

(1) 药物在介质中分散度大、吸收快、能较迅速地发挥药效。

(2) 给药途径广泛,既可用于内服,也可用于皮肤、黏膜和腔道给药。

(3) 易于分剂量,特别适用于婴幼儿和老年患者。

(4) 液体制剂可减少某些药物的刺激性,通过调整液体制剂的浓度,避免或减少药物对机体的刺激性(如口服溴化物、碘化物、灌肠用水合氯醛等)。

(5)固体药物制成液体制剂后,一般都能达到提高生物利用度的目的。

液体制剂也有以下不足之处。

(1)液体制剂中药物易受分散介质的影响,发生化学降解,使药效降低甚至失效,如青霉素钾溶液。

(2)体积较大,其水性溶液在0℃以下能够结冰,不便于携带、运输和贮存。

(3)水性液体制剂易霉变,常需加入防腐剂,而非水性溶剂具有一定的不良药理作用。

(4)非均相液体制剂的药物分散度大,分散粒子具有很高的比表面能,较容易产生物理不稳定性问题。

(二)液体制剂的分类

液体制剂种类丰富,常用分类方法有两种,如下所示。

1. 按分散系统分类

在液体分散体系中,按分散系统分类实际也是按分散相粒子大小分类,药物分散相粒子的大小决定该分散体系的特征,形成的体系是否为均相,按此液体制剂可分为均相液体制剂和非均相液体制剂。

液体制剂中的药物可以是固体、液体或气体,在一定条件下以分子、离子、胶体粒子、微粒或液滴状态分散于液体分散介质中,被分散的药物称为分散相(或分散媒)。其中溶液型和高分子溶液中的药物以分子或离子状态分散于分散介质中,分散介质也可称为溶剂;乳浊液型液体制剂的分散介质又称为外相或连续相。高分子溶液和溶胶分散体系一般统称为胶体溶液型液体制剂,因为它们的分散相粒子大小属于同一个范围,并且在性质上有许多共同之处。分散体系的分类及特征见表5-1。

表5-1 分散体系的分类与特征

类型		分散粒子大小	特征	举例
分子分散系		<1 nm	无界面,均相,热力学稳定体系,扩散快,能透过滤纸或半透膜,形成真溶液	氯化钠、葡萄糖等水溶液
胶体分散系	高分子溶液	1~100 nm	无界面,均相,热力学稳定体系,形成真溶液,扩散慢,能透过滤纸,不能透过半透膜	明胶、蛋白质等水溶液
	溶胶		有界面,非均相,热力学不稳定体系,扩散慢,能透过滤纸,不能透过半透膜	胶体硫、氢氧化铁等溶液
粗分散系		>100 nm	有界面,非均相,热力学不稳定体系,形成浑浊液或乳剂,扩散很慢或不扩散,显微镜下可见	无味氯霉素混悬剂、鱼肝油乳剂等

按分散体系中粒子大小与特征,液体制剂又可分为溶液型液体药剂(粒子大小<1 nm,均相)、高分子溶液剂(粒子大小在 1～100 nm,均相)、溶胶剂(粒子大小也在 1～100 nm,非均相)、混悬剂(粒子大小>500 nm,非均相)、乳剂(粒子大小>100 nm,非均相)。

在药物制剂中,分散系统相同的液体制剂其制备方法具有相似性。

2. 按给药途径分类

(1)内服液体制剂　如口服溶液剂、口服混悬剂、口服乳剂、糖浆剂、合剂等。

(2)外用液体制剂　①皮肤科用液体制剂:如搽剂、涂剂、洗剂、冲洗剂等。②五官科用液体制剂:如滴鼻剂和洗鼻剂、滴耳剂和洗耳剂等。③直肠、尿道等腔道用液体制剂:如灌肠剂、灌洗剂等。

在药物制剂中,给药途径相同的液体制剂其产品安全性要求基本一致。

(三)液体制剂的质量要求

由于液体制剂药物分散度以及给药途径不同,因此对其质量要求并不相同,液体制剂一般应符合以下条件。

(1)剂量准确,性质稳定,无毒性,无刺激性,具有一定的防腐能力。

(2)溶液型液体制剂是澄明溶液,乳剂和混悬剂的分散相粒子小而均匀,应符合其质量控制要求,混悬剂在振摇时易均匀分散。

(3)口服型液体制剂的分散介质最好选用水,其次可以选用较低浓度乙醇,特殊用途下可选择液体石蜡和植物油等。

(4)应外观良好,口感适宜,根据需要可以添加着色剂和防腐剂。

(5)包装容器的大小和形状适宜,应便于储运、携带和使用,便于病人服用。

二、液体制剂的溶剂和附加剂

溶剂是液体制剂的重要组成部分,对药物起着溶解和分散作用,溶剂的性质直接影响液体制剂的制备、性质、稳定性和临床疗效。优良溶剂应具备的条件是:①对药物和附加剂具有较好的溶解分散性。②化学性质稳定,不与主药或附加剂发生化学反应。③不妨碍主药药效和含量测定。④毒性小,无不良的臭味,无刺激性。⑤成本低。但现实中完全符合以上条件的溶剂很少,所以制备液体制剂时要根据药物性质、制剂要求和临床需要合理选择适宜的溶剂。

(一)液体制剂的常用溶剂

药物的溶解或分散状态与溶剂的极性有密切关系,即药物在溶剂中溶解作用的大小,取决于药物的性质和溶剂的极性。溶剂极性大小用介电常数表示,根据介电常数的大小,溶剂可分为极性溶剂、半极性溶剂和非极性溶剂。

1. 极性溶剂

(1)水　水是最常用的溶剂,本身无药效,能与乙醇、甘油、丙二醇等溶剂以任意比例混合,能溶解绝大多数的无机盐类,并能溶解药材中的生物碱盐类、苷类、糖类、树胶、黏液质、鞣质、蛋白质、酸类及色素等。但水性液体制剂不稳定,容易发生霉变、水解等反应,不易长久贮存。配制以水为溶剂的液体制剂时宜使用纯化水。

(2)甘油(丙三醇)　甘油为常用溶剂,特别是外用液体制剂(尤其是黏膜用药剂)中应用较多。本品为无色、澄清的黏稠液体,味甜,有引湿性,与水或乙醇能任意混溶,能溶解硼酸、鞣质、苯酚等药物。无水甘油对皮肤有脱水作用和刺激性,含水10%以上的甘油无刺激性。在外用液体制剂中甘油具有防止皮肤干燥(保湿)、滋润皮肤、延长药物局部药效等作用。在内服药剂中含甘油12%以上时可使药剂带有甜味并能防止鞣质析出。含甘油30%以上时具有防腐作用,但成本高。

(3)二甲基亚砜(DMSO)　DMSO为无色液体,无臭或几乎无臭,有引湿性。DMSO与水、乙醇或乙醚能任意混溶,在烷烃中不溶,溶解范围广,有"万能溶剂"之称。二甲基亚砜具有促进药物在皮肤和黏膜上渗透的作用,主要用于吸收促进剂、溶剂和防冻剂等(仅供外用)。

2. 半极性溶剂

(1)乙醇　乙醇是常用溶剂,可与水、甘油、丙二醇等溶剂以任意比例混合,能溶解大部分有机药物和药材中的有效成分,如生物碱及其盐类、苷类、挥发油、树脂、鞣质、有机酸和色素等。20%以上的乙醇有防腐作用,40%以上的浓度则能延缓某些药物的水解。但乙醇有一定的调节生理功能的作用,且有易挥发、易燃烧等性质。为防止乙醇挥发,成品应密闭贮存。乙醇与水混合时,会发生热效应和体积缩小的现象,所以用水稀释乙醇时,应凉至室温(25 ± 2)℃后再调整至规定浓度。

(2)丙二醇　药用规格一般是1,2-丙二醇。丙二醇兼具甘油的优点,刺激性与毒性均小,能溶解很多有机药物,能与水、乙醇、甘油等以任意比例混合。一定比例的丙二醇和水的混合溶剂能延缓许多药物的水解,增加药物的稳定性。丙二醇的水溶液对药物在皮肤和黏膜上有一定的促渗透作用。

(3)聚乙二醇(PEG)　液体制剂中常用聚合度低的聚乙二醇,如PEG300~600,为无色澄明液体,能与水、乙醇、丙二醇、甘油等以任意比例混溶,不同浓度的PEG水溶液是良好的溶剂,能溶解许多水溶性无机盐和水不溶性有机药物。本品对一些易水解的药物具有一定的稳定作用,在洗剂中具有一定的保湿作用。

3. 非极性溶剂

(1)脂肪油　主要指药典上收载的一些植物油,如棉籽油、花生油、麻油、橄榄油、豆油等。脂肪油能溶解脂溶性药物,如游离生物碱、挥发油、激素和芳香族药物。脂肪油容易酸败,也易受碱性药物影响而发生皂化反应,影响制剂质量。脂肪油多作为外用制剂,如洗剂、搽剂等的溶剂。

(2)液体石蜡　本品为饱和烷烃化合物,化学性质稳定,分轻质和重质两种,前者相对密度0.828~0.860,常用于外用液体制剂,后者相对密度为0.860~0.890,常用于软膏剂或糊剂。本品能与非极性溶剂混合,能溶解生物碱、挥发油及一些非极性药物等。本品在肠道中不分解也不吸收,能使粪便变软,有润肠通便作用。

(3)乙酸乙酯　乙酸乙酯为无色或淡黄色流动性油状液体,可作为脂肪油的代用品,微臭,有挥发性和可燃性,在空气中容易氧化、变色,需加入抗氧化剂。本品能溶解挥发油、甾体药物和其他油溶性药物,常作为搽剂的溶剂。

(二)液体制剂的附加剂

1. 防腐剂

液体制剂特别是以水为溶剂的液体制剂,易被微生物污染而生霉变质,尤其是含有糖类、蛋白质等营养物质的液体制剂,更容易引起微生物的滋长和繁殖。含抗菌药物的液体制剂也能生长微生物,因为这些药物对其抑菌谱外的微生物不起抑菌作用。微生物的污染会引起液体制剂的理化性质变化及其质量变化,有时会产生有害的细菌毒素,因此在制备和贮存液体制剂时要注意采取防污染和添加防腐剂等防腐措施。

防腐剂是指能防止药物制剂由于细菌、真菌等微生物的污染而产生变质的添加剂,常用的防腐剂有以下几种。

(1)羟苯酯类　又称尼泊金类,是一类优良的防腐剂,无毒、无味、无臭,化学性质稳定,在 pH 为 3~8 范围内能耐受 100 ℃、2 h 灭菌。在酸性溶液中作用较强,对大肠埃希菌作用最强。药液 pH 超过 7 时作用减弱,这是由于酚羟基解离所致。羟苯酯类的抑菌作用随烷基碳数增加而增强,但溶解度则随烷基碳数增加而减少,常用的以丁酯抗菌力最强,溶解度却最小。本类防腐剂配伍使用有协同作用,常以乙酯和丙酯(1∶1,体积比)或乙酯和丁酯(4∶1,体积比)合用,两种用法浓度均为 0.01%~0.25%。表面活性剂对本类防腐剂有增溶作用,能增大在水中的溶解度,但不增加其抑菌效能。在含有聚山梨酯类的药液中不宜采用羟苯酯类作为防腐剂,虽然增加了羟苯酯类在水中的溶解度,但因发生络合作用,防腐能力降低。羟苯酯类遇铁能变色,可被塑料包装材料吸附。

(2)苯甲酸钠　苯甲酸是一种有效的防腐剂,常用量为 0.1%~0.25%。本品的防腐作用主要是未解离分子,离子几乎无抑菌作用,苯甲酸的 pK_a=4.2,因此,pH 适当降低,有利于防腐,常在 pH 为 4 以下为好。苯甲酸钠由于是苯甲酸盐,所以只有在溶液显酸性时,有部分苯甲酸生成时才有防腐作用。

(3)山梨酸及其盐　本品微溶于水,可溶于无水乙醇,常用浓度 0.15%~0.2%,本品对真菌和细菌均有较强的抑制作用,特别适用于含有聚山梨酯类液体制剂的防腐。本品起防腐作用的是未解离的分子,在 pH4 水溶液中效果较好。

(4)苯扎溴铵　又称新洁尔灭,为阳离子型表面活性剂。本品在酸性、碱性溶液中稳定,可热压灭菌,对金属、橡胶、塑料无腐蚀作用,使用浓度为 0.02%~0.2%。

(5)其他防腐剂　如脱水乙酸、醋酸氯己定、甘油(30% 以上)、薄荷油、桉叶油、桂皮油等。

2. 矫味剂

许多药物具有不良臭味,患者服用后易引起恶心和呕吐等,特别是儿童患者往往拒绝使用。为了掩盖和矫正液体制剂的不良臭味而加入到制剂中的物质称为矫味剂。

(1) 甜味剂　包括天然和合成两大类。天然甜味剂有糖类、糖醇类、苷类,其中糖类最常用,蜂蜜也是甜味剂。天然甜菊苷是从甜叶菊中提取精制而得,甜度比蔗糖大约 300 倍。人工甜味剂常用糖精钠,甜度为蔗糖的 200~700 倍,用量已受到限制,口服量每日每千克体重不可超过 5 mg,常用量为 0.03%。目前,阿司帕坦(药物中多用此名)得到广泛应用,甜度比蔗糖高 150~200 倍,而无后苦味,不致龋齿,可有效降低热量,适用于糖尿病、肥胖患者。

(2) 芳香剂　在制剂中有时需要添加少量香料或香精以改善药品的香味,这些香料与香精称为芳香剂。常用芳香剂有天然挥发性芳香油(如柠檬、樱桃、茴香、薄荷挥发油等)及其制剂(如薄荷水、桂皮水等)。

(3) 胶浆剂　胶浆剂具有黏稠缓和的性质,可以干扰味蕾的味觉而发挥矫味作用,如阿拉伯胶、羧甲基纤维素钠、甲基纤维素、海藻酸钠、琼脂、明胶、西黄蓍胶等制成的胶浆。

(4) 泡腾剂　应用碳酸氢钠与有机酸混合,遇水后产生大量二氧化碳,溶于水呈酸性,能麻痹味蕾而矫味。其能改善盐类药物的苦味、涩味和咸味。

(5) 化学调味剂　谷氨酸钠(味精)能矫正鱼肝油的腥味,消除铁盐制剂的铁金属味。

3. 着色剂

着色剂能改善制剂的外观颜色,可用来识别制剂的浓度,区分应用方法和减少患者对服药的厌恶感。主要分为两类:天然色素和合成色素。

(1) 天然色素　常用的有植物性和矿物性色素,用作食品和内服制剂的着色剂。植物性色素有:红色的有苏木、甜菜红等;黄色的有姜黄、胡萝卜素等;蓝色的有松叶兰;绿色的有叶绿酸铜钠盐;红棕色的有焦糖等。矿物性的有氧化铁(外用呈肤色)。

(2) 合成色素　人工合成色素的特点是色泽鲜艳,价格低廉,大多数毒性较大,用量不宜过多。我国批准的内服合成色素有苋菜红、胭脂红、柠檬黄、靛蓝、日落黄、姜黄以及亮蓝,用量不得超过药剂总量的 0.01%,具体使用剂量与使用范围见 GB 2760—2014《食品安全国家标准　食品添加剂使用标准》。外用色素有伊红(或称曙红,适用于中性或弱碱性溶液)、品红(适用于中性或弱酸性溶液)、亚甲蓝(或称美蓝,适用于中性溶液)以及苏丹黄 G 等。

三、制水技术

(一) 概述

水是制剂生产中使用最广泛、用量最大的原料之一,制药用水包括饮用水、纯化水注射用水及灭菌注射用水。

不同种类的制药用水质量要求有所不同。饮用水的质量须符合《生活饮用水卫生标准》的要求。纯化水的质量须符合《中国药典》纯化水的要求,其检查项目包括酸碱度、硝酸盐与亚硝酸盐、氨、电导率、总有机碳、易氧化物、不挥发物、重金属及微生物限度检查。注射用水规定pH为5.0~7.0,氨浓度不大于0.00002%,内毒素小于0.25 EU/mL,其他检查项目与纯化水相同。灭菌注射用水除进行氯化物、硫酸盐和钙盐、二氧化碳、易氧化物等项目检查外,其他还应符合《中国药典》注射剂项下规定。

(二)纯化水的制备

纯化水是指饮用水经蒸馏法、离子交换法、反渗透法或其他适宜的方法制得的制药用水,不含任何添加剂。纯化水化学纯度较高,可作为设备、器具、包装材料的洗涤用水,非无菌药品的配制和中药材的提取溶剂,或作为制备注射用水的水源。

1. 离子交换法

离子交换法是利用离子交换树脂除去水中阴、阳离子制备纯化水的方法,也可除去部分细菌和热原。本法的特点为设备简单、成本低、水的化学纯度高,但树脂的再生需要耗费大量的酸碱。

离子交换法是利用阴、阳离子交换树脂上的极性基团与水中阴、阳离子进行交换,达到纯化水的目的。制剂生产中树脂柱的组合形式包括单床、复合床、混合床与联合床。单床为柱内仅放单一的阴或阳离子交换树脂;复合床为一阳离子树脂柱与一阴离子树脂柱串联而成;混合床为阴、阳离子交换树脂按照一定比例装入同一树脂柱内;联合床为复合床与混合床串联而成,生产中多采用此种形式。

2. 电渗析法

电渗析法是在外加电场的作用下,利用离子的定向迁移和离子交换膜的选择透过性除去水中离子的方法。本法原理为将仅允许阳离子通过的阳离子交换膜装在阴极端,将仅允许阴离子通过的阴离子交换膜装在阳极端,在电场作用下,阴离子透过阴膜向阳极迁移,阳离子透过阳膜向阴极迁移,使淡水隔板内水中其他离子逐渐减少从而达到纯化水的目的(图5-1)。电渗析法较离子交换法经济、节约酸碱,但制备的水纯度不高。当原水含盐量高达3000 mg/L时,用离子交换法树脂会很快老化,宜采用电渗析法对原水进行预先处理。

3. 反渗透法

反渗透法是在20世纪60年代发展起来的新技术,国内目前主要用于原水处理和纯化水的制备。

本法的原理(图5-2)为采用一个半透膜将U形管内的纯水与盐水隔开,则纯水透过半透膜扩散到盐水一侧,此过程为渗透。两侧液柱产生的高度差,即表示此盐溶液所具有的渗透压。如果在盐溶液一侧施加一个大于此盐溶液渗透压的力,则盐溶液中的水将透过半透膜向纯水一侧渗透,导致水从盐溶液中分离出来,此过程与渗透相反,称为反渗透。

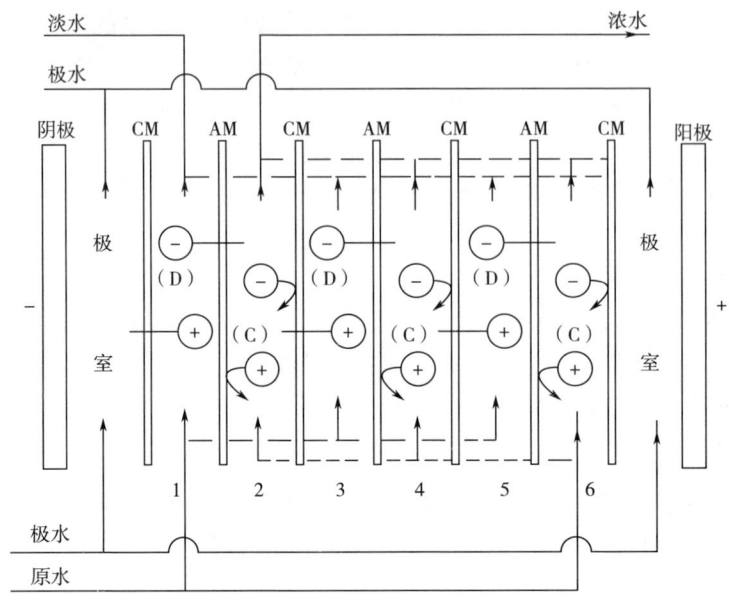

图 5-1 电渗析制水工作原理图

CM—阳膜　AM—阴膜　C—浓水隔板　D—淡水隔板

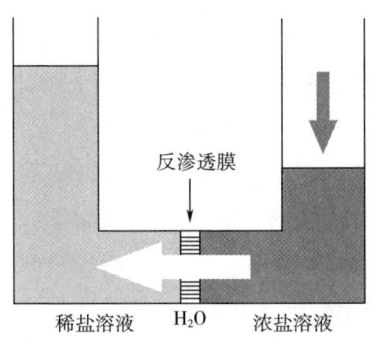

图 5-2 反渗透原理示意图

螺旋卷式反渗透膜

本法的特点有：①除盐、除热原效率高，通过二级反渗透可将无机离子、热原等彻底除去。②整个过程在常温下操作，不易结垢。③制水设备体积小，操作简单，能源消耗低，单位体积产水量大。④对原水质量要求高，需对原水利用离子交换、过滤等方法进行预处理。

二级反渗透法制备纯化水的流程如图 5-3 所示。

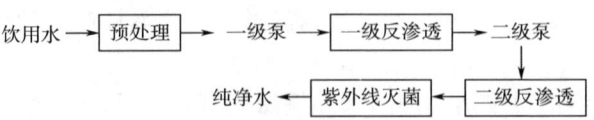

图 5-3 二级反渗透法制备纯化水的流程

四、过滤技术

(一) 概述

过滤是指将悬浮液中的液体强制通过多孔性介质,使固体沉积或截留在多孔介质上,从而使固体与液体得到分离的操作。通常,将过滤用多孔材料称为过滤介质(滤材);待过滤的悬浮液称为滤浆或料浆;截留于过滤介质上的固体称为滤饼或滤渣;通过过滤介质的液体称为滤液。

溶液剂、注射剂等常见的液体制剂通过过滤可获得澄清的滤液,而药物的重结晶等操作,通过过滤在过滤介质上截留的固体滤渣是我们所需要的物质。固液分离的操作除过滤外,还可以采取澄清、沉降、离心分离等方法。

(二) 过滤器

过滤介质是过滤器的关键组成部分,过滤介质的选用直接影响过滤器的过滤效果。过滤器按照其截留能力,在制剂生产中可以用于药液的粗滤或精滤。粗滤过滤器包括砂滤棒、钛滤器、板框式压滤机等;精滤过滤器包括垂熔玻璃滤器、微孔滤膜滤器和超滤器等。下面介绍制剂生产中常用的过滤器。

1. 砂滤棒与钛滤器

砂滤棒主要有两种,一种是硅藻土滤棒,由硅藻土、石棉及有机黏合剂经高温烧制而成;另一种是多孔素瓷滤棒,由白陶土等烧结而成。前者质地松散,适用于黏度高、浓度大的滤液的过滤;后者质地致密,滤速慢,适用于低黏度液体的过滤。

砂滤棒易脱砂,对药液吸附性强,近年来在生产中常采用钛滤器。钛滤棒由工业纯钛粉高温烧结而成,具有耐酸碱、耐高温、化学稳定性好、机械强度大、精度高、分离效率高、无微粒脱落、不对药液形成二次污染等特点。钛滤器常用于注射剂配制中的脱炭过滤,是一种较好的预滤材料。

2. 垂熔玻璃滤器

垂熔玻璃滤器是用硬质玻璃细粉烧结而成,根据形状分为垂熔玻璃漏斗、滤球及滤棒3种,根据滤板孔径分为1~6号,号数越大,孔径越小。该滤器具有化学性质稳定、不改变药液的pH、对药液吸附性低、无微粒脱落、易于清洗等特点,但垂熔玻璃滤器价格贵,质脆易破碎,常用于膜滤器前的预过滤。

3. 微孔滤膜滤器

微孔滤膜滤器是以具有很多均匀微孔的高分子滤膜材料作为过滤介质的过滤装置。微孔滤膜的过滤机制是物理过筛作用,厚度为 0.12~0.15 m,孔径为 0.01~14 μm,大于孔径的颗粒被滤膜所截留。微孔薄膜滤器常用于注射剂的精滤和除菌过滤,其具有以下几个特点。

(1)滤膜孔径均匀,截留能力强,具有一定的机械强度,加压时不易出现微粒

"泄漏"。

(2)滤膜上的有效过滤面积大,空隙率大,过滤速度快。

(3)滤膜吸附性小,不滞留药液。

(4)用后直接弃去,产品间不易发生交叉污染。

(5)截留物易使滤膜堵塞,需结合其他滤器先预滤。

微孔滤膜使用前需用注射用水浸泡12 h以上备用,临用前用注射用水冲洗后装入滤器。为了检测滤膜的完整性,保证过滤后滤液的质量符合要求,过滤前后均需进行起泡点测试。

4. 其他滤器

生产中常用的滤器还有板框式压滤机、超滤器等。板框式压滤机多用于中药注射剂的预滤;超滤器常用于酶、蛋白质等的分离和浓缩,在生物工程后处理中应用广泛。

(三)常见过滤装置

过滤装置为多种过滤器组合而成,可分为高位静压过滤装置、减压过滤装置和加压过滤装置。

1. 高位静压过滤装置

高位静压过滤装置是利用液位差进行过滤的装置,适用于生产量不大、缺乏加压或减压设备的情况,如注射剂配液后通过管道送入高位槽,然后进行灌封,此法压力稳定,质量好,但滤速慢。

2. 减压过滤装置

减压过滤装置为利用真空泵对过滤系统抽真空形成负压,使待过滤溶液通过过滤介质的装置,该装置适用于多种滤器,如对采取二级过滤的注射液的过滤,减压过滤装置中药液先经钛过滤器进行预滤,再经微孔滤膜过滤器进行精滤。

此装置可以进行连续过滤操作,药液处于密闭状态,不易被污染,但缺点是压力不够稳定,操作不当易使滤层松动而影响滤液质量。此外,应注意对进入滤过系统的空气进行过滤,防止其对滤液的污染。

3. 加压过滤装置

加压过滤装置是利用离心泵对过滤系统加压,使待过滤溶液通过过滤介质的装置,适用于配液、过滤及灌封等工序在同一平面的情况,操作前应注意检查过滤系统的严密性。加压过滤装置具有压力稳定、滤速快、滤液澄明、产量高等特点。整个装置处于正压下,过滤停顿对滤层影响也较小,同时有利于防止外界空气的污染。

五、溶液型液体制剂

溶液型液体制剂是指药物以分子或离子(直径在1nm以下)状态分散在液体

分散介质中所制成的单相溶液型制剂,供内服或外用。根据需要可在溶液型液体制剂中加入助溶剂、抗氧化剂、甜味剂、着色剂等附加剂。

溶液型液体制剂因为是均相分散体系,在溶液中的分散度最大,溶液呈均匀分散状态,药液澄明并能通过半透膜,服用后与机体的接触面积最大,吸收完全而迅速,所以在作用和疗效方面比固体药剂快,而且比同一药物的混悬剂或乳剂也快。此外,溶液型液体制剂分散均匀,分剂量方便灵活。

溶液型液体制剂有溶液剂、糖浆剂、甘油剂、芳香水剂及醑剂等。

六、溶液剂

溶液剂是指药物溶解于溶剂中形成的澄明液体制剂。溶液中的药物分散均匀、澄明,并能通过半透膜。溶剂多为水,也可用乙醇或油为溶剂。

药物制成溶液剂后一般以量取代替称取,分剂量快速,服用方便。对于小剂量或毒性大的物质,在被溶剂稀释后用量取的方法再分剂量可以使给药误差范围减小,更有实际意义。药物制成溶液制剂,分散度增大,与机体的接触面积增大,因而吸收快,药效迅速。但由于药物在水溶液中稳定性差,易分解、霉变、变质,所以对于化学性质不稳定的药物不宜配成溶液剂,且不宜长期储存,同时须根据药物的性质和临床需要采取适当措施(如添加防腐剂等),以保证质量。

溶液剂的制备有3种方法:即溶解法、稀释法和化学反应法。

1. 溶解法

溶解法是将药物直接溶于溶剂中的制备方法,溶液剂的制备主要是用溶解法,适用于较稳定的化学药物。一般可分为:称量、溶解、滤过、检查、包装等几个步骤,其操作要点及注意事项如下所示。

①取处方总量1/2~4/5的溶剂,加入固体药物,搅拌溶解。

②处方中如有附加剂或溶解度较小的药物,宜先溶解后再加其他药物。

③根据药物性质,可将固体药物先行粉碎或加热助溶;不耐热的药物,宜在冷却后加入;某些难溶药物,可加适当的助溶剂。

④溶液剂一般应滤过:常用的滤器有普通漏斗、垂熔玻璃滤球(或滤棒)及微孔滤膜滤器等。过滤毕后自滤器上添加溶剂至所需量。

⑤如处方中含有糖浆、甘油等黏稠液体时,用量杯量取后,应加少量水稀释,搅匀后再倾出。

⑥溶剂如为油、液状石蜡时,容器与用具等所用器材均应干燥,以免制品中混入水而浑浊。

⑦将制得的溶液剂及时分装于干燥的灭菌容器中,加塞后用布擦净,粘贴瓶签,即得。

在工业化生产中,配液罐多采用不锈钢为材料,为保证完全溶解和混合均匀,配液罐配有磁力搅拌或搅拌桨搅拌,必要时可附加密闭液体循环装置,以防止罐底出液管中的药液不能有效循环混合。

2. 稀释法

稀释法是将浓溶液用溶剂稀释成所需浓度溶液的制备方法,即先将药物制成高浓度溶液或易溶性药物制成储备液,临用前再用溶剂稀释至所需的浓度。例如,浓氨水含量为25%~28%,而医疗上常用的氨溶液的一般浓度为9.5%~10.5%,因而只能用稀释法制备;工厂生产的过氧化氢溶液含量为300 g/L,而常用浓度为25~35 g/L。此外,50%溴化钾或溴化钠、50%硫酸镁及甲酚皂溶液等,一般均需用稀释法调至所需浓度后方可使用。

3. 化学反应法

化学反应法是指将两种或两种以上的药物,通过化学反应制成新的药物溶液的方法,待化学反应完成后,过滤,自滤器上添加溶剂至全量即得。化学反应法适用于原料药物缺乏或质量不符合要求的情况,如复方硼砂溶液等。

 新技术

水溶助溶技术

 学习效果检测

一、在线检测

测试1　液体制剂　　测试2　附加剂　　测试3　制水与过滤　　测试4　溶液剂

二、项目考核

1. 按照附录1实操项目考核表进行小组和自我评价。
2. 将项目成果上传至学习平台,同时提交实物,以供教师进行评价。

三、分析与探究

1. 探究

某药厂要生产一种中药注射剂,请结合 GMP 相关内容,讨论从中药提取开始到制成成品各阶段各需何种制药用水,为什么?

2. 案例:复方硼砂溶液(多贝尔溶液)

处方:硼砂 20 g,碳酸氢钠 15 g,甘油 35 mL,液化苯酚 3 mL,纯化水加至 1000 mL。

制法:取硼砂加入约 500 mL 热纯化水中,溶解,放冷,加入碳酸氢钠溶解。另取液化苯酚加甘油搅拌,缓缓加入上述溶液中,随加随搅拌,待气泡停止后,加纯化水至 1000 mL,必要时过滤,即得。含量测定后,加着色剂曙红钠,以示外用。

(1) 请分析其处方组成。
(2) 复方硼砂溶液需要进行哪些质量检查?

 课后拓展

芳香水剂

醑剂

甘油剂

配液浓度偏高或偏低的纠正方法

过滤的影响因素

高分子溶液剂

 思政案例

案例一

"不含酒精,不辣不苦,每天两瓶,防暑解暑,太极藿香正气液!"藿香正气口服液的广告语朗朗上口,大家耳熟能详,夏天家中常备,但有报道出现服用后竟然被判酒驾!其实被交警判"酒驾"的是藿香正气水,不能与头孢这样的消炎药服用的还是藿香正气水,"藿香正气液"很无辜。《中国药典》中记载藿香正气水的名字就

是"藿香正气水",而藿香正气口服液的名字是"藿香正气口服液"。虽然他们表面看起来都是液体制剂,但是从生产工艺到口感,均是完全不同的两种药。藿香正气口服为棕色的澄清液体,味辛、微甜;藿香正气水为深棕色的澄清液体(贮存略有沉淀),味辛、苦,乙醇量应为40%~50%,酒驾的原因正在这里。

课程思政育人目标:"知其然而知所以然",酒驾的罪魁祸首是藿香正气水还是藿香正气口服液一直是大众心目中迷惑的问题,作为制药人你是否知道呢?学会运用《中国药典》也是职业能力的一部分。求真务实,辩证分析方能破解奥秘。

案例二

蓝芩口服液,是一位"山东娃",由山东医科大学和山东临淄制药厂共同研制的纯中药制剂的中成药,临床应用已有十余年。蓝芩口服液味甜微苦,呈红棕色的澄清液体,因具有清热解毒、利咽消肿的功效,故可用于治疗急性咽炎、肺胃实热证所致的咽部疼痛。

扬子江药业集团作为民族医药企业,积极响应国家中药大健康战略,积极推进品牌产品扬子江蓝芩口服液国际化进程,产品质量获得国内外权威专家一致认可,多部指南共同推荐:2010年原卫生部《手足口病诊疗指南》、2011年中医肺系病学会《咳嗽中医诊疗专家共识意见》、2012年中管局《中医药治疗手足口病临床技术指南》、2016年中国中西医结合学会《人禽流感中西医结合诊疗专家共识》、2016年中国中西医结合学会《寨卡病毒病中西医结合诊疗专家共识》、2016年中华中医药学会《中医儿科临床诊疗指南·手足口病》、2017年中华中医药学会《中医药单用联合抗生素治疗急性扁桃体炎》等。

课程思政育人目标:增强学生文化自信,民族自信,鼓励学生为发扬我国传统医药发展为己任,为药物制剂发展做出更大的贡献。

项目六　混悬剂生产管理

项目概述

本项目以磺胺嘧啶混悬剂为载体。

磺胺嘧啶为白色或类白色的结晶或粉末,无臭,无味,遇光颜色逐渐变暗,在乙醇或丙酮中微溶,在水中几乎不溶;在氢氧化钠溶液或氨溶液中易溶,在稀盐酸中溶解。此剂可用于溶血性链球菌、脑膜炎奈瑟菌、肺炎链球菌等感染的疾病。

磺胺嘧啶现主要剂型有片剂、混悬剂、注射剂(钠盐)等。本品为细微颗粒的混悬液,静置后有细微颗粒沉淀,振摇后成均匀的白色混悬液,含磺胺嘧啶应为标识量的 95.0%~105.0%。

项目准备

项目任务书

项目名称		学员姓名/学号	
起始时间		指导教师	
组长		项目成员	
学习任务	完成磺胺嘧啶混悬剂的制备,产品质量符合混悬剂质量标准。		
学习目标	**知识目标** 1. 掌握混悬剂的特点和组成。 2. 掌握混悬剂的生产工艺流程。 3. 掌握混悬剂生产相关设备操作要点。 4. 掌握混悬剂的质量检查指标。 5. 熟悉混悬剂的配制方法。 6. 熟悉混悬剂的常用稳定剂。 7. 了解混悬剂稳定性的影响因素。 8. 了解纳米混悬剂的制备方法。 **能力目标** 1. 能进行混悬剂车间洁净度级别验证与偏差分析。 2. 能进行混悬剂生产相关仪器设备管理。		

续表

学习目标	3. 能按口服液体制剂生产品种发放或悬挂生产工艺卡、标志牌,生产结束时及时收回。 4. 能及时发现混悬剂生产过程中出现的常见产品质量问题,对中间品检测结果做数据分析。 5. 能熟知防火防爆、液体制剂单元操作安全技术,按照生产工艺规程和岗位操作法进行混悬剂安全生产,懂得安全防护、危险化学品的管理。 6 按照 GMP 要求,进行混悬剂制剂的生产,完成对制备的混悬剂的质量检查。 **素质目标(含思政目标)** 1. 通过混悬剂稳定影响因素的学习与控制,培养学生精益求精的工作态度。 2. 通过混悬剂水飞法的学习,增强学生民族自豪感,培养工匠精神。 3. 通过新技术、新方法的学习,培养学生的创新意识。
工作内容与要求	
实施前	1. 填写项目任务书,明确任务目标、内容与要求。 2. 明确生产流程和操作要点。 3. 回答引导问题,填写项目预习记录,拍照上传至学习平台。
实施中	1. 穿戴整齐干净的工作服。 2. 严格按照规程完成混悬剂制备各环节的操作。 3. 严格按照规程完成微粒大小、沉降体积比、絮凝度的检查。 4. 按 GMP 要求清场。 5. 按 GMP 要求填写工作记录。
实操结束	1. 上传电子版项目工作记录和产品照片,展示产品实物。 2. 在教师引导下总结项目操作要点,系统完成相关理论知识学习。 3. 对工作记录和工作成果进行互评。
进度要求	
1. 项目操作及相关记录、项目成果、项目现场考核,在实操时间内完成。 2. 理论学习在项目完成后两天内完成。	

预习活页

项目名称			
学员姓名/学号		项目组成员	
引导问题			

1. 本项目主要涉及哪些设备?
2. 本项目用到的稳定剂有哪些?
3. 本项目的关键点在哪里?

续表

引导问题回答

项目预习记录

一、物料信息						
序号	物料名称	含量/%	来源	密度/(g/cm^3)	溶解度/(mol/L)	注意事项
1						
2						
3						
4						
5						
6						
7						
8						
9						
10						

二、操作注意事项

三、问题和建议

项目实施

一、生产指令(举例)

生产车间	口服液体制剂车间	包装规格	5 支/盒
品名	磺胺嘧啶混悬剂	生产批量	100 支
规格	100 mL	生产日期	2023-10-18
批号	231003	完成时限	2023-10-20
生产依据	磺胺嘧啶混悬剂生产工艺规程		
物料名称	规格	用量	单位	检验单号
磺胺嘧啶	药用	1	kg	YLJY2023112
氢氧化钠	药用	160	g	FLJY2023133
柠檬酸钠	药用	500	g	FLJY2023137
柠檬酸	药用	290	g	FLJY2023138
单糖浆	药用	4	L	FLJY2023139
4%羟苯乙酯乙醇溶液	药用	100	mL	FLJY2023140
纯化水	药用	10	L	FLJY2023123
编制:生产部:	审核:质管部:	批准:生产部:		

二、生产前检查

(1) 检查操作现场、状态标识牌。

(2) 确认操作间压差表在校准有效期以内,洁净走廊对缓冲间、房间压差≥5 Pa,不同洁净级别压差≥10 Pa。

(3) 确认工作区操作间有"清场(洁)状态标识"。

(4) 确认本岗位上批的清场合格证副本在有效期内,不存在任何与现操作无关的物料、容器、残留物、记录等。

(5) 确认操作间内温、湿度计在校准的有效期以内,温度在18~26 ℃,湿度≤65%。

(6) 确认设备完好并有"清场(洁)状态标识",设备及所用容器表面无异色、无可见残留物。确认工作区已清洁,不存在任何与现操作无关的物料、容器、残留物、记录等。

(7) 检查计量设施在检定周期内并进行双重核对校准。

三、生产操作

1. 生产前准备

操作人员按处方量计算批产量所需的原辅料和包装材料的用量。车间统计员和配料人员根据批生产指令从仓库领取原辅料和包装材料,填写相关记录。

2. 配料

操作人员根据生产任务和制备方案,制订物料使用计划,填写领料单,领取规定的原辅料、相应数量口服液管制瓶,按物料进出洁净区规程经脱包、缓冲后存放在指定位置,按照生产要求称量所需物料,存放于中间站,填写操作记录。

3. 理瓶与洗瓶

(1)清除外包装,根据洗瓶机速度去掉收缩膜,选出破损的口服液管制瓶,使口服液管制瓶通过输瓶网带进入洗瓶机。

(2)检查隧道式灭菌干燥机开关,检查各层流风机及排风风机是否运行,调节变频器使高温区压强高于冷却区、预热区,检查网带走动是否正常,设定高温温度为 280 ℃,升温,达到设定温度后,启动洗瓶机。

(3)将口服液管制瓶送入输瓶网带,打开电气箱后端主开关,打开纯化水阀门,将压力调至 0.2~0.3 MPa,启动水泵按钮,打开循环水阀门,将压力调至 0.2~0.3 MPa,检查超声波装置应完好正常。打开压缩空气阀门,将压力调至 0.2~0.4 MPa,打开喷淋水阀门,将压力调到 0.04~0.06 MPa。

(4)启动运行纯化水冲洗 3 次、洁净压缩空气冲 3 次,推入烘干隧道烘干。

(5)洗瓶前、中、后各检查一次清洗后的口服液瓶的洁净程度。经清洗灭菌的口服液瓶应清洁、无毛点、无残留水流出,直接转入灌装轧盖工序。

(6)生产结束后关闭电源,清理设备及环境卫生,清理生产过程中遗留物,并填写生产记录和清场记录。

4. 配液

(1)在预溶罐中加入磺胺嘧啶混悬于纯化水中,将氢氧化钠加适量纯化水溶解后缓缓加入磺胺嘧啶混悬液中,边加边搅拌,使磺胺嘧啶与氢氧化钠反应生成磺胺嘧啶钠溶解。

(2)将柠檬酸与柠檬酸钠加适量纯化水溶解,过滤,缓缓加入磺胺嘧啶钠溶液中,不断搅拌,析出磺胺嘧啶;最后加入单糖浆与羟苯乙酯乙醇溶液,加纯化水至全量,搅匀,即得。填写操作记录。

(3)生产结束后关闭电源,清理设备及环境卫生,清理生产过程中的遗留物,并填写生产记录和清场记录。

5. 灌装轧盖

(1)安装灌装组件,调整灌装针头,使之与瓶子中心对准,调整好高度。

(2)按下进瓶启动按钮,再点击理瓶启动按钮,进瓶盘开始转动后调整装量。

(3)机器开始运转,检查轧盖质量。

(4)装量和轧盖质量合格后,调节振荡斗内的铝盖输送速度,启动机器,投入正常生产操作。

(5)灌装过程中每 30 min 抽检一次装量、轧盖质量,剔除不合格品,灌装前、中、后期检查药液澄明度,并记录于批生产记录中。

(6)在收瓶室将已灌装轧盖好的制品用推板足够紧凑地装入周转盘中,每盘半成品码放整齐,转交灭菌工序。

(7)生产结束后关闭电源,清理设备及环境卫生,清理生产过程中遗留物,并填写生产记录和清场记录。

6. 灭菌

(1)根据工艺要求对各参数进行设定(置换温度、灭菌温度、灭菌时间、冷却温度、保压时间、清洗时间)。

(2)在收瓶室领取灌装轧盖后的半成品,整齐摆放,领取时应对其数量进行核对。

(3)打开进蒸汽阀、供水阀、空气压缩机,使蒸汽压力为 0.4~0.6 MPa,水源压力为 0.15~0.3 MPa,压缩空气压力为 0.4~0.6 MPa。

(4)完成 升温 → 灭菌 → 冷却 → 检漏、清洗 → 结束。打印灭菌动态曲线图,并附于批生产记录中。只进行检漏的品种不经过灭菌程序。

(5)关闭供蒸汽阀、供水阀,关闭排水阀,切断电源,从灭菌室打开柜门,将灭菌车拉入搬运车上固定,转入晾瓶室。经灭菌检漏后,剔除破损的半成品,核对数量,及时填写产品取样表,待瓶子晾干后码放在货架上,悬挂物料状态标识卡,转入贮药室。

(6)生产结束后关闭电源,清理设备及环境卫生,清理生产过程中遗留物,并填写生产记录和清场记录。

四、质量标准

参照《中国药典》(2020 年版)进行微粒大小、沉降体积比和絮凝度等方面的检测。

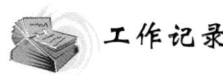 **工作记录**

1. 理瓶洗瓶岗位生产记录

产品名称:		规格:		生产批号:		生产日期: 年 月 日

生产前检查:
1. 计量器具有"周检合格证",并在周检效期内(　　)
2. 设备有"运行完好证"及"已清洁"状态标记(　　)
3. 容器具有"已清洁"状态标记(　　)
4. 该岗位门外有"清场合格证"(　　)
5. 岗位有"准许生产证"(　　)
6. 物料有"物料标识卡"、"流转证""检验报告单"(　　)
7. 岗位现场无上批生产遗留物(　　)

检查人:　　　　　复核人:　　　　　　　　　日期: 年 月 日 时 分

生产操作:1. 执行洗瓶、干燥岗位生产操作规程。
　　　　2. 依据该产品的工艺规程及主配方操作。
　　　　3. 执行设备操作规程。　　　　　　　　　　(　　　　　)

理瓶数量:　支　支/盘	损耗数:　支	理瓶人:	复核人:
洗瓶		烘瓶	
开始加热时间		烘干预热段温度/℃及压力/Pa	
开始送瓶时间		烘干灭菌段温度/℃及压力/Pa	
洗瓶段压力/Pa		烘干冷却段温度/℃及压力/Pa	
进盘速度/(支/min)		出盘数量/支	
停止送瓶时间		停机时间	

投料量:　kg　产出量:　kg　废品量:　kg　物料平衡:　%(限度　　)

操作人:　　　　　复核人:　　　　　　　　　日期: 年 月 日 时 分

清场:1. 生产操作区按"洁净区生产操作区清洁规程"清洁。
　　2. 容器具按"洁净区容器具清洁规程"清洁。
　　3. 设备按"设备清洁规程"清洁。

操作人:　　　　　复核人:　　　　　　　　　日期: 年 月 日 时 分

质量监控:	结论:	QA监控员	日期: 年 月 日
移交数量:　kg　共　件	移交人:	接收人:	日期: 年 月 日

☆生产过程异常情况:无(　　)
　　　　　　　　　有(　　)按"生产过程偏差处理管理规程"处理并附相应记录。

注:物料平衡公式:[(产出量+废品量)/投料量]×100%。

2. 配制过滤岗位生产记录

产品名称：		规格：		生产批号：		生产日期： 年 月 日	
配制总量			mL	折合		万支	

生产前检查：
1. 计量器具有"周检合格证"，并在周检效期内（　　）
2. 设备有"运行完好证"及"已清洁"状态标记（　　）
3. 容器具有"已清洁"状态标记（　　）
4. 该岗位门外有"清场合格证"（　　）
5. 岗位有"准许生产证"（　　）
6. 物料有"物料标识卡""流转证""检验报告单"（　　）
7. 岗位现场无上批生产遗留物（　　）

检查人：　　　　　复核人：　　　　　日期：　年　月　日　时　分

生产操作：1. 执行配制、过滤岗位生产操作规程。
　　　　　2. 依据该产品的工艺规程及主配方操作。
　　　　　3. 执行设备操作规程。　　　　　　　　　　　　　　（　　　　）

物料名称	批号	件数	数量	报告单号	
					加入总量： kg
					过滤起止时间：
					开始：
					结束：

产药液总量：　　　mL　　　取样量：　　　mL

操作人：　　　　　复核人：　　　　　日期：　年　月　日　时　分

清场：1. 生产操作区按"洁净区生产操作区清洁规程"清洁。
　　　2. 容器具按"洁净区容器具清洁规程"清洁。
　　　3. 设备按"清洁规程"清洁。

操作人：　　　　　复核人：　　　　　日期：　年　月　日　时　分

质量监控：　　　结论：　　QA监控员　　　　　日期：　年　月　日　时　分

移交数量：　　支,共　　件　　移交人：　　　接收人：　　　日期：　年　月　日

☆生产过程异常情况：无（　　）
　　　　　　　　　　有（　　）按"生产过程偏差处理管理规程"处理并附相应记录。

3. 灌装轧盖岗位生产记录

产品名称		规格		批号	
接液总量/L		理论装量/mL		最低装量/mL	
装量范围/mL		理论产量/支			

操作前现场检查情况		
执行的标准文件	物料	现场
设备、岗位 SOP 文件（　）	中间产品品名、批号核对（　）	清洁、清场合格标志（　）
清洁、清场 SOP 文件（　）	数量核对（　）	设备试运行良好（　）
各种记录表格（　）	合格报告单（　）	计量、器具符合要求（　）
其他有关文件（　）	包装完好（　）	其他（　）

操作记录
灌装、轧盖起止时间

装量自查记录（每 20 min 一次，每次 5 瓶）

时间／每次装量／抽检瓶次	1	2	3	4	5	平均装量/mL	检查人

内包装材料领用记录

包材名称	领用数/kg	使用数/kg	损耗数/kg	剩余数/kg	领用人

物料平衡	接液总量/L	灌装支数/支	总平均装量/mL	灌装总量/L	本批剩余药液量/L

物料平衡计算：灌装总量＝灌装瓶数×平均装量

物料平衡公式：$\dfrac{灌装总量＋本批剩余药液量＋其他废液量}{接液总量} \times 100\%$ ＝

98%≤限度≤100%　　实际为　　　　符合限度（　）　　不符合限度（　）

收率＝$\dfrac{灌装总量}{接液总量} \times 100\%$ ＝

97%≤限度≤100%　　实际为　　　　符合限度（　）　　不符合限度（　）

操作人：　　　　　　组长：　　　　　　现场 QA：

4. 灭菌检漏岗位生产记录

产品名称：		规格：		生产批号：	
生产批量：		生产日期： 年 月 日			

生产前检查：
1. 计量器具有"周检合格证"，并在周检效期内（ ）
2. 设备有"运行完好证"及"已清洁"状态标记（ ）
3. 容器具有"已清洁"状态标记（ ）
4. 该岗位门外有"清场合格证"（ ）
5. 岗位有"准许生产证"（ ）
6. 物料有"物料标识卡""流转证""检验报告单"（ ）
7. 岗位现场无上批生产遗留物（ ）

检查人：　　　　　复核人：　　　　　　　　日期：　年　月　日　时　分

生产操作：1. 执行灌装、轧盖岗位生产操作规程。
　　　　　2. 依据该产品的工艺规程及主配方操作。
　　　　　3. 执行设备操作规程。　　　　　　　　　　　　　　（　　）

半成品总量：　　　　支

项目	灭菌柜号			备注
	1	2	3	
装柜时间				
装筐数量/筐				
开汽时间				
灭菌温度/℃				
保温时间				
结束时间				

投入量：　　　支　　产出量：　　　支　　废品量：　　　支
物料平衡：　　　　%

操作人：　　　　　复核人：　　　　　　　　日期：　年　月　日　时　分

清场：1. 生产操作区按"洁净区生产操作区清洁规程"清洁。
　　　2. 容器具按"洁净区容器具清洁规程"清洁。
　　　3. 设备按"清洁规程"清洁。

操作人：　　　　　复核人：　　　　　　　　日期：　年　月　日　时　分

 支撑知识

一、混悬剂概述

混悬剂是指难溶性固体药物以固体微粒状态分散于分散介质中形成的非均匀的液体制剂,属于热力学不稳定的粗分散体系。混悬剂分散相质点在 0.1~10 μm,凝聚体的粒子可小到 0.1 μm,大到 50 μm 或更大。混悬剂多用水作为分散介质,也可用植物油。

1. 适宜制成混悬剂的药物

(1)不溶性药物需制成液体制剂应用。
(2)药物的剂量超过了溶解度而不能制成溶液剂。
(3)两种溶液混合,由于药物的溶解度降低而析出固体药物或产生难溶性化合物。
(4)与溶液剂比较,使药物缓释长效。

2. 不适宜制成混悬剂的药物

剧毒药物或剂量太小的药物,为了保证用药的安全性则不宜制成混悬剂应用。

3. 混悬剂的质量要求

(1)药物本身的化学性质稳定,使用或贮存期间药物含量符合要求。
(2)混悬颗粒细腻均匀,大小符合该剂型要求。
(3)颗粒沉降缓慢,沉降后不应结块,经振摇后能均匀分散。
(4)黏稠度适宜,倾倒时不沾瓶壁;外用者应均匀涂布,不易流散。
(5)不得出现发霉、酸败、异臭、异物、变色、产生气体等变质现象;混悬剂标签上应注明"用前摇匀"。

二、混悬剂的稳定性

混悬剂分散相粒子大于胶体粒子,绝大部分粒子失去布朗运动,由于重力作用而使粒子沉降。同时因分散相的分散度较大,由于表面自由能的作用可发生聚结,所以,混悬剂既是热力学不稳定体系,也是动力学不稳定体系。所有的混悬剂静置时都存在粒子的沉降与聚结问题。混悬剂的稳定性与下列因素有关。

(一)混悬微粒的沉降

混悬剂中微粒与分散介质之间存在密度差,在放置过程中会因重力作用,静置时会发生沉降。在一定条件下,微粒沉降速度符合斯托克斯(Stokes)定律(式 6-1)。

$$V = \frac{2r^2(\rho_1 - \rho_2)g}{9\eta} \tag{6-1}$$

式中　V——微粒沉降速度,cm/s

　　　r——微粒半径,cm

　　　ρ_1——微粒密度,g/mL

　　　ρ_2——分散介质密度,g/mL

　　　η——分散介质的黏度,Pa·s

　　　g——重力加速度,m/s²。

由以上公式可以看出,V 与 r^2、$(\rho_1-\rho_2)$ 成正比,与 η 成反比,V 越大,体系越不稳定。因此增加混悬剂的动力学稳定性,可采用以下措施:①尽可能减小微粒半径,采用适当方法将药物粉碎得越细越好。②加入高分子助悬剂,既增加了分散介质的黏度,又减少了微粒与分散介质之间的密度差,同时助悬剂被吸附于微粒的表面,形成保护膜,增加微粒的亲水性。③混悬剂中加入低分子助悬剂如糖浆、甘油等,减少微粒与分散介质之间的密度差,同时也增加混悬剂的黏度,其中最有效的方法是减小微粒半径。

(二) 混悬微粒的润湿

固体药物能否润湿与混悬剂制备的难易、质量好坏及稳定性关系极大。没润湿的药物不易均匀分散在分散介质中,微粒会漂浮或下沉。加入表面活性剂(润湿剂)可改变固体药物的润湿性,降低固液间的界面张力,去除固体微粒表面的气膜,使制成的混悬剂稳定。如加入甘油研磨制得微粒,不仅能使微粒充分润湿,而且还易于均匀混悬于分散介质中。

(三) 混悬微粒的电荷与水化

混悬剂中的微粒由于吸附或解离等原因而带电,微粒表面电荷与分散介质中相反离子之间可构成双电层,具有双电层结构,具有 ζ 电位。由于微粒表面带电,水分子可在微粒周围形成水化膜,这种水化作用随双电层的厚薄而改变。微粒的电荷与水化增加了混悬剂的聚结稳定性,因微粒相遇时受电荷的水化膜的排斥而阻止微粒合并,有利于混悬剂的稳定。

加入少量电解质,改变双电层的厚度与结构,增加混悬剂的聚结不稳定性或产生絮凝。当 ζ 电位很大时,虽然增加了混悬液的聚结稳定性,但微粒沉降后,易形成紧密的结块而难以分散。亲水性药物微粒除带电外,本身也具有较强的水化作用,受电解质的影响较小,而疏水性药物混悬剂则不同,微粒的水化作用很弱,对电解质更为敏感。

(四) 絮凝与反絮凝

混悬剂中微粒的分散度比较大,因而具有较大的表面自由能。微粒具有降低表面自由能的趋势,易于聚集,但由于微粒同种电荷的排斥力阻碍了微粒产生聚集,加入适量的电解质,能使 ζ 电位降低,可减少微粒之间的排斥力。当 ζ 电位降低到一定程度,混悬剂中的微粒可形成疏松的絮状聚集体,使混悬剂处于稳定状态。混悬微粒形成絮状聚集体的过程称为絮凝,絮凝沉降物体积较大,振摇后容易再分散,加入的电解质称为絮凝剂。为了得到稳定的混悬剂,一般应控制 ζ 电位在 20~25mV,使其恰好能产生絮凝作用。絮凝剂为不同价数的电解质,其中阴离子比阳离子絮凝作用强。絮凝作用强弱与离子价数关系很大,通常离子价数增大 1,絮凝作用可增强 10 倍。絮凝状态下的混悬剂沉降虽快,但沉降体积大,沉降物不结块,一经振摇又能迅速恢复均匀的混悬状态。

向絮凝状态的混悬剂中加入电解质,使絮凝状态变为非絮凝状态的这一过程称为反絮凝,加入的电解质称为反絮凝剂。反絮凝剂可增加混悬剂流动性,使之易于倾倒,方便取用。絮凝剂和反絮凝剂可以是不同浓度的同一电解质。

(五)晶型的转变与结晶增长

结晶性药物可能有几种晶型,称为同质多晶型,如巴比妥、黄体酮、氯霉素等都存在同质多晶型。同一种药物的多种晶型中只有一种最稳定,其他晶型都会在一定条件下,经过一定时间后转变为稳定型。但应该注意的是这种晶型转变的速度存在较大的差异,有的时间很快,有的则需要非常长的时间。在多晶型药物中,亚稳定型比稳定型溶解度大,从制剂中溶出的速度也快,吸收较好。如混悬剂中亚稳定型不断溶解而稳定型不断长大结块,从而使亚稳定型转变为稳定型,这样不仅破坏了混悬剂的稳定性,还会降低药效。一般来讲,药物的亚稳定型转变为稳定型的速度超过其制剂有效期,就失去了其在药物制剂中的实际意义。

结晶型药物制成混悬剂,微粒大小往往不一致。微粒大小的不一致性,不仅表现在沉降速度不同,还会发生结晶增长现象,影响混悬液的稳定性。微粒的溶解度和溶解速度与粒径有关,在体系中微粒的粒径相差越多,溶解度和溶解速度相差越大。实验研究表明,当药物粒径小于 0.1 μm 时,粒径越小,溶解度越大。混悬剂中的小粒子逐渐溶解变得越来越小,而大粒子变得越来越大,结果大粒子数量不断增多,使沉降速度加快,致使混悬剂稳定性降低,微粒沉降到底部易紧密排列,即小粒子易填充在稍大微粒的空隙间,底层微粒受上层微粒的压力而逐渐被压紧而沉降成饼块。因此,在制备混悬剂时,不仅要考虑到微粒大小,还应考虑粒子大小的一致性。

(六)分散相的浓度和温度

同一分散介质中,分散相的浓度增加,易使微粒碰撞结合而沉淀,混悬剂的稳定性降低。温度对混悬剂的稳定性影响更大,温度变化不仅改变药物的溶解度、溶解速度和化学稳定性,还能改变微粒的沉降速度、絮凝速度、沉降体积比,从而改变混悬剂的物理稳定性。冷冻可破坏混悬剂的网状结构,使稳定性降低。

三、混悬剂的稳定剂

混悬剂为不稳定体系,为增加其物理稳定性,在制备时常加入使混悬剂稳定的附加剂,称为稳定剂,主要包括助悬剂、润湿剂、絮凝剂和反絮凝剂等。

(一) 助悬剂

助悬剂的作用是增加混悬剂中分散介质的黏度,从而降低微粒的沉降速度;助悬剂可被吸附在微粒表面,形成机械性或电性的保护膜,增加微粒的亲水性,防止微粒间互相聚集或结晶的转型,从而增加混悬液的稳定性。理想的助悬剂助悬效果好,不黏壁,容易分散,絮凝颗粒细腻,无药理作用。可根据混悬剂中药物微粒的性质与含量,选择不同的助悬剂,常用的助悬剂有以下几种。

1. 低分子助悬剂

低分子助悬剂如甘油、糖浆、山梨醇等,可增加分散介质的黏度,也可增加微粒的亲水性。内服混悬剂应使用糖浆等,兼有矫味作用;外用制剂常使用甘油。亲水性物质宜少加,疏水性物质要多加。

2. 高分子助悬剂

(1) 天然高分子物质

①多糖类:常用阿拉伯胶、西黄蓍胶、桃胶、白及胶、果胶、海藻酸钠、糖浆等。

②蛋白质类:常用琼脂、明胶等。用天然高分子物质作为助悬剂时需要加防腐剂。

(2) 合成高分子物质 常用的有甲基纤维素、羧甲基纤维素钠、羟乙基纤维素、羟丙基甲基纤维素、聚维酮、聚乙烯醇等。它们的水溶液均透明,一般用量为 0.1%~1%,性质稳定,受 pH 的影响小,但应注意某些助悬剂可能与药物或其他附加剂有配伍变化。

(3) 硅酸类 主要是硅藻土,为胶体水合硅酸铝,不溶于水,分散于水中可带负电荷,能吸收大量水而膨胀,体积增加约 10 倍,形成高黏度液体,防止微粒聚集合并,不需要加防腐剂。常用量为 2%,当混悬液中含硅藻土 5% 以上时具有显著的触变性,但遇酸或酸式盐能降低其水化性,在 pH7 以上时,硅酸的膨胀性更大,黏度更高,制成的混悬剂更稳定,如炉甘石洗剂中加有硅藻土,助悬效果极好。由于硅藻土有特殊的泥土味道,多用于外用制剂。

(4) 触变胶 某些胶体溶液在一定温度下静置时,逐渐变为凝胶,当搅拌或振摇时,又变为溶胶。胶体溶液的这种可逆的变化性质称为触变性。具有触变性的胶体称为触变胶。2% 硬脂酸铝在植物油中形成触变胶,常用于混悬型注射液、滴眼剂的助悬剂。

(二) 润湿剂

疏水性药物不易被水润湿,加之微粒表面吸附有空气,给制备混悬剂带来困难,这时必须加入润湿剂,使药物能被水润湿,将固-气两相转变成固-液两相的结合状态,以产生较高的分散效果。甘油、乙醇等润湿剂,润湿效果不强。表面活性剂有很好的润湿效果,为常用的润湿剂,其亲水亲油平衡值(HLB 值)在 7~11,应具有适宜的溶解度。外用润湿剂可选用肥皂、十二烷基硫酸钠、硫酸化蓖麻油等。内服润湿剂可选用聚山梨酯类,如聚山梨酯 60、聚山梨酯 80 等。

(三)絮凝剂和反絮凝剂

使用絮凝剂和反絮凝剂时要注意:①同种电解质,因用量不同,可以是絮凝剂,也可以是反絮凝剂,如酒石酸盐、酸式酒石酸盐、柠檬酸盐、酸式柠檬酸盐和磷酸盐等。②要求微粒细、分散好的混悬剂,需要使用反絮凝剂。大多数需要储存放置的混悬剂宜选用絮凝剂,其沉降体系疏松,易于分散。③注意絮凝剂、反絮凝剂和助悬剂之间是否有配伍禁忌。一般絮凝剂与反絮凝剂应在试验的基础上加以选择。

四、混悬剂的制备

制备混悬剂时应考虑尽可能使混悬剂微粒分散均匀,降低微粒的沉降速度,使混悬剂稳定,其制备方法有分散法和凝聚法。

(一)分散法

将固体药物粉碎成微粒,直接分散在液体分散介质中制成混悬剂。微粒大小应符合混悬剂要求的分散程度。小剂量制备时,可直接用研钵研磨,大量制备时,可用乳匀机、胶体磨。

分散法制备混悬剂时需考虑药物的亲水性。对于氧化锌、炉甘石、碱式硝酸铋、碳酸钙、碳酸镁、磺胺类等亲水性药物,一般先干研到一定程度,再加液研磨到适宜分散度,最后加入处方中其余的液体至全量,加液研磨可使粉碎过程易于进行。加入的液体量一般为 1 份药物加 0.4~0.6 份液体,即能产生最大的分散效果。对于质重、硬度大的药物,可采用"水飞法",可使药物粉碎到极细的程度,从而有助于混悬剂稳定。

水飞法

疏水性药物制备混悬剂时,可加入润湿剂与药物共研,改善疏水性药物的润湿性。助悬剂、防腐剂、矫味剂等附加剂可先用溶剂制成溶液,制备混悬剂时作为液体使用。现代固体分散技术,如药物微化技术,应用于混悬剂的制备,可使混悬微粒更细小、更均匀,混悬剂的稳定性更好,生物利用度更高。如应用气流

水飞雄黄

粉碎机,粉碎的药物可同时进行分级,可得到 5 μm 以下均匀的微粉;胶体磨能将药物粉碎至小于 1 μm 的微粉。

(二)凝聚法

凝聚法是指通过化学或物理的方法使以分子或离子分散状态的药物溶液凝聚成不溶性的药物微粒,从而制成混悬剂的方法。

1. 物理凝聚法

物理凝聚法也称微粒结晶法,此法一般是选择适当溶剂将药物制成过饱和溶液,在急速搅拌下加至另一种不同性质的液体中,使药物快速结晶,可得到 10 μm 以下(占 80%~90%)微粒,再将微粒分散于适宜介质中制成混悬剂,如醋酸可的松

滴眼剂就是采用凝聚法制成的。

酊剂、流浸膏剂、醑剂等醇性制剂与水混合时,由于乙醇浓度降低,使原来醇溶性成分析出而形成混悬剂。配制时必须将醇性制剂缓缓注入或滴加至水中,边加边搅拌,不可将水加至醇性药液中。

2. 化学凝聚法

化学凝聚法是指两种化合物经化学反应生成不溶解的药物并悬浮于液体中制成混悬剂的一种方法。为使微粒细小均匀,化学反应应在稀溶液中进行,并应急速搅拌,如用于胃肠道透视的钡餐就是用这种方法制成的,化学凝聚法现已较少用。

五、混悬剂的质量评价

混悬剂的质量优劣,应按质量要求进行评定,评定的方法如下所示。

1. 微粒大小的测定

混悬剂中微粒大小与混悬剂的质量、稳定性、生物利用度和药效有关。因此测定混悬剂中微粒的大小、分布情况,是对混悬剂进行质量评定的重要指标。可采用显微镜法、库尔特计数法、浊度法、光散射法、漫反射法进行测定。

2. 沉降体积比的测定

混悬剂的沉降体积比的测定,可比较两种混悬剂的稳定性,用来评价稳定剂的效果以及比较处方的优劣。沉降体积比是指沉降物的体积与沉降前混悬剂的体积之比。沉降体积比检查法:除另有规定外,用具塞量筒取供试品 50 mL,密塞,用力振摇 1 min,记下混悬物开始高度 H_0(cm),静置 3 h,记下混悬物的最终高度 H(cm),沉降体积比计算见式(6-2):

$$F = H/H_0 \tag{6-2}$$

F 值在 0~1,F 值越大混悬剂越稳定。《中国药典》(2020 年版)规定:口服混悬剂(包括干混悬剂)沉降体积比应不低于 0.90。沉降体积比的测定,可考察混悬剂的稳定性,也可用于比较两种混悬液的质量优劣,评价稳定剂的效果,设计优良处方。

3. 絮凝度的测定

絮凝度是考察混悬剂絮凝程度的重要参数,用以评价絮凝剂的效果,预测混悬剂的稳定性。絮凝度用式(6-3)表示。

$$\beta = \frac{F}{F_\infty} = \frac{H/H_0}{H_\infty/H_0} = \frac{H}{H_\infty} \tag{6-3}$$

式中　F——絮凝混悬剂的沉降体积比

　　　F_∞——去絮凝混悬剂的沉降体积比

　　　β——由絮凝作用所引起的沉降体积增加的倍数

β 值越大,絮凝效果越好,则混悬剂稳定性好。例如絮凝混悬剂的 F 值为

0.90，去絮凝混悬剂的 F_∞ 值为 0.15，则 $\beta=6.0$，说明絮凝混悬剂沉降体积比是去絮凝混悬剂沉降体积比的 6 倍。用絮凝度评价絮凝剂的效果，预测混悬剂的稳定性，有重要价值。

4. 重新分散试验

优良的混悬剂经储存后再经振摇，沉降物应能很快重新分散，如此才能保证服用时混悬剂的均匀性和药物剂量的准确性。重新分散试验方法：将混悬剂置于带塞的 100 mL 量筒中，密塞，放置沉降，然后以 20 r/min 的转速转动，经一定时间旋转，量筒底部的沉降物应重新均匀分散，重新分散所需旋转次数越少，表明混悬剂再分散性能越好。

5. 流变学测定

采用旋转黏度计测定混悬液的流动曲线，根据流动曲线的形态确定混悬液的流动类型，用以评价混悬液的流变学性质。如测定结果为触变流动、塑性触变流动和假塑性触变流动，就能有效地减慢混悬剂微粒的沉降速度。

6. ζ 电位测定

混悬剂中微粒具有双电层，即 ζ 电位。ζ 电位的大小可表明混悬剂的存在状态。一般 ζ 电位在 25 mV 以下，混悬剂呈絮凝状态；电位在 50～60 mV 时，混悬剂呈反絮凝状态。可用电泳法测定混悬剂的 ζ 电位。

 新剂型

中药纳米混悬剂

 学习效果检测

一、在线检测

测试 1 　混悬剂概述　　　　测试 2 　混悬剂稳定性　　　　测试 3 　混悬剂制备及质量检查

二、项目考核

1. 按照附录 1 实操项目考核表进行小组和自我评价。
2. 将项目记录表格上传至学习平台,同时提交实物,以供教师进行评价。

三、分析与探究

1. 探究

干混悬剂是指难溶性药物与适宜辅料制成粉状物或粒状物,临用时加水振摇即可分散成口服混悬液。干混悬剂冲服得到的液体制剂与颗粒剂质量检查要求相同吗?干混悬剂质量检查的要求是什么?

2. 案例:复方硫黄洗剂

处方:沉降硫 30 g,硫酸锌 30 g,樟脑酯 250 mL,甘油 100 mL,甲基纤维素 5 g,纯化水加至 1000 mL。

制法:取甲基纤维素加适量纯化水制成胶浆;另取沉降硫分次加甘油研至细腻后,与胶浆混合;取硫酸锌溶于 200 mL 纯化水中过滤,将滤液缓缓加入混合液中,再缓缓加入樟脑酯,随加随研至混悬状,添加纯化水至全量,搅匀,即得。

根据以上内容回答以下问题。

(1)复方硫黄洗剂中甘油、甲基纤维素的作用是什么?
(2)能否选用软肥皂做润湿剂?为什么?

课后拓展

干混悬剂

炉甘石洗剂

洗剂

磺胺嘧啶混悬剂

搽剂

思政案例

案例一

2023年3月29日,第八批国家组织药品集中采购在海南省陵水县产生拟中选结果,此次集采共有39种药品采购成功,拟中选药品平均降价56%,国家医保局表示,治疗甲型流感的磷酸奥司他韦干混悬剂平均降价83%,将大幅提高抗病毒药物可及性。

课程思政育人目标:"江山就是人民,人民就是江山",国家政府部门药品集中带量采购,促进医保、医疗、医药协同发展和治理,切实保障人民权益,坚持为人民服务的初心不变。

案例二

自2018年起,磷酸奥司他韦被《流行性感冒治疗指南》列为流感推荐药物,主要用于流感的治疗。目前已经在全球60多个国家和地区上市,为全球公认的最有效的防治流感药物之一,也是公认的抗禽流感、甲型H1N1病毒最有效的药物之一。奥司他韦干混悬剂可以补充颗粒剂、胶囊剂在一定年龄段儿童适应症及用法用量的空白。

课程思政育人目标:药品生产企业走上重创新、重质量的发展新路,体现了中国负责任的大国情怀与大国担当,使同学们更加热爱自己的祖国,为祖国的强大贡献自己的力量。"殷殷之情俱系华夏,寸寸丹心皆为家国"。

项目七 乳剂生产管理

 项目概述

本项目以鱼肝油乳剂为载体。

鱼肝油为维生素类药,用于治疗佝偻病和夜盲症、小儿手足抽搐症,以及预防和治疗维生素 A、维生素 D 缺乏症。鱼肝油为黄色至橙红色澄清液体,微有特异鱼腥臭,但无油臭。鱼肝油乳为乳白色或微黄色的均匀乳状黏稠液体,需要加入温开水中服用。

本项目中鱼肝油乳剂为 O/W 型乳剂,以阿拉伯胶为乳化剂,西黄蓍胶为辅助乳化剂,尼泊金乙酯为防腐剂等制备而成。本品每毫升含维生素 A 300IU,维生素 D 230IU。

 项目准备

项目任务书

项目名称		学员姓名/学号	
起始时间		指导教师	
组长		项目成员	
学习任务	完成鱼肝油乳剂的制备,产品质量符合乳剂质量标准。		
学习目标	**知识目标** 1. 掌握乳剂的特点、组成和类别。 2. 掌握不同类型乳剂的鉴别方法。 3. 掌握表面活性剂的分类和基本特征。 4. 掌握乳剂常用的制备方法和操作要点。 5. 熟悉乳化剂的种类。 6. 熟悉乳剂的稳定性。 7. 了解纳米乳的特点和制备方法。 8. 了解乳剂的质量评价。 **能力目标** 1. 进行乳剂车间洁净度级别验证与偏差分析。 2. 能较好地进行乳剂生产相关仪器设备管理,熟练使用乳化机进行乳化操作。		

续表

学习目标	3. 能正确处理乳剂生产过程中出现的问题,对中间品检测结果做数据分析,参与偏差调查。 4. 能进行乳剂生产现场的岗位质量控制与安全管理,监督整个工艺操作与工艺规程、岗位操作法的一致性等。 5. 能进行物料信息标识的使用和管理、物料平衡管理。 **素质目标(含思政目标)** 1. 通过乳剂种类的鉴别的学习,培养学生细致观察的能力。 2. 通过乳剂的制备学习,培养学生精益求精的职业精神。 3. 通过乳剂质量评价的学习,培养学生安全意识。 4. 通过纳米乳的应用学习,培养学生的创新意识。
工作内容与要求	
实施前	1. 填写项目任务书,明确任务目标、内容与要求。 2. 明确生产流程和操作要点。 3. 回答引导问题,填写项目预习记录,拍照上传至学习平台。
实施中	1. 穿戴整齐干净的工作服。 2. 严格按照规程完成乳剂制备各环节操作。 3. 严格按照规程完成粒径大小、分层现象、装量差异的检查。 4. 按 GMP 要求清场。 5. 按 GMP 要求填写工作记录。
实操结束	1. 上传电子版项目工作记录和产品照片,展示产品实物。 2. 在教师引导下总结项目操作要点,系统完成相关理论知识学习。 3. 对工作记录和工作成果进行互评。
进度要求	
1. 项目操作及相关记录、项目成果、项目现场考核,应在实操时间内完成。 2. 理论学习在项目完成后两天内完成。	

预习活页

项目名称			
学员姓名/学号		项目组成员	
引导问题			

1. 本项目中所用乳化剂是哪些?
2. 本项目处方中各辅料起什么作用?
3. 项目生产中哪些是关键点?

续表

引导问题回答

项目预习记录

一、物料信息						
序号	物料名称	含量/%	来源	密度/ (g/cm^3)	溶解度/ (mol/L)	注意事项
1						
2						
3						
4						
5						
6						
7						
8						
9						
10						
二、操作注意事项						
三、问题和建议						

一、生产指令(举例)

生产车间	口服液体制剂生产车间	包装规格	500 mL/瓶
品名	鱼肝油乳剂	生产批量	200 瓶
规格	500 mL	生产日期	2023-10-18
批号	231003	完成时限	2023-10-20
生产依据	鱼肝油乳剂生产工艺规程		
物料名称	规格	用量	单位	检验单号
鱼肝油	药用	36.8	L	YLJY2023111
聚山梨酯80	药用	1.25	kg	FLJY2023043
西黄蓍胶	药用	900	g	FLJY2023044
甘油	药用	1.9	kg	FLJY2023045
苯甲酸	药用	150	g	FLJY2023046
糖精	药用	30	g	FLJY2023047
杏仁油香精	药用	280	g	FLJY2023048
香蕉油香精	药用	90	g	FLJY2023049
纯化水	药用	至 100	L	FLJY2023023
编制: 生产部:		审核: 质管部:		批准: 生产部:

二、生产前检查

(1)检查操作现场、状态标识牌。

(2)确认操作间压差表在校准有效期以内,洁净走廊对缓冲间、房间压差≥5 Pa,不同洁净级别压差≥10 Pa。

(3)确认工作区操作间有"清场(洁)状态标识"。

(4)确认本岗位上批的清场合格证副本在有效期内,不存在任何与现操作无关的物料、容器、残留物、记录等。

(5)确认操作间内温、湿度计在校准的有效期以内,温度在 18～26 ℃,湿度≤65%。

(6)确认设备完好并有"清场(洁)状态标识",设备及所用容器表面无异色、无可见残留物;确认工作区已清洁,不存在任何与现操作无关的物料、容器、残留物、记录等。

(7)检查计量设施在检定周期内并进行双重核对校准。

三、生产操作

1. 配料

操作人员根据生产任务和制备方案,制订物料使用计划,填写领料单,根据批生产指令,一一核对物料标签、品名、批号、数量、规格等,并检查包装有无破损。按批记录称量原辅料,按物料进出洁净区规程经脱包、缓冲后存放于指定位置,按照生产要求称量所需物料,经 QA 复核后,用洁净周转桶装好,填写好物料传递单,运至生产区。填写操作记录。

2. 配液

(1)将配料罐注入纯化水,开汽升温至(80±2)℃,加入糖精,450 r/min 搅拌 5 min 后,在(60±2)℃保温。将配制糖浆温度降至 50~60 ℃时,泵至配料罐中,搅拌均匀,混合温度控制在 50~60 ℃。

(2)称取少量鱼肝油,将苯甲酸、西黄蓍胶润匀至配料罐内,加热至 55~50 ℃,搅拌 5 min;再加入聚山梨酯 80 搅拌 20 min,缓慢均匀地加入鱼肝油,搅拌 80 min 后加入香蕉油香精、杏仁油香精,搅拌 10 min 后粗乳液即成。

(3)配料罐中,混合搅拌 90 min 得细腻的乳液,经不锈钢多层过滤器过滤(200 目尼龙滤布),填写请验单交 QA 取样送检。待半成品检验(含量)合格后,泵至卧式储罐。在配料过程中,中间体药液在储罐保存时间不得超过 24 h。

(4)生产结束后关闭电源,清理设备及环境卫生,清理生产过程中遗留物,并填写生产记录和清场记录。

3. 灌装与封口

(1)用直线式灌装机进行(瓶装)试灌、灌装轧盖机进行(支装)试灌,调整装量合格后进行正式灌装,每隔 30 min 测装量一次并记录,试灌药液做回收处理。

(2)瓶装封口过程按《旋盖机标准操作程序》执行,支装轧盖过程按《口服液灌轧机标准操作程序》执行,每 15 min 抽查封口、轧盖质量,要求封口严密,不得漏液,旋盖时一定要将瓶盖拧紧到位、轧盖时要确保轧盖到位,保证其密封性。将灌封好的鱼肝油乳通过传递窗转到外包间,通知 QA 取样送检。

(3)生产结束后关闭电源,清理设备及环境卫生,清理生产过程中的遗留物,并填写生产记录和清场记录。

四、质量标准

鱼肝油乳为乳白色或微黄色的均匀乳状黏稠液体,味香甜。本品每毫升含维生素 A 300 IU,维生素 D 230 IU。

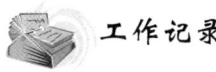 **工作记录**

1. 理瓶洗瓶岗位生产记录

产品名称:		规格:		生产批号:		生产日期: 年 月 日	
生产前检查: 1. 计量器具有"周检合格证",并在周检效期内(　　) 2. 设备有"运行完好证"及"已清洁"状态标记(　　) 3. 容器具有"已清洁"状态标记(　　) 4. 该岗位门外有"清场合格证"(　　) 5. 岗位有"准许生产证"(　　) 6. 物料有"物料标识卡""流转证""检验报告单"(　　) 7. 岗位现场无上批生产遗留物(　　)							
检查人:		复核人:			日期: 年 月 日 时 分		
生产操作:1. 执行洗瓶、干燥岗位生产操作规程。 　　　　2. 依据该产品的工艺规程及主配方操作。 　　　　3. 执行设备操作规程。　　　　　　　　　　　(　　　　　)							
理瓶数量: 个 个/盘				损耗数: 个		理瓶人:	复核人:
洗瓶			烘瓶				
开始加热时间			烘干预热段温度/℃及压力/Pa				
开始送瓶时间			烘干灭菌段温度/℃及压力/Pa				
洗瓶段压力/Pa			烘干冷却段温度/℃及压力/Pa				
进盘速度/(瓶/min)			出盘数量/瓶				
停止送瓶时间			停机时间				
投料量: kg 产出量: kg 废品量: kg						物料平衡: %(限度)	
操作人:		复核人:			日期: 年 月 日 时 分		
清场:1. 生产操作区按"洁净区生产操作区清洁规程"清洁。 　　2. 容器具按"洁净区容器具清洁规程"清洁。 　　3. 设备按"设备清洁规程"清洁。							
操作人:		复核人:			日期: 年 月 日 时 分		
质量监控:	结论:			QA监控员		日期: 年 月 日	
移交数量: 瓶 共 件				移交人:	接收人:	日期: 年 月 日	
☆生产过程异常情况:无(　　) 　　　　　　　　　有(　　)按"生产过程偏差处理管理规程"处理并附相应记录。							

备注:物料平衡公式:[(产出量+废品量)/投料量]×100%

2. 配料岗位生产记录

产品名称：		规格：		生产批号：		生产日期：	年 月 日
配制总量			mL	折合		万支	

生产前检查：
1. 计量器具有"周检合格证"，并在周检效期内（   ）
2. 设备有"运行完好证"及"已清洁"状态标记（   ）
3. 容器具有"已清洁"状态标记（   ）
4. 该岗位门外有"清场合格证"（   ）
5. 岗位有"准许生产证"（   ）
6. 物料有"物料标识卡""流转证""检验报告单"（   ）
7. 岗位现场无上批生产遗留物（   ）

检查人：	复核人：	日期： 年 月 日 时 分

生产操作：1. 执行配料岗位生产操作规程。
　　　　　2. 依据该产品的工艺规程及主配方操作。
　　　　　3. 执行设备操作规程。　　　　　　　　　　　　（   ）

物料名称	批号	件数	数量	报告单号	
					加入总量： kg
					开始：
					结束：

产料总量：	mL	取样量：	mL		
操作人：	复核人：		日期： 年 月 日 时 分		

清场：1. 生产操作区按"洁净区生产操作区清洁规程"清洁。
　　　2. 容器具按"洁净区容器具清洁规程"清洁。
　　　3. 设备按"清洁规程"清洁。

操作人：	复核人：	日期： 年 月 日 时 分
质量监控：	结论： QA 监控员	日期： 年 月 日 时 分
移交数量： mL 共 件	移交人： 接收人：	日期： 年 月 日

☆生产过程异常情况：无（   ）
　　　　　　　　　　有（   ）按"生产过程偏差处理管理规程"处理并附相应记录。

3. 灌装轧盖岗位生产记录

产品名称			规格		批号	
接液总量/L			理论装量/mL		最低装量/mL	
装量范围/mL			理论产量/瓶			
操作前现场检查情况							
执行的标准文件			物料		现场	
设备、岗位 SOP 文件	(　　)		中间产品品名、批号核对	(　　)	清洁、清场合格标志	(　　)
清洁、清场 SOP 文件	(　　)		数量核对	(　　)	设备试运行良好	(　　)
各种记录表格	(　　)		合格报告单	(　　)	计量、器具符合要求	(　　)
其他有关文件	(　　)		包装完好	(　　)	其他	(　　)
操作记录						
灌装、轧盖起止时间						
装量自查记录(每 20 min 一次,每次 5 瓶)						

时间 / 每次装量 / 抽检瓶次	1	2	3	4	5	平均装量/mL	检查人

内包装材料领用记录

包材名称	领用量/kg	使用量/kg	损耗量/kg	剩余量/kg	领用人

物料平衡	接液总量/L	灌装瓶数/瓶	总平均装量/mL	灌装总量/L	本批剩余药液量/L

物料平衡计算:灌装总量=灌装瓶数×平均装量

物料平衡公式: $\dfrac{灌装总量 + 本批剩余药液量 + 其他废液量}{接液总量} \times 100\% =$

98%≤限度≤100%　　实际为　　　　符合限度　(　　)　　不符合限度　(　　)

收率 $= \dfrac{灌装总量}{接液总量} \times 100\% =$

97%≤限度≤100%　　实际为　　　　符合限度　(　　)　　不符合限度　(　　)

操作人:　　　　　　组长:　　　　　现场 QA:

 支撑知识

一、概述

乳剂是指两种互不相溶的液体混合物,且其中一种液体以细小液滴的形式分散在另一种液体中形成的非均相液体制剂。乳剂由水相(W)、油相(O)和乳化剂组成,三者缺一不可。

(一)乳剂的类型

1. 按内、外相组成不同分类

一种液体往往是水或水溶液,用 W 表示,另一种则是与水互不相混溶的有机液体,统称为"油",用 O 表示。分散的液滴称为分散相、内相或不连续相,包在外面的液体称为分散介质、外相或连续相,一般分散相直径在 $0.1 \sim 100\ \mu m$。"油"为分散相,分散在水中,称为水包油(O/W)型乳剂;水为分散相,分散在"油"中,称为油包水(W/O)型乳剂;也可制成复乳,如 W/O/W 型或 O/W/O 型。乳剂的类型,主要决定于乳化剂的种类、性质及油水两相的比例,乳剂类型的鉴别方法见表 7-1。

表 7-1　乳剂类型的鉴别

鉴别方法	O/W 型	W/O 型
比色法	常为乳白色	与油色相近
稀释法	可被水稀释	可被油稀释
导电法	导电	几乎不导电
加入水性染料	外相染色	内相染色
加入油性染料	内相染色	外相染色

2. 按乳滴大小分类

(1)普通乳　普通乳液滴粒径大小一般在 $1 \sim 100\ \mu m$,这时的乳剂为乳白色不透明的液体。

(2)亚微乳　粒径大小一般在 $0.1 \sim 1.0\ \mu m$,亚微乳常作为胃肠外给药的载体。静脉注射乳剂应为亚微乳,粒径可控制在 $0.25 \sim 0.4\ \mu m$。

(3)纳米乳　当乳滴粒子小于 100 nm 时称为纳米乳,纳米乳粒径一般在 $10 \sim 100\ nm$。

(二)乳剂的特点

乳剂作为一种药物载体,其主要特点包括以下几点:①油类和水不能混合,因此分剂量不准确,制成乳剂后可克服此缺点,且应用比较方便。②水包油型乳剂可掩盖药物的不良臭味,并可加入矫味剂。③能改善外用乳剂对皮肤、黏膜的渗透

性,减少刺激性。④吸收快,生物利用度高。⑤静脉注射乳剂有靶向性。

二、乳化剂

(一)乳化剂的基本要求

优良的乳化剂应具备以下条件:①乳化能力强,能在分散相液滴周围形成牢固的界面膜。②性质稳定,对外界影响稳定。③具有一定的生理适应能力,无毒副作用,无刺激性。

(二)乳化剂的种类

常用乳化剂按其性质不同,可以分为三类,即天然乳化剂、合成乳化剂、固体粉末乳化剂。

1. 天然乳化剂

天然乳化剂的种类较多,组成复杂,大多为高分子有机化合物,其主要特点是:乳化能力强,具有较强的亲水性,为 O/W 型乳剂的乳化剂;表面活性小,能形成稳定的多分子乳化膜;在水中的黏度比较大,能增加乳剂的稳定性,可作为增稠剂;天然乳化剂易受微生物的污染,需临时配制或添加适当的防腐剂。天然乳化剂常用品种有以下几类。

(1)阿拉伯胶　为 O/W 型乳剂的乳化剂,其黏度较低,制成的乳剂易分层,所以常与西黄蓍胶、果胶等合用。pH 在 2~10 时较稳定,主要作为内服乳剂的乳化剂,常用浓度为 10%~15%。

(2)西黄蓍胶　其水溶液黏度较高,pH 为 5 时黏度最大,但其乳化能力较差,一般不单独作为乳化剂,多与阿拉伯胶合用以增加制剂的稳定性和黏度,常用浓度为 1%~2%。

(3)明胶　为两性蛋白质,作为 O/W 型乳化剂使用,形成的界面膜可随 pH 的不同而带正电荷或负电荷,在明胶等电点时所得的乳剂最不稳定,用量为油的 1%~2%。因明胶易腐败,制剂中需加防腐剂。

(4)磷脂　乳化能力强,一般用量为 1%~3%,可供内服或外用,纯品可注射用。

(5)其他物质　白及胶、琼脂、海藻酸钠、果胶、桃胶、胆固醇等,有些在乳剂中作为辅助乳化剂。

2. 合成乳化剂

合成乳化剂主要指表面活性剂,其种类多、乳化能力强,容易在乳滴周围形成单分子乳化膜,性质较稳定,应用越来越广泛,有逐步取代天然乳化剂的倾向。这类乳化剂混合使用效果更好,详细介绍见后面的表面活性剂。

3. 固体粉末乳化剂

有些不溶性的固体粉末能被润湿到一定程度,在两相之间形成固体微粒乳化膜,防止分散相液滴接触合并,而且不受电解质的影响。硅藻土、氢氧化镁、氢氧化铝、二氧化硅、白陶土等能被水更多润湿,可用于制备 O/W 型乳剂;氢氧化钙、氢氧化锌、硬脂酸镁等能被油更多润湿,可用于制备 W/O 型乳剂。

(三) 乳化剂的选择

乳化剂的种类很多,制备乳剂时应根据使用目的、药物的性质、处方的组成,根据制备乳剂的类型和乳化方法等综合考虑,选用适宜的乳化剂。

1. 根据乳剂的类型选择

在乳剂的处方设计时应先确定乳剂的类型,根据乳剂的类型选择适宜的乳化剂。要制备 O/W 型乳剂应选择 O/W 型乳化剂,W/O 型乳剂则选择 W/O 型乳化剂。乳化剂的 HLB 值为选择乳化剂提供重要依据。

2. 根据乳剂的给药途径选择

根据乳剂的给药途径主要考虑乳化剂的毒性和刺激性,如为口服乳剂应选择无毒性的天然乳化剂或某些亲水性非离子型表面活性剂。外用乳剂应选择无刺激性乳化剂,并要求长期应用无毒性。注射用乳剂则应选择磷脂、泊洛沙姆等乳化剂为宜。

3. 根据乳化剂的性能选择

各种乳化剂的性能不同,应选择乳化能力强、性质稳定、受外界各种因素影响小、无毒、无刺激性的乳化剂。

4. 混合乳化剂的选择

将乳化剂混合使用可改变 HLB 值,使乳化剂的适应性增大,形成更为牢固的乳化膜,并增加乳剂的黏度,从而增加乳剂的稳定性。各种油的介电常数不同,形成稳定乳剂所需要的 HLB 值不同。乳化剂混合使用时,必须符合油相对 HLB 值的要求。

三、表面活性剂

(一) 概述

物质相与相之间的交界面称为界面,一般把有气体组成的界面称为表面,在界面上所发生的一切物理化学现象称为界面现象(习惯上也称为表面现象)。表面活性剂是指具有很强的表面活性、能够显著降低表面张力的物质。表面活性剂除可以降低表面张力外,还具有增溶、乳化、润湿、去污、杀菌、消泡和起泡等作用。有些物质如乙醇、甘油等低级醇,由于不具备表面活性剂分子结构特征,所以它们虽具有一定的降低表面张力的能力,但不完全具备其他作用,因此不属于表面活性剂。

表面活性剂结构中同时含有亲水性和疏水性两种性质的基团,如图 7-1 所示。表面活性剂一端为亲水的极性基团,如羧酸、磺酸、氨基或胺基及它们的盐,也可是羟基、酰胺基、醚键等,亲水基团易溶于水或易被水湿润;另一端为亲油的非极性烃链,烃链的长度一般在 8 个碳原子以上,疏水基团具有亲油性。由于表面活性剂亲水基团和疏水基团分别选择性地作用于界面不同极性的物质,从而显现出降低表面张力的作用。例如,肥皂是脂肪酸钠(R·COONa),其碳氢链 R 为亲油基团,—COONa 为亲水基团。

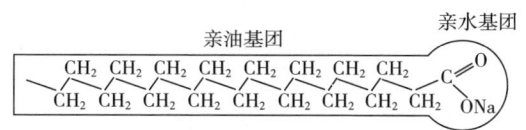

图 7-1　表面活性剂的化学结构(硬脂酸钠结构)

(二)表面活性剂的分类

表面活性剂根据其解离情况可分为离子型和非离子型两大类,其中离子型表面活性剂又分为阴离子型、阳离子型和两性离子型 3 类。

1. 阴离子型表面活性剂

阴离子型表面活性剂起表面活性作用的是阴离子部分,即带负电荷的部分,如肥皂、硫酸化物和磺酸化物。

(1)肥皂类　为高级脂肪酸的盐,其分子结构通式为$(RCOO^-)_n M^{n+}$,常用脂肪酸的烃链在 $C_{11} \sim C_{18}$,以硬脂酸、油酸、月桂酸等较常用。根据其金属离子 M^{n+} 的不同,可分为碱金属皂(如油酸钠)、碱土金属皂(如硬脂酸钙)。

本类表面活性剂的共同特点是具有良好的乳化能力,容易被酸所破坏,碱金属皂还可被钙、镁盐等破坏,电解质可使之盐析,具有一定的刺激性,一般用于外用制剂。

(2)硫酸化物　为硫酸化油和高级脂肪醇硫酸酯类,其分子结构通式为 $RO-SO_3^- M^+$,其中 R 在 $C_{12} \sim C_{18}$。常用的为高级脂肪醇硫酸酯类,如十二烷基硫酸钠(月桂醇硫酸钠),其乳化能力很强,较肥皂类稳定,在低浓度时对黏膜有一定的刺激作用,所以应用受到一定限制,主要用于外用乳膏的乳化剂,有时也用作为增溶剂,但不宜用于注射剂。

(3)磺酸化物　主要有脂肪族磺酸化物、烷基芳基磺酸化物、烷基萘磺酸化物等,其水溶性和耐钙、镁盐的能力虽比硫酸化物稍差,但在酸性介质中不易水解,特别在酸性水溶液中稳定,可作为优良的洗涤剂。

2. 阳离子型表面活性剂

阳离子型表面活性剂起表面活性作用的是阳离子部分,分子结构中含有一个五价的氮原子,也称为季铵盐型阳离子表面活性剂。其水溶性大,在酸性与碱性溶液中均较稳定,具有良好的表面活性和杀菌作用,但对人体有害,因此本类表面活性剂主要用于杀菌和防腐,常用的有苯扎氯铵(洁尔灭)、苯扎溴铵(新洁尔灭)等。

3. 两性离子型表面活性剂

两性离子型表面活性剂的分子结构中同时具有正、负离子基团,在不同 pH 介质中可表现出阳离子或阴离子表面活性剂的性质,在碱性水溶液中呈现阴离子表面活性剂的性质,具有起泡性、去污力;在酸性水溶液中则呈现阳离子表面活性剂的性质,具有杀菌能力。两性离子型表面活性剂根据来源不同,有天然的,也有人工合成制品。

(1) 磷脂　磷脂是天然的两性离子型表面活性剂,由磷酸酯型的阴离子部分和季铵盐型阳离子部分组成,主要来源于大豆和蛋黄,分别称为大豆磷脂和蛋黄卵磷脂。磷脂的成分比较复杂,包括磷脂酰胆碱、磷脂酰乙醇胺、脑磷脂、丝氨酸磷脂、肌醇磷脂、磷脂酸等。不同来源及不同制备过程的磷脂中,各组分的比例可发生很大的变化,从而影响其性能。磷脂有两个疏水基团,故不溶于水,但对油脂的乳化能力很强,可制成油滴很小不易被破坏的乳剂。本品毒副作用小,可用于注射用乳剂及脂质体的制备,也可用作增溶剂。

(2) 合成的两性离子型表面活性剂　本类表面活性剂的阴离子部分主要是羧酸盐,阳离子部分主要是胺盐或季铵盐。由胺盐构成者即为氨基酸型,由季铵盐构成者即为甜菜碱型。氨基酸型在等电点(一般为微酸性)时,亲水性减弱,可能产生沉淀;甜菜碱型不论在酸性、碱性或中性溶液中均易溶解,在等电点时也无沉淀,适用于任何 pH 环境。

4. 非离子型表面活性剂

非离子型本类表面活性剂在水中不解离,其分子结构中亲水基团多为甘油、聚乙二醇和山梨醇等多元醇,亲油基团多为长链脂肪酸或长链脂肪醇以及烷基或芳基等,它们以酯键或醚键相结合,因而有许多不同的品种。此种表面活性剂由于不解离,不受电解质和溶液 pH 的影响,毒性和溶血性小,能与大多数药物配伍,在药剂中应用广泛,常用作增溶剂、乳化剂、润湿剂等。此种表面活性剂可供外用或内服,个别品种可作注射剂的附加剂。

(1) 蔗糖脂肪酸酯类(简称蔗糖酯)　是蔗糖与脂肪酸反应生成的一大类化合物,有单酯、二酯、三酯及多酯。如蔗糖硬脂酸酯,主要用作增溶剂、乳化剂。

(2) 脂肪酸山梨坦类(司盘类)　为脱水山梨醇脂肪酸酯类,即山梨醇与各种不同的脂肪酸缩合形成的酯类化合物,商品名为司盘类(Spans)。由于山梨醇羟基脱水位置不同,故有各种异构体,其结构通式见图 7-2。

脂肪酸山梨坦类亲油性较强,HLB 值为 1.8~8.6,一般用作 W/O 型乳剂的乳化剂或 O/W 型乳剂的辅助乳化剂。山梨坦月桂酸酯和山梨坦棕榈酸酯与聚山梨酯类配伍常作 O/W 型乳剂的混合乳化剂使用。

根据所结合的脂肪酸种类和数量的不同,本类表面活性剂有以下常用品种:山

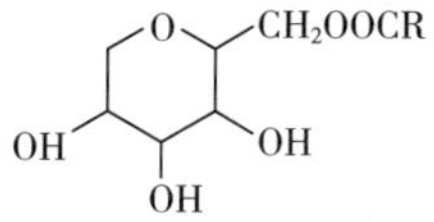

图 7-2 脱水山梨醇脂肪酸酯类结构通式（RCOO⁻为脂肪酸根，山梨醇为六元醇，因脱水而环合）

梨坦月桂酸酯（司盘20）、山梨坦棕榈酸酯（司盘40）、山梨坦硬脂酸酯（司盘60）、山梨坦油酸酯（司盘80）、山梨坦三油酸酯（司盘85）等。

（3）聚山梨酯类（吐温类） 为聚氧乙烯脱水山梨醇脂肪酸酯类，这类表面活性剂是在脂肪酸山梨坦类游离羟基的基础上，结合聚氧乙烯基而制得的醚类化合物，商品名为吐温（Tweens），其结构通式见图7-3。聚山梨酯类是黏稠的黄色液体，对热稳定，但在酸、碱和酶作用下也会水解。由于分子中含有大量亲水性的聚氧乙烯基，故其亲水性显著增强，成为水溶性表面活性剂。聚山梨酯类主要用作增溶剂、O/W 型乳化剂、润湿剂和助分散剂。

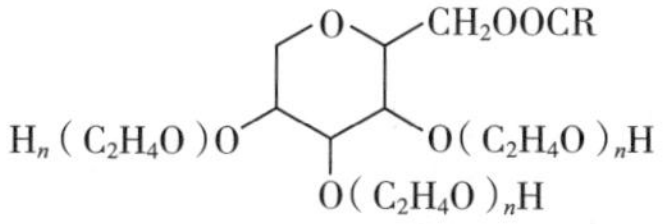

图 7-3 聚氧乙烯脱水山梨醇脂肪酸酯类结构通式[（C_2H_4O）$_n$$O^-$为聚氧乙烯基]

根据所结合脂肪酸种类和数量的不同，本类表面活性剂常用的有：聚山梨酯20、聚山梨酯40、聚山梨酯60、聚山梨酯80 等。

（4）聚氧乙烯脂肪酸酯类 其为由聚乙二醇与长链脂肪酸缩合而成的酯，商品名为卖泽（Myrij）类。该类表面活性剂的水溶性和乳化性很强，常用作 O/W 型乳剂的乳化剂，常用的有硬脂酸聚烃氧（40）酯、油酸聚氧乙烯酯。

（5）聚氧乙烯脂肪醇醚类 其为由聚乙二醇与脂肪醇缩合而成的醚，商品名为苄泽（Brij）类。该类表面活性剂均具有较强的亲水性，常用作增溶剂及 O/W 型乳化剂。

（6）聚氧乙烯-聚氧丙烯共聚物 由聚氧乙烯与聚氧丙烯聚合而成，聚氧乙烯具有亲水性，而聚氧丙烯基随着分子质量的增大亲油性增强，本品又称泊洛沙姆，商品名为普朗尼克（Pluronic），该类表面活性剂对皮肤无刺激性和过敏性，对黏膜刺激性极小，毒性也比其他非离子型表面活性剂小。常用的有泊洛沙姆188、泊洛沙姆407，其中泊洛沙姆188 作为一种 O/W 型乳化剂，是目前用于静脉乳剂的首选合成乳化剂，用本品制备的乳剂能够耐受热压灭菌和低温冰冻而不改变其物理稳定性。

(三)表面活性剂的基本特性

1. 胶束的形成

(1)临界胶束浓度　将表面活性剂加入水中,低浓度时可被吸附在溶液表面,亲水基团朝向水中,亲油基团朝向空气中,在表面定向排列。表面活性剂溶于水,形成正吸附达到饱和后,溶液表面不能再吸附,此时当增加表面活性剂在溶液中的浓度时,表面活性剂分子即逐步转入溶液内部,因其具备两亲性,致使表面活性剂分子亲油基团之间相互吸引、缔合,从而形成中心区域为亲油性的表面活性剂胶束。如果我们将表面活性剂加入到油相中,由于相同的作用机制,在油相中会形成中心区域为亲水性的表面活性剂胶束。表面活性剂分子缔合形成胶束的最低浓度称为临界胶束浓度(CMC),单位体积内胶束数量几乎与表面活性剂的总浓度成正比。到达临界胶束浓度时,分散系统由真溶液变成胶体溶液,增溶作用增强,起泡性能和去污力加大,渗透压、电导率、密度和黏度发生突变,并出现丁达尔现象等理化性质的变化。

表面活性剂浓度增加变化图

胶束结构图

(2)胶束的结构　当表面活性剂在一定浓度范围时,在水溶液中的胶束呈球状结构,其表面为亲水基团,亲油基团上与亲水基团相邻的一些次甲基排列整齐形成栅状层,而亲油基团则紊乱缠绕形成内核,有非极性液态性质(在油性溶液中胶束的极性与之相反)。水分子(或油分子)通过与亲水基团(或亲油基团)的相互作用可深入栅状层内。如图7-4所示,随着表面活性剂浓度的增大,胶束结构还可呈现球状、棒状、束状、板状及层状等。

反胶束示意图

2. 亲水亲油平衡值(HLB值)

表面活性剂亲水亲油能力的强弱取决于其分子结构中亲水基团和亲油基团的多少。用来表示表面活性剂亲水亲油能力强弱的数值是亲水亲油平衡值,简称HLB值。表面活性剂的HLB值越高,其亲水性越强;HLB值越低,其亲油性越强。现在一般非离子型表面活性剂的HLB值限定在0~20(这主要是当时确定表面活性剂HLB值时的方法所致),但近年研发了HLB值达40的表面活性剂。不同HLB值的表面活性剂具有不同的用途,HLB值在15~18的表面活性剂适合用作增溶剂,HLB值在8~16的表面活性剂适合用作O/W型乳化剂,HLB值在3~6的表面活性剂适合用作W/O型乳化剂,HLB值在7~9的表面活性剂适合用作润湿剂,如图7-5所示。

几种不同的表面活性剂混合后的HLB值,可以使用式(7-1)的混合表面活性剂的HLB值计算公式进行计算。

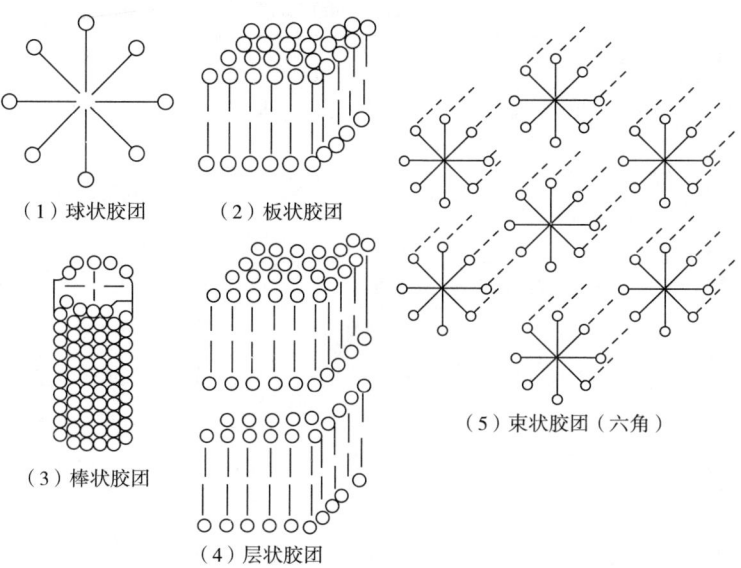

图 7-4 胶束的形状

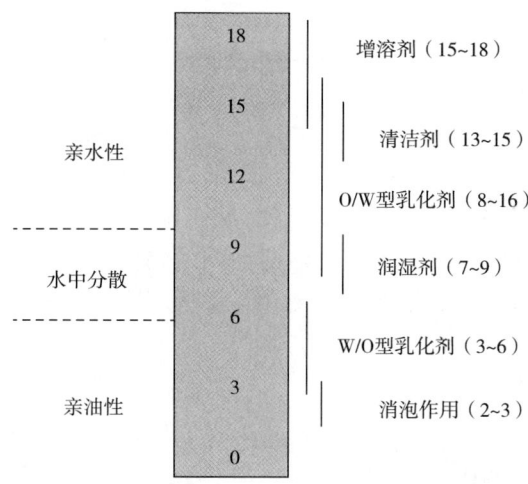

图 7-5 不同 HLB 值表面活性剂的适用范围

$$\mathrm{HLB}_{AB} = \frac{\mathrm{HLB}_A \times W_A + \mathrm{HLB}_B \times W_B}{W_A + W_B} \tag{7-1}$$

式中

W——各种非离子型表面活性剂的重量或比例量（上式不能用于混合离子型表面活性剂的 HLB 值的计算）

常用表面活性剂的 HLB 值见表 7-2。

表 7-2　　　　　　　　　　常用表面活性剂的 HLB 值

表面活性剂	HLB 值	表面活性剂	HLB 值	表面活性剂	HLB 值
十二烷基硫酸钠	40	乳化剂 OP	15.0	脂肪酸山梨坦 20	8.6
阿特拉斯 G-263	25~30	聚山梨酯 60	14.9	阿拉伯胶	8.0
油酸钾(软皂)	20.0	聚山梨酯 21	13.3	脂肪酸山梨坦 40	6.7
油酸钠	18.0	乳白灵 A	13.0	单油酸二甘酯	6.1
苄泽 35	16.9	西黄蓍胶	13.0	蔗糖酯	5~13
苄泽 52	16.9	聚氧乙烯烷基酚	2.8	脂肪酸山梨坦 60	4.7
聚山梨酯 20	16.7	油酸三乙醇胺	12.0	脂肪酸山梨坦 80	4.3
西土马哥	16.4	卖泽 45	11.1	单硬脂酸甘油酯	3.8
聚氧乙烯月桂醇醚	16.0	聚山梨酯 85	11.0	脂肪酸山梨坦 83	3.7
卖泽 51	16.0	聚山梨酯 65	10.5	单硬脂酸丙二酯	3.4
泊洛沙姆 188	16.0	聚山梨酯 81	10.0	卵磷脂	3.0
聚山梨酯 40	15.6	明胶	9.8	脂肪酸山梨坦 65	2.1
聚山梨酯 80	15.0	聚山梨酯 61	9.6	脂肪酸山梨坦 85	1.8
卖泽 49	15.0	苄泽 30	9.5	二硬脂酸乙二酯	1.5

3. 克氏点与昙点

(1) 克氏点　离子型表面活性剂一般随温度升高,其溶解度随之增大。当温度升高到某一特定值时,其溶解度会急剧升高,该特定温度即称克氏点(Krafft 点),其对应的溶解度即为该离子型表面活性剂的临界胶束浓度。克氏点是离子型表面活性剂的特征值,是表面活性剂使用温度的下限,即在温度高于克氏点时,表面活性剂才能更大程度地发挥作用。如十二烷基硫酸钠和十二烷基磺酸钠的克氏点分别为 8 ℃和 70 ℃。从理论上说后者在室温下的表面活性作用不够理想。

(2) 昙点　某些含聚氧乙烯基的非离子型表面活性剂的溶解度,随温度的升高而增大,当达到某一温度后,其溶解度急剧下降,溶液由澄明变为混浊或分层,但冷却后溶液又恢复澄明,这种溶液由澄明变混浊的现象称为起昙现象,起昙现象发生的温度称为昙点(浊点)。产生起昙现象的原因,主要是由于含聚氧乙烯基的表面活性剂(如聚山梨酯)在水中其亲水基团(聚氧乙烯基)能与水发生氢键缔合而呈溶解状态,但这种氢键缔合在一般情况下相对比较稳定,当温度升高到昙点时,聚氧乙烯链与水的氢键断裂,使表面活性剂溶解度急剧下降并析出,导致溶液出现混浊。在聚氧乙烯链相同时,碳氢链越长,昙点越低;在碳氢链相同时,聚氧乙烯链越长,昙点越高。大多数此类表面活性剂的昙点在 70~100 ℃,如聚山梨酯 20、聚山梨酯 60、聚山梨酯 80 的昙点分别为 95 ℃、76 ℃、93 ℃。某些表面活性剂具有双重昙点,主要原因是使用了多种表面活性剂或因为所选用的表面活性剂纯度不够。也有的含聚氧乙烯基的表面活性剂在常压下观察不到昙点,如聚氧乙烯-聚氧丙烯共聚物(如泊洛沙姆188)极易溶于水,在达到沸腾点时也没有起昙现象。含有可能产生起昙现象的表面活性剂的制剂,由于加热灭菌等影响而导致表面活性剂的增溶或乳化能力下降,可能会使被增溶或被乳化的物质析出。因此,含此类表面活性剂的制剂应注意加热灭菌温度的影响。

4. 表面活性剂的毒性

一般而言,阳离子型表面活性剂的毒性最大,其次是阴离子型表面活性剂,非离子型表面活性剂的毒性相对较小。两性离子型表面活性剂的毒性小于阳离子型表面活性剂。表面活性剂用于静脉给药的毒性大于口服给药的毒性。

离子型表面活性剂具有较强的溶血作用,如十二烷基硫酸钠溶液有强烈的溶血作用。非离子型表面活性剂也有轻微的溶血作用,其中聚山梨酯类(Tweens)的溶血作用通常比其他含聚氧乙烯基的表面活性剂小,溶血作用强度顺序为聚氧乙烯烷基醚>聚氧乙烯烷芳基醚>聚氧乙烯脂肪酸酯>山梨酯类,聚山梨酯类的溶血顺序为,聚山梨酯20>聚山梨酯60>聚山梨酯40>聚山梨酯80。

表面活性剂外用时呈现较小的毒性,主要表现在刺激性方面。以非离子型表面活性剂对皮肤和黏膜的刺激性为最小。季铵盐类化合物在溶液浓度高于1%时可对皮肤产生损害,十二烷基硫酸钠产生损害的浓度在20%以上,而聚山梨酯类对皮肤和黏膜的刺激性很低。

5. 表面活性剂在制剂中的应用

表面活性剂是制剂中常用的附加剂,常用于难溶性药物的增溶、油的乳化、混悬液的润湿,增加药物的稳定性,促进药物的吸收,增强药物的作用等。阳离子型表面活性剂还可用于消毒、防腐及杀菌等。

(1)增溶作用

①增溶的概念:增溶是指当溶液中的表面活性剂达到临界胶束浓度后,能使溶质在原饱和浓度的基础上增加其溶解度的作用。起增溶作用的表面活性剂称为增溶剂,被增溶的物质称为增溶质。每1 g增溶剂能增溶药物的克数称为增溶量。

②增溶的机制:表面活性剂之所以能增大难溶性药物的溶解度,是由于胶束的作用。胶束内部是由亲油基团排列而成的一个极小的非极性疏水空间,而外部是由亲水基团形成的极性区。由于胶束的大小属于胶体溶液范围,因此药物被胶束增溶后仍呈现为澄明溶液,溶解度增大。药物在含有表面活性剂的水溶液中增溶的形式有:极性药物如对羟基苯甲酸等,分子两端均为极性基团,亲水性强,可全部被增溶剂的亲水基团(如聚氧乙烯基)增溶,即被吸附在胶束的栅状层中而致增溶,此类增溶的增溶量较大;非极性药物如苯和甲苯等,可全部进入胶束的非极性内核而致增溶,此类增溶的增溶量随表面活性剂用量的增加而增大;半极性药物如水杨酸等,其极性部分进入胶束的栅状层和亲水基团中,非极性部分进入胶束的非

极性内核而致增溶。

(2) 乳化作用　一般来说,HLB 值在 8~16 的表面活性剂可用作 O/W 型乳化剂,HLB 值在 3~6 的表面活性剂可用作 W/O 型乳化剂。阳离子型表面活性剂的毒性及刺激性较大,故不作内服乳剂的乳化剂使用;阴离子型表面活性剂一般作为外用乳剂的乳化剂使用;两性离子型表面活性剂可用作内服乳剂的乳化剂,如阿拉伯胶、西黄蓍胶、琼脂等;非离子型表面活性剂毒性低,相溶性好,不易发生配伍变化,对 pH 改变及电解质均不敏感,可用于外用或内服乳剂,有些还用作静脉乳的乳化剂。

(3) 润湿作用　在制备混悬剂时常遇到的一个问题是粉末不易被润湿,漂浮于液体表面或下沉,这是由于固体粉末表面被一层气膜包围,或表面的疏水性阻碍了液体对固体的润湿,从而给制备制剂带来困难或造成制剂的不稳定。加入表面活性剂后由于其分子能定向地吸附在固-液界面,排出了固体表面吸附的气体,降低了固-液间界面张力,从而使固体易被润湿而均匀分散。

促进液体在固体表面铺展或渗透的作用称为润湿作用,能起润湿作用的物质称润湿剂。选择表面活性剂为润湿剂时,最适宜的 HLB 值通常为 7~9,并应有适宜的溶解度。直链脂肪族表面活性剂应在 8~12 个碳原子为宜,对于烷基硫酸盐以硫酸根处于碳氢链的中部为佳。常用的润湿剂如聚山梨酯类、聚氧乙烯脂肪醇醚类、聚氧乙烯蓖麻油类、磷脂类、泊洛沙姆等。

四、乳剂的稳定性

(一) 乳剂的不稳定现象

乳剂属于热力学不稳定的非均相体系,它的不稳定性主要表现为转相、分层、絮凝、破裂及酸败等现象。

1. 转相

O/W 型转成 W/O 型乳剂或者相反的变化称为转相。转相的主要原因是乳化剂类型的转变,例如钠肥皂可形成 O/W 型乳剂,但在该乳剂中加入足量的氯化钙溶液后,生成的钙肥皂可使其转变成 W/O 型。转相具有一个转相临界点,在临界点时乳剂被破坏。在临界点之下,转相不会发生,只有在临界点之上才能发生转相。转相也可由相体积比造成,如 W/O 型乳剂,当水体积与油体积比例很小时,水仍然被分散在油中,加很多水时,可转变为 O/W 型乳剂。一般来说,乳剂分散相的浓度在 50% 左右最稳定,浓度在 25% 以下或 74% 以上其稳定性较差。

2. 分层

乳剂在放置过程中,体系中的分散相会逐渐上浮或下沉,这一现象为分层,也称乳析。分层的乳剂没有被破坏,经过振摇后能很快均匀分散,但乳剂发生这种现象是不符合质量要求的。为避免乳剂分层现象的发生,减少内相的粒径,增加外相的黏度,降低分散相与连续相之间的密度差,均能降低分层速度,其中最常用的方法是适当增加连续相的黏度,但不应影响乳剂的倾倒。

3. 絮凝

乳剂中分散相液滴发生可逆的聚集成团的现象称为絮凝。絮凝时聚集和分散是可逆的,但絮凝的出现说明乳剂的稳定性已经降低,通常是乳剂破裂或转相的前奏。发生絮凝的主要原因是由于乳剂的液滴表面电荷被中和,因而分散相小液滴发生絮凝。

4. 破裂

乳剂中分散相液滴合并,进而分成油水两相的现象为破裂。破裂后经过振摇不能恢复到原来的分散状态。破裂的原因主要有:过冷、过热使乳化剂发生物理化学变化,失去乳化作用;添加相反类型的乳化剂,改变了两相的界面性质;添加电解质;离心力的作用;添加油水两相都能溶解的溶剂,使两相变为单相;微生物的作用等。破裂是不可逆的,破裂与分层可同时发生或发生在分层后。

5. 酸败

乳剂在放置过程中,受外界因素(光、热、空气等)及微生物的作用,使乳剂中的油或乳化剂发生变质的现象称为酸败。乳剂中添加抗氧化剂或防腐剂可防止酸败。

(二)影响乳剂稳定性的因素

1. 乳化剂的性质与用量

在乳剂的制备过程中,先借助机械力将分散相分割成微小液滴,使其均匀地分散在连续相中;乳化剂在被分散的液滴周围形成薄膜,防止液滴合并。因此选用乳化剂时应使用能显著降低界面张力的乳化剂或能形成较牢固的界面膜的乳化剂,以利于乳剂的稳定。一般乳化剂用量越多,则乳剂越易于形成,且稳定。但用量过多,可造成外相过于黏稠,不易倾倒,一般用量为制备乳剂量的 0.5%~10%。

2. 黏度与温度

乳剂黏度越大性质越稳定,但所需要的乳化功也越大。黏度与界面张力均随温度的升高而降低,故提高温度有利于乳化,但同时也增加了液滴的动能,促进了液滴的合并,甚至使乳剂转相。因此过冷、过热均可使乳剂稳定性降低甚至破裂。实验证明,最适宜的乳化温度为 50~70 ℃,但贮存温度以室温为佳,温度过高易引起乳剂的分层。

3. 分散相的浓度与乳滴大小

乳剂的类型虽与乳化剂的性质有关,但当分散相的浓度大于 74% 以上时,则容易转相或破裂。一般最稳定乳剂的分散相浓度在 50% 左右,25% 以下和 74% 以上均不稳定。乳剂的稳定性还与乳滴的大小有关,乳滴越小,乳剂越稳定。乳剂中乳滴大小如不均一,小乳滴通常填充于大乳滴之间,使乳滴聚集性增加,易引起乳滴的合并。为保持乳剂的稳定性,在制备乳剂时应尽可能保持乳滴大小均匀。

4. 乳化时间

乳化时间对乳化的影响也很大,在乳化开始时,两相液体乳化可使液滴形成,但继续搅动,液滴间的碰撞机会增加,增加了液滴间的合并机会,因此应避免乳化时间过长。乳剂制备的具体时间需要根据经验来确定。

五、乳剂的制备

根据所需乳剂的要求及乳化剂的性质,可以选用以下方法制备。

(一) 干胶法

本法是将水相加到含有乳化剂的油相中,即先将胶粉与油按一定比例混合,再加入一定量的水,研磨乳化制成初乳,再在研磨或搅拌下逐渐加水至全量。干胶法制备乳剂工艺流程如图7-6所示。在初乳中,油、水、胶有一定的比例,若用植物油,其体积比为4:2:1;若用挥发油,其体积比为2:2:1;若用液体石蜡,其体积比为3:2:1。本法主要适用于以阿拉伯胶或阿拉伯胶与西黄蓍胶的混合胶作为乳化剂的乳剂制备。

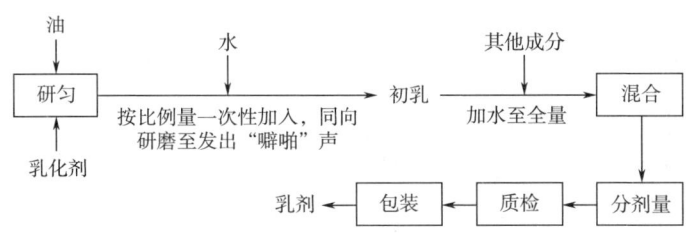

图7-6 干胶法制备乳剂的工艺流程图

(二) 湿胶法

本法是将油相加到含有乳化剂的水相中,同样需要制备初乳。即先将胶溶于水中制成胶浆作为水相,再将油相分次加到水相中,研磨制成初乳,再在研磨或搅拌下逐步加水至全量。湿胶法制备乳剂工艺流程如图7-7所示。湿胶法制备初乳时,油相、水相与胶的比例与干胶法相同。湿胶法适于制备比较黏稠的树脂类药物的乳剂,但湿胶法没有干胶法易于形成乳剂。

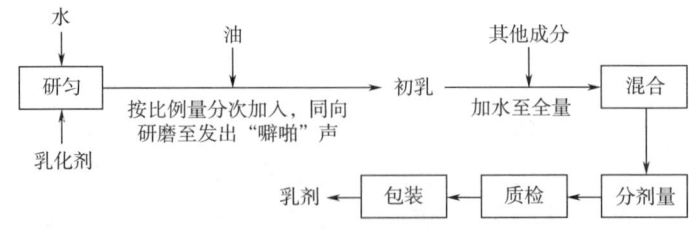

图7-7 湿胶法制备乳剂的工艺流程图

(三)两相交替加入法

将水和油分次少量交替加入乳化剂中,边加边搅拌,形成乳剂。天然胶类、固体微粒作为乳化剂时可用此法制备乳剂。

(四)新生皂法

将植物油与含碱的水相分别加热到一定的温度,混合搅拌发生皂化反应,生成的肥皂可以作为乳化剂降低油水两相的界面张力,从而制得稳定的乳剂。新生皂法制备乳剂工艺流程如图7-8所示。植物油中含有硬脂酸、油酸等有机酸,加入氢氧化钠、氢氧化钙、三乙醇胺等,在70℃以上或振摇会发生皂化反应。如果水相中含有氢氧化钠或三乙醇胺,生成的肥皂是O/W型乳化剂;如果水相中含有氢氧化钙,生成的肥皂是W/O型乳化剂。本法多用于乳膏剂的制备。

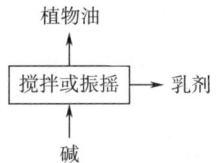

图7-8 新生皂法制备乳剂的工艺流程图

(五)机械法

将油相、水相、乳化剂混合后用乳化机械制成乳剂。机械法制备乳剂时可不考虑加入顺序,借助机械提供的强大能量,很容易制成乳剂。机械法制备乳剂工艺流程如图7-9所示。常用制备乳剂的机械有胶体磨、乳匀机、真空乳化搅拌机、超声波乳化装置等。

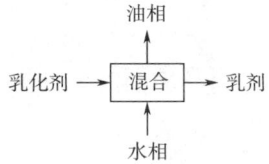

图7-9 机械法制备乳剂的工艺流程图

(六)乳剂中添加药物的方法

乳剂中添加其他的药物,需要根据药物的溶解性能采用不同的方法添加。若药物溶于油相,可先将药物溶于油相再制成乳剂;若药物溶于水相,可先将药物溶于水后再制成乳剂;若药物既不溶于油相也不溶于水相,可用亲和性大的液相研磨药物,再将其制成乳剂,也可将药物先用已制好的少量乳剂研磨,再与剩余乳剂混匀,使药物混悬于其中;大量生产时,药物能溶于油的先溶于油,可溶于水的先溶于水,然后将乳化剂以及油、水两相混合进行乳化。

六、乳剂的质量评价

乳剂的种类很多,用途与给药途径不一,目前尚无统一的评价乳剂质量的方法。下面评价乳剂物理稳定性的方法,可用于评定乳剂的质量。

(一)乳剂粒径大小的测定

乳剂的粒径大小是评价乳剂质量的重要指标,不同用途的乳剂对粒径大小要求不同,如静脉用乳浊液型注射液中乳滴的粒度90%应在1 μm以下,其他用途的乳剂粒径也都有不同要求。乳剂粒径大小的测定可采用显微镜测定法、库尔特计数器测定法、激光散射光谱(PCS)法及透射电镜(TEM)法。

(二)分层现象观察

乳剂经长时间放置,粒径变大,进而产生油水分层现象。这一过程的快慢是衡量乳剂稳定性的重要指标。为了在短时间内观察乳剂的分层,可用离心法加速其分层,以 4000 r/min 离心 15 min,如不分层可认为乳剂质量稳定,此法可用于筛选处方或比较不同乳剂的稳定性。另外,将乳剂放在半径为 10 cm 的离心管中,以 3750 r/min 速度离心 5 h,可相当于放置 1 年因密度不同产生的分层、絮凝或合并的结果。也可用加速试验法[按《中国药典》(2020年版)四部通则9001原料药物与制剂稳定性试验指导原则]观察乳剂的分层现象。

此外,乳滴合并速度和稳定常数测定也可作为乳剂质量的评价指标。

新技术

纳米乳

学习效果检测

一、在线检测

测试1 乳剂概述

测试2 乳剂组成

测试3 乳剂稳定性

二、项目考核

1. 按照附录 1 实操项目考核表进行小组和自我评价。
2. 将项目成果上传至学习平台,同时提交实物,以供教师进行评价。

三、分析与探究

1. 探究

（1）根据乳剂的制备,为提高乳剂的稳定性改善品质,可加入哪些附加剂？

（2）某制药企业进行溶液剂新产品试制,经过配液、过滤、灌装得到的澄明溶液剂,灭菌结束后发现溶液剂出现了浑浊,但第二天溶液剂又变澄明了,请分析其中的原因。

2. 计算

若用吐温 40(HLB=15.6)和司盘 80(HLB=4.3)配制 HLB 值为 9.2 的混合乳化剂 100 g,两者各需要多少克？

 课后拓展

灌肠剂

滴耳剂与洗耳剂

滴鼻剂与洗鼻剂

 思政案例

2022 版《原发性肝癌诊疗指南》推荐现代中药制剂鸦胆子油用于治疗晚期肝癌,具有一定的疗效,患者的依从性、安全性和耐受性均较好。

鸦胆子油乳注射液作为抗癌药收载于《卫生部药品标准中药成方制剂》,是中国第一个上市的中药乳剂注射液,为国家二级中药保护品种。由精制鸦胆子油与精制豆磷脂、甘油及注射用水制成的水包油型乳剂,其作为抗肿瘤中药注射剂在临床使用广泛使用。用于肺癌、肺癌脑转移及消化道肿瘤。

课程思政育人目标：传统医药发展充分体现我国中医药事业的蓬勃发展,这背后需要广大的科研工作者反复试验、探索,正因为他们不断的付出和创新,中医药事业才能持续发展,以此来激发学生对中医药的热爱,提升他们传承和发展中医药文化的自觉性和主动性。

模块三　无菌制剂生产管理

项目八　小容量注射液生产管理

项目概述

本项目以盐酸昂丹司琼注射液为载体。

盐酸昂丹司琼是一种选择性的 5-羟色胺 3(5-HT3)受体拮抗剂,其注射液为澄清、无色液体,为强效、高选择性的 5-HT3 受体拮抗剂,有强镇吐作用。此剂适用于细胞毒性药物化疗和放射治疗引起的恶心呕吐,预防和治疗手术后的恶心呕吐,可有头痛、腹部不适、便秘、口干、皮疹,偶见支气管哮喘或过敏反应、短暂性无症状转氨酶增加的不良反应发生。本品通过静脉、肌肉注射给药,剂量可以灵活掌握。

盐酸昂丹司琼有片剂和注射剂,一般片剂口服后崩解、溶解、吸收有一定的时间过程,而注射剂可直接进入血液,作用更加迅速。盐酸昂丹司琼注射液主要有 2 mL∶4 mg 和 4 mL∶8 mg 两种规格。本项目制备时采用浓配法配制,以一水柠檬酸、二水柠檬酸钠等辅料进行生产。

项目准备

项目任务书

项目名称		学员姓名/学号	
起始时间		指导教师	
组长		组成员	
学习任务	完成盐酸昂丹司琼注射液的制备,产品质量符合质量标准,计算物料平衡。		
学习目标	知识目标 1. 掌握热原的组成、性质以及除去热原的方法。 2. 掌握注射剂的特点、分类及质量要求。 3. 掌握小容量注射剂的生产工艺流程。		

续表

学习目标	4. 掌握小容量注射剂容器及处理方法。 5. 掌握小容量注射剂的灭菌和检漏方法及注射剂的质量检查。 6. 熟悉注射剂的溶剂及附加剂。 7. 熟悉物料标识和物料平衡计算。 8. 了解靶向制剂的种类及其载体。 9. 了解小容量注射剂过滤和灌封的相关设备。 10. 了解污染热原的途径和检查方法。 **能力目标** 1. 能进行洁净室(C级)运行和性能确认、洁净度监测文件管理。 2. 能基本完成小容量注射剂生产相关仪器设备管理。 3. 能按无菌制剂生产产品种悬挂生产工艺卡、标志牌,生产结束时及时收回。 4. 懂得无菌制剂安全生产基本知识。 5. 能了解生产过程中产品质量监控的内容。 6. 能遵循无菌制剂生产工艺规程和岗位操作法,懂得安全防护、危险化学品的管理、压力容器安全管理。 7. 能完成小容量注射剂物料管理基本工作。 **素质目标(含思政目标)** 1. 通过注射剂制备工艺的学习,培养学生精益求精的精神。 2. 通过注射剂的质量检查,培养学生诚实守信的工作态度。 3. 通过解决注射剂生产中常出现的问题,培养学生安全意识。 4. 通过注射剂生产中废水、废料的处理,培养学生绿色环保意识。
工作内容与要求	
实施前	1. 填写项目任务书,明确任务目标、内容与要求。 2. 明确生产流程和操作要点。 3. 回答引导问题,填写项目预习记录,拍照上传至学习平台。
实施中	1. 穿戴整齐干净、整洁的实验服,佩戴乳胶手套、防毒口罩等防护用品。 2. 严格按规程完成备料称量、配液、过滤、灌封等操作。 3. 严格按规程完成装量、可见异物、热原等的检查。 4. 按GMP要求清场。 5. 按GMP要求填写工作记录。
实操结束	1. 上传电子版项目工作记录和产品照片,展示产品实物。 2. 在教师引导下总结项目操作要点,系统完成相关理论知识学习。 3. 对工作记录和工作成果进行互评。
进度要求	
1. 项目操作及相关记录、项目成果、项目现场考核,在项目实操时间内完成。 2. 理论学习在项目完成后三天内完成。	

预习活页

项目名称			
学员姓名/学号		项目组成员	

引导问题
1. 本项目哪些环节容易出质量问题？ 2. 本项目灭菌采用的方法是什么？ 3. 本项目的关键点在哪里？

引导问题回答

项目预习记录

一、物料信息

序号	物料名称	含量/%	来源	密度/(g/cm^3)	溶解度/(mol/L)	注意事项
1						
2						
3						
4						
5						
6						
7						
8						
9						
10						

二、操作注意事项

续表

三、问题和建议

项目实施

一、生产指令(举例)

生产车间	小容量注射剂生产车间		包装规格	5支/盒	
品名	盐酸昂丹司琼注射液		生产批量	1000支	
规格	2 mL : 4 mg		生产日期	2023-10-18	
批号	231003		完成时限	2023-10-20	
生产依据	盐酸昂丹司琼注射液生产工艺规程				
物料名称	规格	用量		单位	检验单号
盐酸昂丹司琼	药用	4		g	YLJY2023106
氯化钠	药用	32		g	FLJY2023103
一水柠檬酸	药用	1.2		g	FLJY2023104
二水柠檬酸钠	药用	0.8		g	FLJY2023105
注射用水	药用	约2		L	FLJY2023106
安瓿	药用	1000		支	BCJY2023103
编制: 生产部:		审核: 质管部:		批准: 生产部:	

二、生产前检查

(1)检查操作现场、状态标识牌。

(2)确认操作间压差表在校准有效期以内,洁净走廊对缓冲间、房间压差≥5 Pa,

不同洁净级别压差≥10 Pa。

(3)确认工作区操作间有"清场(洁)状态标识"。

(4)确认本岗位上批的清场合格证副本在有效期内,不存在任何与现操作无关的物料、容器、残留物、记录等。

(5)确认操作间内温、湿度计在校准的有效期以内,温度在18~26 ℃,湿度≤65%。

(6)确认设备完好并有"清场(洁)状态标识",设备及所用容器表面无异色、无可见残留物;确认工作区已清洁,不存在任何与现操作无关的物料、容器、残留物、记录等。

(7)检查计量设施在检定周期内并进行双重核对校准。

三、生产操作

1. 配料

操作人员根据生产任务和制备方案,制订物料使用计划,填写领料单,领取规定的原、辅料,按物料进出洁净区规程经脱包、缓冲后存放在指定位置,按照生产要求称量所需物料,存放于中间站,填写操作记录。

2. 洗瓶、烘干

(1)安装洗瓶机过滤器,打入注射用水,水位达到1/2后,开启循环水泵,使循环水过滤器注满水,关闭注射用水阀门。开机升温,温度控制在60~70 ℃。

(2)打开烘干机升温,温度设定为251 ℃,压差表≤200 Pa。

(3)将摆好安瓿的托盘注满水后放入进瓶装置,开启循环水泵、压缩空气、喷淋,循环水≥0.2 MPa,喷淋水≥0.3 MPa,压缩空气≥0.15 MPa,达到预定值后,开动机器。

(4)清洗完成的安瓿由烘箱隧道进入烘箱进行干燥灭菌。

(5)干燥灭菌后的安瓿,由烘箱输送带传送到灌封工序。

(6)生产结束后关闭电源,清理设备及环境卫生,清理生产过程中的遗留物,并填写生产记录和清场记录。

3. 配液

(1)在预溶罐中加入配制量10%的注射用水,水温为60 ℃,加入处方量的氯化钠、一水柠檬酸和二水柠檬酸钠,混合直至完全溶解。

(2)在另一预溶罐中加入配制量的10%注射用水,水温为60 ℃,加入处方量的盐酸昂丹司琼,混合至全部溶解。

(3)将溶解的辅料和原料在配料罐中混匀,再加入注射用水至处方全量,搅拌20min,过滤,填写操作记录。

(4)生产结束后关闭电源,清理设备及环境卫生,清理生产过程中遗留物,并填写生产记录和清场记录。

4. 灌封

(1) 打开安瓿灌封机电源开关,按复位键,此时系统处于初始状态,频率和频数均保留上一次使用的数量。

(2) 依次使用75%酒精和注射用水对灌封机药液输送系统进行冲洗,每台灌封机至少冲注射用水4 L,将管路内注射用水排净,取样检测澄明度。

(3) 依据灌装产品装量和浓度,合理选择硅胶管和针头的粗细。一般考虑药液浓度大、装量大的药液灌装,宜选用内颈稍粗的泵管和针头。

(4) 打入200 mL药液作为料头,开启水源发生器,打开预热和封口的送气阀门,按复位键使灌封机处于自动状态。依据开机情况,调节水源发生器电流为10~20 A,燃气压力0.2~0.3 MPa。依据药液灌注量大小,设定频率,调整电机的转速,并设定频数。

(5) 用针管抽取安瓿内的药液,检查装量是否符合要求;2 mL规格湿装量2.12 mL。如装量低按步数键,再按"+"键调高装量,按复位键;如装量高按频数键,再按"-"键调低装量,按复位键。符合要求后方可开机。

(6) 将火头点燃,调整送气阀,调整预热和熔封火焰的大小,启动熔封机开关试车,检查安瓿封口情况,若封口时拉丝,则将预热或封口火焰调大;若封口缩头,则将预热或封口火头调小。至安瓿封口合格后,再连续生产。

(7) 灌封过程中随机进行装量抽检,保持分装量稳定,每30 min用消毒水洗手一次。

(8) 生产结束后关闭电源,清理设备及环境卫生,清理生产过程中遗留物,并填写生产记录和清场记录。

5. 灭菌、检漏

(1) 打开蒸汽总阀门和夹套进汽阀门,预热,排放蒸汽总管内的污水。约5 min后关闭夹套进汽阀门,打开进蒸汽阀门。控制柜内温度缓慢升高,通过柜室排气阀排掉柜室内的空气,以确保消毒温度准确。

(2) 排气5 min,柜室升温至50 ℃左右关闭排气阀,用进气阀控制流通蒸汽,使柜内温度维持在100 ℃,灭菌30 min。

(3) 消毒灭菌结束,关闭蒸汽进汽阀,打开柜室排汽阀,将压力降至为零。

(4) 依次打开灭菌检漏柜与色水贮罐连通阀、贮罐排气阀、柜室真空阀,使贮罐内色水灌满灭菌柜(观察灭菌柜液位计),关闭贮罐与柜室连通阀、贮罐排气阀,继续抽真空至0.04~0.06 MPa,保持1~2 min,关闭真空阀,打开灭菌柜排汽阀,使色水依靠大气压进入封口不严密的安瓿内。

(5) 打开色水贮罐连通阀、贮罐真空阀、灭菌柜排汽阀,将色水抽回色水贮罐后,关闭色水贮罐与柜室连通阀。打开纯化水淋洗阀门、柜室排鼓阀,用纯化水淋洗安瓿5 min,将安瓿内附着色素冲洗干净。

(6) 淋洗结束后,将柜内水放净,打开柜门,将柜室内车拉出,填写操作记录。

(7)生产结束后关闭蒸汽总进汽阀,关闭风管阀,关闭电源,清理设备及环境卫生,清理生产过程中的遗留物,并填写生产记录和清场记录。

6. 灯检

(1)将待检品从盘子里取出,放在灯检木盒里,在白色底物上检出焦头、色支、冷爆或封口不合格的针剂。

(2)用夹子将检品夹起,待检品至人眼距离为20~25 cm,轻轻翻转,在白色背景上检出有色异物,在黑色背景上检出玻璃屑、毛点等异物。

(3)将检后成品与不合格品分开摆放整齐,不合格品要分类摆放,填写操作记录。

(4)生产结束后关闭电源,清理设备及环境卫生,清理生产过程中的遗留物,并填写生产记录和清场记录。

注:无色药液于光照度1000~1500 lx光区下检查,有色药液于光照度2000~3000 lx光区下检查。

四、质量标准

盐酸昂丹司琼注射液,外观为无色澄明液体,pH应为3.0~4.0,每1 mg昂丹司琼中含内毒素的量应小于9.9 EU,含盐酸昂丹司琼的量应按昂丹司琼计算,应为标识量的93.0%~107.0%。

工作记录

1. 洗瓶、干燥岗位生产记录

产品名称:		规格:		生产批号:		生产日期: 年 月 日	
生产前检查: 计量器具、设备、容器具、文件、温度、湿度等是否符合要求。							
检查人:		复核人:				日期: 年 月 日 时 分	
生产操作:1. 执行洗瓶、干燥岗位生产操作规程。 2. 依据该产品的工艺规程及主配方操作。 3. 执行设备操作规程。 ( )							
理瓶数量: 个 个/盘				损耗数: 个		理瓶人:	复核人:
洗瓶				烘瓶			
开始加热时间				烘干预热段温度/℃及压力/Pa			
开始送瓶时间				烘干灭菌段温度/℃及压力/Pa			
洗瓶段压力/Pa				烘干冷却段温度/℃及压力/Pa			
进盘速度/(个/min)				出盘数量/个			

续表

停止送瓶时间			停机时间		
投料量： kg 产出量： kg 废品量： kg				物料平衡： %(限度)	
操作人： 复核人：			日期： 年 月 日 时 分		
清场：1. 生产操作区按"洁净区生产操作区清洁规程"清洁。 　　　2. 容器具按"洁净区容器具清洁规程"清洁。 　　　3. 设备按"设备清洁规程"清洁。					
操作人： 复核人：			日期： 年 月 日 时 分		
质量监控： 结论： QA 监控员：			日期： 年 月 日		
移交数量： kg 共 件 移交人： 接收人：			日期： 年 月 日		
☆生产过程异常情况：无( ) 　　　　　　　　　有( ) 按"生产过程偏差处理管理规程"处理并附相应记录。					

备注：物料平衡公式：[(产出量+废品量)/投料量]×100%。

2. 浓配、稀配岗位生产记录

产品名称			规格	mL： g
生产批号			批量	mL
生产前检查： 计量器具、设备、容器具、文件、温度、湿度等是否符合要求。				
检查人： 复核人：			日期： 年 月 日 时 分	
浓配操作				
投料	按称量单复核实物一致无误 按批生产指令单复核投料量与净重是否一致 浓配罐 加入注射用水约_____ L 投料　　　　　　_____时_____分开始投入_____，_____ 搅拌至溶解后_____时_____分加入活性炭		□合格　□不合格 □合格　□不合格 □已清洁　□完好	
处理	加热煮沸、搅拌_____时_____分至_____时_____分 冷却至_____时_____分 冷却方式：　　　　　　　　□冷却水冷却　□自然冷却			
过滤	过滤滤材　　□钛棒 过滤：_____时_____分结束,过滤温度_____℃ 加注射用水_____ L 冲洗			

续表

配液人:		复核人:		QA:	
稀配操作					
稀释	时　　　　分接收浓配液约　　　　L,加入稀配罐,加注射用水约　　　　L				
搅拌	时　　　　分开始搅拌,至　　　　时　　　　分结束				
半成品检验	送检时间:　　　　时　　　　分 检验结果　　含量:　　　　　报告时间:　　　　时 　　　　　　pH:　　　　　　　　　　　　检验员:				
调配	结果判定:□合格　　□不合格　　需补加注射用水　　　　mL,需补加药　　　　g 计算依据: 　　　　　复核结果:□合格　　□不合格 　　　　　复测判定:□合格　　□不合格				
物料平衡	配液量:　　　　L,实际配液量:　　　　L 物料平衡:收率/% = $\dfrac{灌装总量}{接液总量} \times 100\%$ = ────── × 100% = 收率限度:98.0%~100.0% 平衡结论:□符合规定　　□产生偏差				
过滤	时　　　　分配液合格 经过 0.22~0.45 μm 聚砜滤芯过滤 灌装时间:　　　　时　　　　分				
配液人:		复核人:		QA:	

清场:1. 生产操作区按"洁净区生产操作区清洁规程"清洁。
　　　2. 容器具按"洁净区容器具清洁规程"清洁。
　　　3. 设备按"设备清洁规程"清洁。
操作人:　　　　　　复核人:　　　　　　　　　　　　　　　日期:　年　月　日　时　分

3. 灌装岗位生产记录

产品名称		规格		批号	
接液总量/L		理论装量/mL		最低装量/mL	
装量范围/mL		理论产量/支			
操作前现场检查情况					
执行的标准文件		物料		现场	
设备、岗位 SOP 文件　( )		中间产品品名、批号核对　( )		清洁、清场合格标志　( )	
清洁、清场 SOP 文件　( )		数量核对　　　　　　　　( )		设备试运行良好　　　( )	
各种记录表格　　　　( )		合格报告单　　　　　　　( )		计量、器具符合要求　( )	

续表

其他有关文件	( )	包装完好	( )	其他	( )
操作记录					
灌装、封盖起止时间					
装量自查记录(每 20 min 一次,每次 5 支)					
抽检时间	1	2	3	4	5	平均装量/mL	检查人

内包装材料领用记录				
包材名称	领用数/kg	使用数/kg	损耗数/kg	剩余数/kg	领用人

物料平衡	接液总量/L	灌装支数/支	总平均装量/mL	灌装总量/L	本批剩余药液量/L

物料平衡计算:灌装总量=灌装瓶数×平均装量

物料平衡公式: $\frac{灌装总量 + 本批剩余药液量 + 其他废液量}{接液总量} \times 100\% =$

98%≤限度≤100%　　实际为　　　　　符合限度( )　　不符合限度( )

收率 = $\frac{灌装总量}{接液总量} \times 100\% =$

97%≤限度≤100%　　实际为　　　　　符合限度( )　　不符合限度( )

操作人:　　　　　　组长:　　　　　　现场 QA:

4. 灭菌检漏岗位生产记录

产品名称:	规格:	生产批号:
生产批量:	生产日期:　年　月　日	

生产前检查:
计量器具、设备、容器具、文件等是否符合要求。
检查人:　　　　　复核人:　　　　　　　　　　　　日期:　年　月　日　时　分

生产操作:
1. 执行灌装、轧盖岗位生产操作规程。
2. 依据该产品的工艺规程及主配方操作。
3. 执行设备操作规程。　　　　　　　　　　　　　　　　　　　　　　( )。

续表

半成品总量：		支				
项目		灭菌柜号			备注	
		1	2	3		
装柜时间						
装筐数量/支						
开汽时间						
灭菌温度/℃						
保温时间						
结束时间						
投入量： 支 产出量： 支 废品量： 支 物料平衡： %						
操作人： 复核人： 日期： 年 月 日 时 分						
清场：1. 生产操作区按"洁净区生产操作区清洁规程"清洁。 　　　2. 容器具按"洁净区容器具清洁规程"清洁。 　　　3. 设备按"清洁规程"清洁。						
操作人： 复核人： 日期： 年 月 日 时 分						

5. 灯检岗位生产记录

产品名称：		规格：			生产批号：			
生产批量：		生产日期： 年 月 日						
生产前检查： 计量器具、设备、容器具、文件等是否符合要求。								
检查人： 复核人： 日期： 年 月 日 时 分								
生产操作：1. 执行灯检岗位标准操作规程。 　　　　　2. 依据该产品的工艺规程及主配方操作。 　　　　　3. 执行设备操作规程。　　　　　　　　　　（　　　　）								
上工序移交数量： 万支								
项目		灯检人员						合计
不合格项目	玻璃							
	异物							
	装量							
	瓶盖							
	破损							
	小计							

续表

投入量：	支	产出量：	支	废品量：	支	物料平衡：	%(	)		
操作人：		复核人：				日期：	年	月	日 时	分

清场：1. 生产操作区按"洁净区生产操作区清洁规程"清洁。
     2. 容器具按"洁净区容器具清洁规程"清洁。
     3. 设备按"清洁规程"清洁。										

操作人：		复核人：				日期：	年	月	日 时	分
质量监控：		结论：		QA监控员：		日期：	年	月	日 时	分
移交数量：			移交人：			接收人：		日期：	年 月	日

支撑知识

一、热原

热原是指能引起恒温动物体温异常升高的致热物质，包括细菌性热原、内源性高分子热原、内源性低分子热原及化学热原等，本书所说热原一般是指细菌性热原。细菌性热原是由磷脂、脂多糖和蛋白质组成的复合物。内毒素为革兰阴性菌的脂多糖，具有特别强的致热活性。大多数细菌都能产生热原，致热能力最强的是革兰阴性杆菌的产物，其次是革兰阳性杆菌类，革兰阳性球菌则较弱，霉菌、酵母菌甚至病毒也能产生热原。含有热原的注射剂注入体内约 30 min 即可导致发热反应，使人体产生发冷、寒颤、头痛、出汗、恶心呕吐，严重者体温可升至 40 ℃ 以上，出现昏迷、虚脱，甚至有生命危险。

革兰染色阴性菌与革兰染色阳性菌细胞壁结构比较图

（一）热原的性质

热原除具有很强的致热性以外，还具有以下性质。

1. 水溶性

由于脂多糖结构上连接有多糖，所以热原能溶于水，在水或水溶液中呈分子状态。

2. 耐热性

热原一般在 60 ℃ 加热 1 h 不受影响，在 180～200 ℃ 干热 2h、250 ℃ 干热 45 min 或 650 ℃ 干热 1 min 才可将热原彻底破坏。

3. 不挥发性

热原本身没有挥发性，所以可用蒸馏法制备注射用水，但在蒸馏时热原可随水蒸气中的雾滴带入注射用水中，故应设法防止。

4. 可过滤性

热原体积较小,直径为 1~5 nm,可以通过一般滤器和微孔滤膜进入滤液,一些超滤设备可以滤除部分热原。

5. 其他性质

热原能被活性炭吸附,也能被强酸、强碱和强氧化剂破坏,超声波也能破坏热原。

(二)污染热原的途径

1. 从溶剂中带入

溶剂是热原污染的主要途径,通常主要指配注射液用的注射用水,虽经蒸馏可将热原除去,但若操作不当,水蒸气中细小的水滴则可将热原带入。另外,注射用水贮存不当或贮存时间过长也可被微生物污染产生热原。

2. 从原辅料中带入

一些原辅料如葡萄糖、乳糖因包装损坏、受潮而被微生物污染也可产生热原。另外,用生物方法制备的药物如右旋糖酐、水解蛋白及中药提取物或抗生素等也易滋长微生物而污染热原。

3. 从容器、用具、管道和装置等带入

如未按 GMP 要求认真清洗处理,易导致热原污染。

4. 制备过程中的污染

室内空气、环境、人员卫生条件不达要求,操作时间过长,产品灭菌不及时或不合格等均会增加微生物的污染而产生热原。

5. 贮运过程中的污染

注射剂封口不严,药液与外界相通,使制剂在贮存、运输过程中污染热原。

(三)热原的去除方法

1. 活性炭吸附法

在配液时常加入 0.01%~0.5% 的活性炭(供注射用),以去除药液中的热原。分次加入活性炭去除热原的效果更好,而且活性炭还有脱色、助滤、除臭等作用。但需注意活性炭也会吸附部分药液,使用前应进行验证。

2. 离子交换法

热原在水溶液中带负电,可被阴离子树脂所交换,但树脂易饱和,须经常再生。

3. 凝胶过滤法

凝胶微观上呈分子筛状,可利用热原与药物分子质量的差异将两者分开。但当两者分子质量相差不大时,不宜使用。如用二乙氨基乙基葡萄糖凝胶可制备无热原去离子水。

4. 超滤法

孔径为 3.0~15 nm 的微孔滤膜可用于去除药液中的热原,如 10% 葡萄糖注射液可用超滤法去除热原。

5. 酸碱法

玻璃容器、搪瓷器皿等可用稀氢氧化钠溶液煮沸 30 min 以上,或使用重铬酸钾硫酸清洗液处理,以破坏热原。

6. 高温法

注射用针头、针筒及玻璃器皿等能耐受高温的器皿和用具,洗净后在 180 ℃ 干热 2 h 或 250 ℃ 加热 30 min 以上破坏热原。

7. 蒸馏法

可采用蒸馏法加隔沫装置来制备注射用水,热原本身虽不挥发,但其具有水溶性,可溶于雾滴,隔沫装置可阻挡雾滴,避免热原进入蒸馏水。

8. 反渗透法

用醋酸纤维素膜和聚酰胺膜等进行反渗透制备注射用水时可除去热原,具有节约热能和冷却水的优点。

(四)检查热原的方法

《中国药典》(2020 年版)四部通则规定热原检查采用热原检查法和细菌内毒素检查法。

1. 热原检查法

热原检查法又称家兔法,是将一定剂量的供试品,静脉注入家兔体内,在规定时间内,观察家兔体温升高的情况,以判定供试品中所含热原的限度是否符合规定。检查结果的准确性和一致性取决于实验动物的状况、实验室条件和操作的规范性。

由于家兔对热原的反应与人基本相似,试验成本相对比较低,试验结果比较可靠,所以目前家兔法仍为各国药典规定的检查热原的法定方法之一。供试验用家兔应按药典要求进行选择,以免影响结果。家兔法检测内毒素的灵敏度约为 0.001 μg/mL,试验结果接近人体真实情况,但操作烦琐费时,不能用于注射剂生产过程中的质量监控,且不适用于放射性药物、肿瘤抑制剂等细胞毒性药物制剂。

2. 细菌内毒素检查法

细菌内毒素检查法又称鲎试剂法,是利用鲎试剂来检测或量化由革兰阴性菌产生的细菌内毒素,以判断供试品中细菌内毒素的限量是否符合规定的一种方法。细菌内毒素的量用内毒素单位(EU)表示。本法检查内毒素的灵敏度约为 0.0001 μg/mL,比家兔法灵敏 10 倍,操作简单易行,实验费用低,结果迅速可靠,适用于注射剂生产过程中的热原控制和家兔法不能检测的某些细胞毒性药物制剂,但其对革兰阴性菌以外的内毒素不灵敏,目前尚不能完全代替家兔法。

二、灭菌与无菌操作

灭菌与无菌操作对保证无菌制剂质量至关重要,是制备无菌制剂所必需的操作环节。

灭菌是指用物理或化学方法杀灭或除去一切微生物繁殖体及其芽孢的技术。灭菌法是指用适当的物理或化学方法将物品中活的微生物杀灭或除去,从而使物品残存活微生物的概率下降至预期的无菌保证水平的方法。细菌的芽孢具有较强的抗热能力,因此,灭菌效果常以杀灭芽孢为标准。

灭菌参数

无菌药品是指法定药品标准中列有无菌检查项目的制剂和原料药,包括无菌制剂和无菌原料药。无菌药品按生产工艺可分为两类:采用最终灭菌工艺的为最终灭菌产品;部分或全部工序采用无菌生产工艺的为非最终灭菌产品。

(一)灭菌法

1. 物理灭菌法

物理灭菌法主要是利用蛋白质与核酸具有遇热、射线不稳定的特性,采用加热、射线照射和过滤的方法,杀灭或除去微生物的技术,也称物理灭菌技术,该技术包括干热灭菌法、湿热灭菌法、过滤除菌法和射线灭菌法。

(1)干热灭菌法 是将物品置于干热灭菌柜、热风循环隧道式灭菌烘箱等设备中,利用干热空气达到杀灭微生物或消除热原的方法。其原理是利用高温破坏菌体蛋白质与核酸中的氢键,使蛋白质变性或凝固,核酸破坏,酶失去活性,导致微生物死亡。

但由于干热空气热穿透力差,必须在高温下长时间作用才能达到灭菌目的,故本法适用于耐高温但不宜用湿热灭菌法灭菌的物品灭菌,如玻璃器皿、金属材质容器、纤维制品、固体试药、液体石蜡及不允许湿气穿透的油脂类物品的灭菌。

干热灭菌的条件一般为:160~170 ℃,120 min 以上;170~180 ℃,60 min 以上;或 250 ℃,45 min 以上,也可采用其他温度和时间参数。应保证物品灭菌后的无菌保证水平(SAL)≤10^{-6}。

(2)湿热灭菌法 是指将物品置于灭菌柜内利用高压饱和蒸汽、过热水喷淋等手段使微生物菌体中的蛋白质、核酸发生变性而杀灭微生物的方法。由于蒸汽潜热大,穿透力强,容易使蛋白质变性或凝固,故该法灭菌效率较相同温度下干热灭菌法高,灭菌效果好,操作简单,易于控制,应用最广泛。湿热灭菌法可分类为:热压灭菌法、流通蒸汽灭菌法、煮沸灭菌法和低温间歇灭菌法。

①热压灭菌法:是指利用高压饱和水蒸气加热杀灭微生物的方法,该法灭菌能力强,灭菌效果可靠,既能杀灭微生物繁殖体也能杀灭芽孢,因此广泛用于药物制

剂的灭菌。凡能耐受热压灭菌的药物及制剂、金属容器、瓷器、橡胶塞、滤膜、过滤器等物品均可采用该法灭菌。热压灭菌条件通常采用：121 ℃、15 min（蒸汽表压力 97 kPa）；121 ℃、30 min（蒸汽表压力 97 kPa）；116 ℃、40 min（蒸汽表压力 69 kPa）。也可采用其他温度和时间参数，但必须保证物品灭菌后的 SAL≤10^{-6}。

热压灭菌法常用的设备有卧式热压灭菌柜（图 8-1）、水浴式灭菌柜、回转水浴式灭菌柜。采用热压灭菌时，被灭菌物品应有适当的装载方式，不能排列过密，以保证灭菌的有效性和均一性。

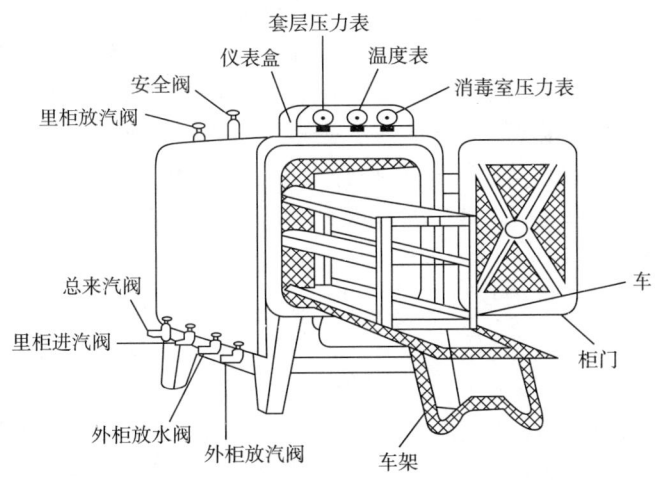

图 8-1 大型卧式热压灭菌柜结构示意图

②流通蒸汽灭菌法：指在不密封的容器内，用 100 ℃流通蒸汽加热 30~60 min 杀灭微生物的方法，此时压力与外界大气压相等。该法灭菌效果不可靠，能杀灭微生物繁殖体，但不能完全杀灭芽孢，必要时制剂中需加抑菌剂。一般作为不耐热无菌产品的辅助灭菌手段。

③煮沸灭菌法：是将待灭菌物品置于沸水中加热 30~60 min 从而杀灭微生物的方法。该法灭菌效果不如流通蒸汽灭菌法，必要时制剂中需加抑菌剂，以保持灭菌效果。使用该法应注意地理海拔的影响。

④低温间歇灭菌法：指将待灭菌物置 60~80 ℃的水中或流通蒸汽中加热 60 min，杀灭微生物繁殖体后，在室温条件下放置 24 h，让待灭菌物中的芽孢发育成繁殖体，再次加热灭菌、放置使芽孢发育、再次灭菌，反复多次，直至杀灭所有芽孢。该法适合于不耐高温、热敏感物料和制剂的灭菌。其缺点是费时、工效低、灭菌效果差。

影响湿热灭菌的主要因素有：①微生物的种类与数量：种类不同，发育阶段不同，热、耐压性能存在很大差异，菌体不同发育阶段对热、压力的抵抗力的强弱顺序为芽孢＞繁殖体＞衰老体。②药物性质与灭菌时间：灭菌时间越长，灭菌效果越好，但考虑到药物制剂的稳定性，应在达到有灭菌效果的前提下适当降低灭菌温度或缩短灭菌时间。③蒸汽的性质：湿热灭菌的效果与蒸汽的性质有关。④介质的

pH:微生物的存活能力也受介质 pH 的影响,一般在中性环境中微生物耐热性最强,碱性环境中次之,酸性环境中则不利于微生物的生存。

(3)过滤除菌法 是利用细菌不能通过致密具孔材料的原理以除去气体或液体中微生物的方法,常用于气体、热不稳定的药物溶液或原料的除菌。此法属于机械除菌方法,供过滤除菌的器械称为除菌过滤器。

根据微粒在过滤介质中被截留的方式不同,过滤的机制主要分为两种:①机械阻挡作用:即机械的过筛作用,凡大于滤器孔隙的微粒在通过滤器时会全部被截留在过滤介质表面,如滤纸、微孔滤膜的过滤作用;②深层截留作用:具有深层截留作用的滤器具有不规则的多孔结构,在过滤时微粒由于惯性碰撞、扩散沉积以及静电效应等作用被沉积在弯曲的孔道或孔壁上,这种在深层被截留的微粒常常小于滤过介质孔径的大小,如砂滤棒、垂熔玻璃滤器即属此种滤器。

为了有效地除尽微生物,滤器孔径必须小于芽孢体积(≤ 0.5 μm)。常用的除菌过滤器是 0.22 μm 的微孔滤膜过滤器和 6 号、G5 号、G6 号垂熔玻璃滤器。过滤器不得对过滤成分有吸附作用也不能释放物质,不得有纤维脱落。滤器和滤材在使用前应进行洁净处理,并用高压蒸汽进行灭菌或做在线灭菌,一般在每一次过滤除菌前后还应做过滤器完整性试验,以确认滤膜在除菌过滤过程中的有效性和完整性。

需要通过过滤除菌法达到无菌的产品,应严密监控其生产环境的洁净度,应在无菌环境下进行过滤操作。相关的设备、包装容器、塞子及其他物品应采用适当的方法进行灭菌,并防止再污染。

(4)射线灭菌法 指采用辐射、微波和紫外线杀灭微生物的方法。

①辐射灭菌法:指利用电离辐射杀灭微生物的方法。本法最常用的是^{60}Co-γ 射线辐射灭菌,常用的辐射灭菌剂量(指灭菌物品的吸收剂量)一般为 25kGy。该法已被多个国家药典收载。

辐射灭菌法的特点是不升高灭菌产品的温度、穿透性强、灭菌效率高、无环境污染、节约能源、工艺简单、容易控制。但设备及附属装置费用较高,在建造辐照装置、安全防护、监测系统方面往往一次投资大,并具有较强的专业性质。本法适合于医疗器械、容器、生产辅助用品、不受辐射破坏的原料药及成品等的灭菌。

②紫外线灭菌法:指用紫外线照射杀灭微生物的方法。用于紫外线灭菌的波长一般为 200~300 nm,灭菌力最强的波长为 254 nm。紫外线不仅能使核酸和蛋白质变性,而且能使空气中氧气产生微量臭氧,达到共同杀菌作用。该法适合于照射物体表面灭菌、无菌室空气及纯化水的灭菌;不适合于药液的灭菌及固体物料深部的灭菌。由于紫外线是以直线形式传播,可被不同的表面反射或吸收,穿透力微弱,普通玻璃即可吸收紫外线。紫外线对人体有害,照射过久易发生结膜炎、红斑及皮肤烧灼等伤害,故操作者应注意劳动保护。

③微波灭菌法:是采用频率 300~300000 MHz 的电磁波照射产生热能杀灭微

生物的方法。此法利用极性分子强烈吸收微波能量后剧烈旋转、摩擦生热,达到灭菌效果。其特点是微波能穿透到介质和物料的深部,可使介质和物料表里一致地加热,且具有低温、常压、快速、高效、均匀、低能耗、无污染、操作简单、易维护、产品保质期长等优点。该法适合液体和固体物料的灭菌,且对固体物料具有干燥作用。

2. 化学灭菌法

化学灭菌法是指用化学杀菌剂直接作用于微生物而将其杀灭的方法。本法仅对微生物繁殖体有效,不能杀死芽孢。化学杀菌剂的灭菌效果主要取决于微生物的种类与数量、物体表面光洁度或多孔性以及杀菌剂的性质等。化学灭菌法包括气体灭菌法和药液灭菌法。

(1)气体灭菌法　指用化学消毒剂形成的气体杀灭微生物的方法。常用的化学消毒剂有环氧乙烷、气态过氧化氢、甲醛、臭氧等。该法适用于在上述气体中稳定的物品的灭菌。采用该法灭菌应注意灭菌气体的可燃可爆性、致畸性和残留毒性。

①甲醛溶液加热熏蒸法:该法灭菌较彻底,是常用的方法之一。药厂大型无菌操作,常用甲醛溶液加热熏蒸对空气进行灭菌。将甲醛溶液放入瓶内,甲醛溶液吸收夹层蒸汽的热量后蒸发产生甲醛蒸气,甲醛蒸气经出口送入总进风道,再由鼓风机吹入无菌操作室,连续 3 h 后,一般即可将鼓风机关闭。室内应保持在 25 ℃ 以上,以免室温过低甲醛蒸气聚合而附着于冷表面;湿度应保持在 60% 以上,密闭熏蒸 12~24 h 以后,再将 20% 的氨水加热(每 1 m^3 用 8~10 mL),从总风道送入氨气约 15 min,以吸收甲醛蒸气,之后打开总出口排风,并通入经处理过的无菌空气直至排尽室内的甲醛蒸气。

②臭氧灭菌法:近年来利用臭氧代替紫外线照射与化学试剂熏蒸灭菌,取得了满意的效果。该法将臭氧发射装置安装在中央空调净化系统送风、回风总管道中,与被控制的洁净区采用循环方式灭菌。其特点是:①臭氧迅速扩散到洁净区的全部范围,浓度分布均匀,对空气中的浮游菌、设备、建筑物表面、沉降菌落等都能很好地消毒。②不需增加室内消毒设备。③对空气净化系统滋生的真菌和杂菌起到杀灭作用。④灭菌时间短(一般只需要 1 h),操作简便,效果好。

(2)药液灭菌法　是利用化学杀菌剂的溶液杀灭微生物的方法。该法常作为其他灭菌法的辅助措施,适用于皮肤、无菌器具和设备的消毒。常用的化学杀菌剂有 0.1%~0.2% 苯扎溴铵溶液、75% 乙醇、2% 甲酚皂溶液、1% 聚维酮碘溶液等。

(二)无菌操作法

无菌操作法是指整个操作过程在无菌条件下进行的一种生产和操作方法。该法通常应用于不能加热灭菌或不宜用其他方法灭菌的无菌制剂的制备,如一些不耐热的药物注射液、眼用制剂、皮试液、海绵剂等。按无菌操作法制备的产品一般不再灭菌,但某些耐热品种也可进行再灭菌。

为保障生产空间的无菌状态,避免产品受到污染,需注意以下几点:①无菌操作法必须在无菌操作室或无菌(柜)中进行。②操作人员和物料的进出都有严格的规定。③所有的用具、原料以及操作环境都必须进行灭菌。无菌操作法通常采用层流空气洁净技术。

1. 无菌操作室的灭菌

无菌操作室应定期进行灭菌,可采用紫外线、液体和气体灭菌法对无菌操作室环境进行灭菌;无菌操作室的空气灭菌常采用甲醛溶液、丙二醇、乳酸等。

2. 无菌操作

无菌操作室、层流洁净工作台、无菌操作柜等是无菌操作的主要场所,供无菌操作用的一切物品、器具、环境等,均需要按照前面所述灭菌法灭菌。操作人员进入无菌操作室应严格遵守无菌操作的工作规程,按规定洗手消毒后换上已灭菌的工作服,戴上无菌工作帽和口罩,穿上无菌工作鞋,不得外露头发和内衣,并尽可能减少皮肤的外露,不得裸手操作,以免造成污染;物料在无菌状态下送入室内;人流、物流严格分开。近年来,普遍采用层流洁净工作台进行无菌操作,该设备有良好的无菌环境,使用方便,效果可靠。

(三)无菌检查法

无菌检查法是用于检查药典要求无菌的药品、生物制品、医疗器具、原料、辅料及其他品种是否无菌的一种方法,是无菌制剂必须进行的质量检查项目。无菌检查法有薄膜过滤法和直接接种法。

无菌检查应在环境洁净度 B 级背景下的局部 A 级的单向流空气区域内或隔离系统中进行,其全过程应严格遵守无菌操作,防止微生物污染,防止污染的措施不得影响供试品中微生物的检出。单向流空气区、工作台面及环境应定期按《医药工业洁净室(区)悬浮粒子、浮游菌和沉降菌的测试方法》的现行国家标准进行洁净度确认。隔离系统按相关要求进行验证,其内部环境的洁净度须符合无菌检查的要求。日常检验还需对试验环境进行监控。

无菌检查人员必须具备微生物专业知识,并经过无菌技术的培训。具体检查法及要求详见《中国药典》(2020年版)四部通则。若供试品符合无菌检查法的规定,仅表明了供试品在该检验条件下未发现微生物污染。

三、注射剂

(一)概述

1. 注射剂的特点

注射剂是指原料药物或与适宜的辅料制成的供注入体内的无菌制剂。注射剂是目前临床应用最广泛的剂型之一,其主要特点有以下几点。

(1)给药剂量准确、药效迅速、作用可靠 注射剂直接将药物注入人体组织或血管,因此吸收快或无吸收过程,药效迅速;并且注射剂给药不经过胃肠道,不受消化液及食物影响,所以剂量准确,作用可靠。

(2)适用于不宜口服的药物　某些药物可被消化液破坏,或不易被胃肠道吸收,或具有刺激性,如酶及蛋白质类等药物可被消化液破坏,链霉素口服不易吸收,因此不宜口服给药,可将这些药物制成注射剂。

(3)适用于不宜口服给药的患者　注射剂适用于不能吞咽、昏迷、术后禁食、严重呕吐等患者,通过注射给药,提供营养或治疗药物,以达到治疗或维持患者生命的作用。

(4)既可发挥全身作用又可发挥局部定位作用　如局部麻醉药、注射封闭疗法、穴位注射药物可产生特殊疗效。还有些注射剂具有延长药效的作用,也可用于疾病诊断等。

注射剂也存在一些缺点:局部疼痛,使用不便,患者依从性差,制备过程复杂,生产环境净化级别要求高,生产用原料、辅料质量要求高,生产成本较高,不如口服给药安全,特别是静脉注射使用风险很高,所以能采用口服制剂治疗的疾病就不主张使用注射给药。

2. 注射剂的分类

注射剂可以按照药物分散方式、制备工艺以及临用前操作进行分类。

(1)按药物分散方式分类　注射剂按照药物的分散方式不同,可以分为溶液型注射剂、混悬液型注射剂、乳状液型注射剂以及临用前配制成液体使用的无菌粉末。

①溶液型注射剂:对易溶于水,且在水溶液中比较稳定的药物可制成水溶液型注射剂,如维生素 C 注射液、葡萄糖注射液。对不溶于水而溶于油的药物可制成油溶液型注射剂,如黄体酮注射液等。

②混悬液型注射剂:水中溶解度小的药物或需要延长药效的,可制成混悬液型注射剂,如鱼精蛋白胰岛素注射液、醋酸可的松注射液等。混悬液型注射液中原料药物粒径应控制在 15 μm 以下;含 15~20 μm(间有个别 20~25 μm)者,不应超过 10%;若有可见沉淀,振摇时应分散均匀。混悬液型注射液不得用于静脉或椎管内注射。

③乳状液型注射剂:对水不溶性或油性液体药物,根据临床需要可制成乳状液型注射剂,该类注射剂不得用于椎管注射,溶剂可以是水也可是油,静脉用乳状液型注射液中 90% 的乳滴粒径应在 1 μm 以下,不得有大于 5 μm 的乳滴,如静脉注射用脂肪乳剂。

④注射用无菌粉末:在水中不稳定的药物,常制成注射用无菌粉末,俗称粉针剂。临用前用适宜的溶剂(一般为灭菌注射用水)溶解或混悬后使用,如注射用青霉素 G。

(2)按制备工艺分类　注射剂按照制备工艺不同,可以分为终端灭菌注射剂和非终端灭菌注射剂。

①终端灭菌注射剂:指在注射剂制备的最终阶段采用某种灭菌方法杀灭或除去所有活的微生物繁殖体和芽孢的注射剂,包括终端灭菌的小容量注射剂和大容

量注射剂。

②非终端灭菌注射剂：指采用无菌工艺制备的注射剂，包括注射用无菌分装制品和注射用冷冻干燥制品。

(3)按临用前操作分类

注射剂按照临用前操作可以分为注射液、注射用无菌粉末与注射用浓溶液。

①注射液：包括溶液型、乳状液型和混悬液型注射液，临用前无需配制，可供直接注射使用。

②注射用无菌粉末：指药物制成的、供临用前用适宜的溶剂配制成澄清溶液或混悬液的无菌粉末或无菌块状物。

③注射用浓溶液：指药物制成的、供临用前稀释后静脉滴注用的无菌浓溶液，如左乙拉西坦注射液。

3. 注射剂的给药途径

(1)皮内注射(ID)　注射于表皮与真皮之间，一次剂量在 0.2 mL 以下，常用于过敏性试验或疾病诊断，主要是水溶液，如青霉素皮试液、白喉诊断毒素等。

(2)皮下注射(SC)　注射于真皮与肌肉之间的松软组织内，一般剂量为 1~2 mL。皮下注射剂主要是水溶液，药物吸收速度稍慢。人体皮下感觉比肌肉敏感，具有刺激性的药物及油或水的混悬液，一般不宜皮下注射。

(3)静脉注射(IV)　分为静脉推注和静脉滴注，前者注射量一般为 5~50 mL，后者注射量为几百毫升甚至几千毫升。静脉注射将药液直接注入静脉，发挥药效最快，常作为急救、补充体液和供营养之用。静脉注射剂多为水溶液，油溶液和混悬液或乳浊液易引起毛细血管栓塞，一般不宜静脉注射，但粒径<1 μm 的 O/W 型乳剂、脂质体、纳米粒等可做静脉注射。凡能导致红细胞溶解或使蛋白质沉淀的药液，均不宜静脉给药。

(4)肌内注射(IM)　注射于肌肉组织中，一次剂量为 1~5 mL。除水溶液外，油溶液、混悬液及乳浊液均可肌内注射，且有延效作用，乳浊液尚有一定的淋巴靶向性。

(5)脊椎腔注射　注入脊椎四周蛛网膜下腔内。由于神经组织较敏感，脑脊液量少，且脊椎液循环较慢，故质量应该严格控制，如渗透压应该与脑脊液相等(完全等张)，不得添加抑菌剂，pH 应控制在 5.0~8.0，一次注射量在 10 mL 以内，缓慢注入。适用于其他给药方式无法吸收进入脑脊液且在脊髓腔具有作用位点、产生药效的药物。此类主要为麻醉药、减轻术后疼痛药物以及缓和痉挛的药物的注射。

此外根据临床医疗需要有时还采用动脉内注射、心内注射、关节内注射、滑膜腔内注射、穴位注射以及硬膜外注射等。

4. 注射剂的质量要求

由于注射剂直接注入人体内部，所以其质量控制指标比其他剂型更加严格，注射剂的质量要求有以下几点。

(1)无菌　注射剂成品中不应含有任何活的微生物。

(2) 无热原　无热原是注射剂的重要质量指标,特别是供静脉及椎管注射的注射剂以及一次用量超过 5 mL 的注射液,均需进行热原检查,合格后方能使用。

(3) 可见异物　按《中国药典》(2020 年版)规定条件检查,按可见异物检查法检查,不得有肉眼可见的浑浊或异物。注射剂应在符合药品生产质量管理规范(GMP)的条件下生产,产品在出厂前应采用适宜的方法逐一检查并同时剔除不合格产品。临用前,需在自然光下目视检查(避免阳光直射),如有可见异物,不得使用。

(4) 安全性　注射剂不能引起对组织的刺激或发生毒性反应,特别是非水溶剂、附加剂等,必须经过必要的动物试验,确保使用安全。

(5) 渗透压　注射剂要有一定的渗透压,在无特殊要求下,其渗透压要求与血浆的渗透压相等或接近。

(6) pH　注射剂的 pH 要求尽量与血液 pH(7.35~7.45)相等或接近,但一般情况下根据药物性质可以控制在 pH4~9。

(7) 稳定性　注射剂多为水溶液,且由于每一种制剂都有其有效期,限制其使用和储存时间,故要求注射剂具有必要的物理稳定性、化学稳定性和生物学稳定性,确保产品在贮存期内安全、有效。

(8) 其他　注射剂中降压物质、有效成分含量、最低装量及装量差异等,均应符合药品标准要求。

(二) 注射剂的溶剂与附加剂

1. 注射剂的溶剂

注射剂所用溶剂应无菌、无热原、性质稳定,溶解范围较广,安全无害,不影响药物疗效和质量。

(1) 注射用水　注射用水为纯化水,经蒸馏等环节制得的水是注射剂最常用的溶剂。注射用水的质量必须符合《中国药典》(2020 年版)规定,应为无色的澄明液体,无臭。pH 要求 5.0~7.0,氨、硝酸盐与亚硝酸盐、电导率、总有机碳、不挥发物与重金属及细菌内毒素、微生物限度检查均应符合规定。

(2) 注射用油　注射用油有芝麻油、大豆油、茶油等植物油,主要使用的是供注射用的大豆油,其质量要求应符合《中国药典》(2020 年版)中有关规定,应为淡黄色澄明液体,无臭或几乎无臭,酸值不大于 0.1,碘值为 126~140,皂化值为 188~195。碘值、皂化值、酸值是评价注射用油质量的重要指标。碘值反映油脂中不饱和键的多寡,碘值过高,则含不饱和键多,油易氧化酸败。皂化值表示游离脂肪酸和结合成酯的脂肪酸总量,过低表明油脂中脂肪酸分子质量较大或含不皂化物(如胆固醇等)杂质较多;过高则脂肪酸分子质量较小,亲水性较强,失去油脂的性质。酸值高表明油脂酸败严重,不仅影响药物稳定性,且有刺激作用。

(3) 其他注射用溶剂　注射剂的溶剂除注射用水和注射用油外,常因药物特性的需要选择其他溶剂或采用复合溶剂,常用的有以下几种。

①亲水性非水溶剂:常用的有乙醇、甘油、1,2-丙二醇、聚乙二醇 300

(PEG300)、聚乙二醇400(PEG400)、二甲基乙酰胺(DMA)等。

②亲油性非水溶剂:常用的有苯甲酸苄酯、二甲基亚砜、油酸乙酯和肉豆蔻酸异丙酯等。以上各种非水溶剂均应符合注射用规格,不能用化学试剂代替。

2. 注射剂的附加剂

除主药和溶剂外,注射剂可根据药物的性质、制备及临床需要加入适宜的附加剂,如渗透压调节剂、pH调节剂、增溶剂、润湿剂、抗氧化剂、抑菌剂、乳化剂、助悬剂等,常用的附加剂见表8-1。所用附加剂应不影响主药疗效,避免对检验产生干扰,使用浓度不得引起毒性或过度的刺激。注射剂所用辅料,在标签或说明书中应标明其名称,抑菌剂还应标明浓度;注射用无菌粉末,还应标明注射用溶剂。

表8-1　　　　　　　　注射剂常用附加剂及用量

附加剂	辅料名称	用量/%	附加剂	辅料名称	用量/%
乳化剂、增溶剂、润湿剂	聚山梨酯20	0.01	抑菌剂	三氯叔丁醇	0.25~0.5
	聚山梨酯40	0.05		苯甲醇	1~2
	聚山梨酯80	0.04~4.0		羟苯酯类	0.01~0.015
	聚乙烯吡咯烷酮	0.2~1.0		苯酚	0.5~1.0
	卵磷脂	0.5~2.3	局部止痛剂	盐酸普鲁卡因	1.0
	脱氧胆酸钠	0.21		利多卡因	0.05~1.0
	普朗尼克F-68	0.21		苯甲醇	1.0~2.0
pH调节剂	醋酸、醋酸钠	0.22~0.8	填充剂	三氯叔丁醇	0.3~0.5
	酒石酸、酒石酸钠	0.65~1.2		乳糖	1~8
	柠檬酸、柠檬酸钠	0.5~4.0		甘露醇	1~2
	乳酸	0.1		甘氨酸	1~10
	碳酸氢钠、碳酸钠	0.005~0.06	保护剂	蔗糖	2~5
助悬剂	甲基纤维素	0.03~1.05		麦芽糖	2~5
	羧甲基纤维素钠	0.1~0.75		人血白蛋白	0.2~2
	明胶	2.0		乳糖	2~5
抗氧化剂	亚硫酸钠	0.1~0.2	稳定剂	肌酐	0.5~1.0
	亚硫酸氢钠	0.1~0.2		烟酰胺	1.25~2.5
	焦亚硫酸钠	0.01~0.2		甘氨酸	1.5~2.25
	硫代硫酸钠	0.1		辛酸钠	0.4
渗透压调节剂	氯化钠	0.5~0.9	金属离子络合剂	EDTA-2Na	0.01~0.05
	葡萄糖	4~5			

（1）pH 调节剂　注射剂需调节 pH 在适宜范围,一方面保证药物的稳定性、溶解性,另一方面保证用药的安全性,减小注射时的刺激性。一般对肌内和皮下注射的注射液及小剂量的静脉注射液,要求其 pH 在 4~9;大剂量的静脉注射液原则上要求尽可能接近正常人血液的 pH;椎管注射液的 pH 应接近 7.4。常用的 pH 调节剂有盐酸、氢氧化钠、碳酸氢钠和磷酸盐缓冲对、醋酸盐缓冲对、酒石酸盐缓冲对等。

（2）抑菌剂　采用低温灭菌、过滤除菌或无菌操作法制备的注射剂、多剂量包装的注射液,应加入适宜的抑菌剂。静脉输液与脑池内、硬膜外、椎管内用的注射液均不得添加抑菌剂,除另有规定外,注射量超过 15 mL 的注射液也不得加入抑菌剂。抑菌剂的用量应能抑制注射液中微生物的生长。加有抑菌剂的注射液,仍应采用适宜的方法灭菌。常用的抑菌剂为苯酚、甲酚、三氯叔丁醇等,另外还有其他抑菌剂,如苯甲醇、硫柳汞、羟苯酯类等。加有抑菌剂的注射剂,按药品管理法规规定应在标签上标明所加抑菌剂的名称和浓度。

（3）抗氧化剂　为延缓或防止注射剂中药物的氧化,在配制注射剂时可加入抗氧化剂、金属螯合剂（EDTA-2Na）及惰性气体。常用的水溶性抗氧化剂有亚硫酸钠（适于偏碱性药液）、亚硫酸氢钠（适于偏酸性药液）、焦亚硫酸钠（适于偏酸性药液）、硫代硫酸钠（适于偏碱性药液）等;油溶性抗氧化剂有维生素 E、丁基羟基茴香醚（BHA）、二丁基羟基甲苯（BHT）等。惰性气体可填充二氧化碳或氮气等气体,一般情况应首选氮气,因二氧化碳能改变有些药液的 pH,且易使安瓿破裂。

（4）渗透压调节剂　等渗溶液是指与血浆、泪液等体液具有相等渗透压的溶液,用物理化学实验方法测得,属于物理化学概念。

等张溶液是指与红细胞膜张力相等的溶液,用生物学方法测得,属于生物学的概念。输液必须调节其等渗性,因此在设计输液处方时,除甘露醇等临床特殊要求具有较高渗透压的输液外,一般输液都要求具有等渗性。临床上尤其不能使用低渗透压输液,常用渗透压调节剂有氯化钠、葡萄糖等。人体可耐受的渗透压,肌内注射为 0.45%~2.7% 的氯化钠溶液的渗透压,相当于 0.5~3 倍等渗浓度的溶液。静脉滴注的大输液,若大量输入低渗溶液,水分子可迅速进入红细胞内,使红细胞破裂而溶血。若输入大量高渗溶液,红细胞可皱缩,但输入缓慢且量不大时,机体可自行调节,不致产生不良反应。

由于红细胞膜并非理想的半透膜,一些小分子的物质如甘油、尿素等,在等渗条件下也能自由通过红细胞膜,导致细胞膜外水分进入细胞,使红细胞胀大破裂,引起溶血。有些药物如甘油、尿素等按下述方法调整成等渗溶液之后,仍发现有不同程度的溶血现象,此种溶液虽是等渗溶液但不是等张溶液。加入一定量的渗透压调节剂,常可得到等张溶液。按我国相关规定,对静脉输液、营养液、电解质或渗透利尿药,如甘露醇注射液等制剂,应在药品说明书上注明溶液的渗透压摩尔浓度,以供临床医生参考。

(5) 其他附加剂　注射剂的附加剂还包括：①增溶剂：如聚山梨酯 80；②乳化剂：如卵磷脂、泊洛沙姆 188 等；③助悬剂：如明胶、甲基纤维素、羟丙基甲基纤维素（HPMC）等；④延效剂：如聚维酮（PVP）；⑤局部止痛剂：如苯甲醇、三氯叔丁醇、利多卡因、盐酸普鲁卡因等；⑥根据具体产品的需要还可加入特定的助溶剂、稳定剂、填充剂（冷冻干燥制品中）、保护剂（蛋白类药物中）等。

(三) 注射剂的制备

1. 注射剂的生产工艺流程

注射剂为无菌制剂，不仅要按照生产工艺流程进行生产，还要严格按照 GMP 进行生产管理，以保证注射剂的质量和用药安全。液体安瓿剂一般生产工艺流程及环境区域划分，如图 8-2 所示。

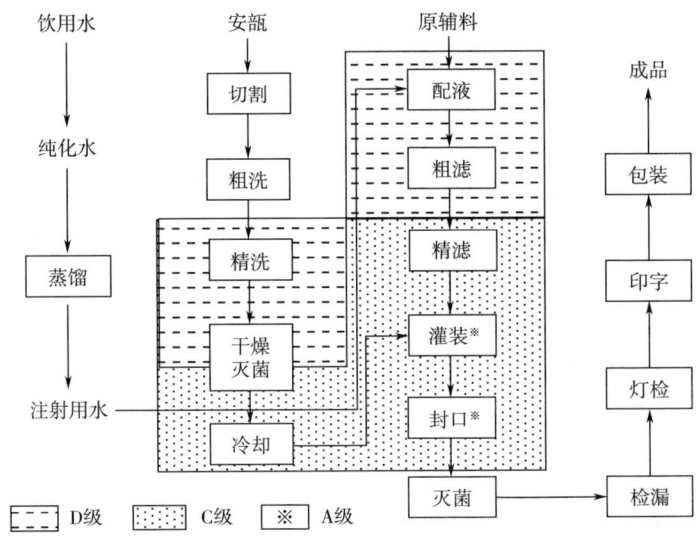

图 8-2　液体安瓿一般生产工艺流程及环境区域划分示意图

2. 注射剂容器和处理方法

(1) 注射剂容器　注射剂用的玻璃容器或塑料容器均应符合国家有关注射用容器的标准规定，容器的密封性需用适宜的方法验证。

目前，小容量注射剂的容器主要包括以下几种。

①玻璃安瓿：其式样包括曲颈易折安瓿和粉末安瓿两种，其中曲颈易折安瓿使用方便，可避免折断的玻璃屑和微粒对药液的污染，故国家药品监督管理部门已强制推行使用该种安瓿。曲颈易折安瓿分为点刻痕易折安瓿和色环易折安瓿两种，其容积通常为 1、2、5、10、20 mL 等几种规格。粉末安瓿用于装注射用固体粉末或结晶性药物。近年来开发了一种注射容器，分为两室，可同

曲颈易折安瓿动画

时分装粉末与溶剂,上隔室装溶剂,下隔室装无菌药物粉末,中间用特别的隔膜分开,用时将顶部的塞子压下,隔膜打开,溶剂流入下隔室,将药物溶解后使用。

安瓿的颜色有无色透明和琥珀色两种,无色安瓿有利于药液可见异物检查,琥珀色安瓿可滤除紫外线,适合于盛装光敏性药物,但由于其中含有氧化铁,应注意与所灌装药物之间可能发生的配伍变化。目前制造安瓿的玻璃主要有中性玻璃、含钡玻璃和含锆玻璃。中性玻璃化学稳定性好,适用于近中性或弱酸性注射剂;含钡玻璃耐碱性好,适用于碱性较强的注射剂;含锆玻璃耐酸碱性能好,不易受药液侵蚀,适用于酸碱性强的药液和钠盐类的注射液等。

②西林小瓶:包括管制瓶与模制瓶两种。管制瓶的瓶壁较薄,厚薄比较均匀,而模制瓶正相反。常见容积为 10 mL 和 20 mL,应用时均需配有橡胶塞,外面有铝盖压紧,有时铝盖上再外加一个塑料盖,主要用于分装注射用无菌粉末,如青霉素等抗生素类粉针剂多采用此容器包装。

a. 卡式瓶:为两端开口的管状筒,其瓶口用胶塞和铝盖密封,底部用橡胶活塞密封。在实施注射时,需与可重复使用的卡式注射架、卡式半自动注射笔、卡式全自动注射笔等注射器械结合使用。注射操作简单,对使用者进行一定的注射知识培训,即可自行完成注射。长式瓶适合需常年用药的患者及患者发病时的自救。"胰岛素笔"是卡式瓶注射剂和预充式注射剂的代表。

b. 预填充注射器(PFS):采用一定的工艺将药液预先灌装于注射器中,以方便医护人员或患者随时可注射药物的一种"药械合一"的给药形式。本品同时具有贮存和注射药物的两种功能。

c. 塑料安瓿:按材质不同,主要有聚丙烯(PP)和聚乙烯(PE)安瓿,PP 的透明度好,强度高,可耐受 121 ℃ 下的高温灭菌,常用于可耐受终端灭菌的注射剂;PE 一般不耐受 110 ℃ 以上高温灭菌,常用于无菌工艺生产的注射剂。

塑料安瓿相对玻璃安瓿,具有如下优点:强度高,不易破碎;质量轻;不会产生碎屑;易操作,安全性强;生产方法简便,对药物稳定性影响小;商标可以通过模具注塑在容器瓶上,具有防伪作用;造型及规格多样,装量范围广。PP 和 PE 材质的容器适用产品的类型包括"小容量注射剂""大容量注射剂""滴眼剂""滴耳剂""口服液"等。

(2)安瓿的处理

①安瓿的洗涤:目前国内使用的安瓿洗涤方法常用的有:甩水洗涤法、加压气水喷射洗涤法和超声洗涤法。其中将超声波洗涤与气水喷射式洗涤相结合的方法,具有清洗洁净度高、速度快等特点。

安瓿清洗图片

甩水洗涤法:先用灌水机将安瓿灌满去离子水或蒸馏水,然后用甩水机将水甩出,如此反复 3 次,以达到清洗的目的。甩水洗涤法一般适用于 5 mL 以下的安瓿。

加压喷射气水洗涤法:适用于大规格安瓿和曲颈安瓿的洗涤,是目前水针剂生产上常用的洗涤方法。由针头将经过加压的去离子水或蒸馏水与洁净的压缩空气交替喷入安瓿内,冲洗顺序为"气→水→气→水→气",一般4~8次,靠洗涤水与压缩空气交替数次强烈冲洗。气水喷射式洗涤机组主要由供水系统、压缩空气及其过滤系统、洗瓶机等三大部分组成。洗涤时,利用洁净的洗涤水及经过过滤的压缩空气,通过喷嘴交替喷射安瓿内外部,将安瓿洗净。

安瓿冲淋机动画

超声波洗涤法:将安瓿浸没在超声波清洗槽中,利用水与玻璃接触面的空化作用洗除表面的污渍,见图8-3。

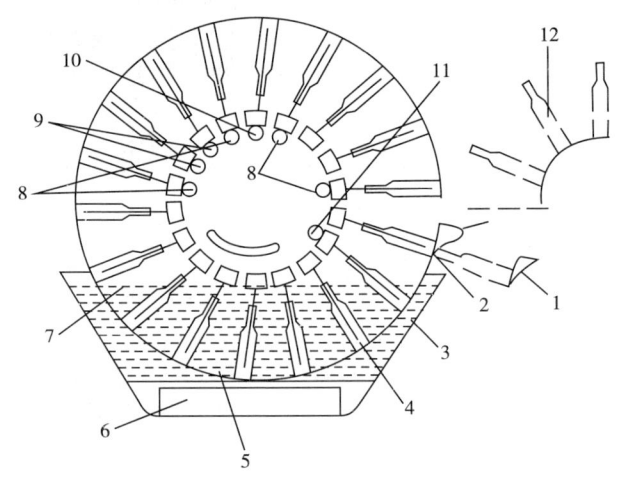

图8-3 超声波安瓿洗瓶机的工作原理图

1—推瓶器 2—引导器 3—水箱 4—针管 5—瓶底座 6—超声波发生器
7—液位 8—吹气 9—冲循环水 10—冲新鲜水 11—注水 12—出瓶

②安瓿的干燥或灭菌:小量生产时,用新鲜的注射用水洗净后,可以直接灌装药液,但要控制余水,保证药液的浓度。一般安瓿洗净后要在烘箱内120~140 ℃温度下进行干燥,若用于无菌操作或低温灭菌的安瓿还需180 ℃干热灭菌1.5 h。大量生产时必须进行干燥,多采用隧道式干热灭菌机,以避免存放时生长微生物。干燥或灭菌操作时,均应避免空气中微粒的污染,可配备局部层流装置以保持空气的洁净。灭菌后的安瓿存放柜应有净化空气保护,安瓿存放时间不应超过24 h。

近年来,安瓿干燥已广泛采用远红外线加热技术,一般在碳化硅电热板的辐射源表面涂远红外涂料,如氧化钛、氧化锆等,便可辐射远红外线,温度可达250~300 ℃,具有效率高、质量好、干燥速度快和节约能源等特点。

3. 注射液的配制

(1)原辅料的准备与投料 供注射剂生产所用原料必须达到注射用规格,符合《中国药典》及国家有关对注射剂原料质量标准的要求。辅料也应符合《中国药典》或国家其他有关质量标准,应优先选用注射用规格。

按处方正确计算投料量、称量时应两人核对,避免差错。若在制备过程中(如灭菌后)药物含量下降,应酌情增加投料量。计算、投料含结晶水药物应注意其换算,投料量可按下列公式计算。

$$\text{原料(附加剂)实际用量} = \frac{\text{原料(附加剂)理论用量} \times \text{成品标识量百分数}}{\text{原料(附加剂)实际含量}}$$

成品标识量百分数通常为100%,有些产品因灭菌或储藏期间含量会有所下降,可适当增加投料量(即提高成品标识量的百分数)。

$$\text{原料(附加剂)用量} = \text{实际配液量} \times \text{成品含量百分数}$$

$$\text{实际配液量} = \text{实际灌注量} + \text{实际灌注时损耗量}$$

可见异物与稳定性是注射剂生产中突出的问题,而原辅料的质量优劣与此有直接关系,因此生产中改换原辅料的生产厂家时,在生产前均应做小样试制,检验合格后方能使用。

(2)注射剂的配制 注射剂配制药液方法有两种,稀配法和浓配法。

①稀配法:即将全部原料药物及其辅料加入全量溶剂中,一次性配成所需浓度,过滤后灌装;此法适用于不易发生可见异物问题、质量好的原料。

②浓配法:适用于易产生可见异物问题的原料,即将全部物料药物加入部分溶剂中,先配成浓溶液,加热或冷藏后过滤,过滤后(再加入其他辅料)稀释至需要浓度后灌装;此法可使溶解度小的杂质过滤除去。

对不易滤清的药液,可加 0.1% ~ 0.3% 的注射用活性炭处理,起到吸附、助滤和脱色等作用,但要注意可能对主药产生吸附而使其含量下降。活性炭在酸性条件下吸附能力强,一般均在酸性环境中使用。配制所用注射用水,其贮存时间不得超过 12 h。配制的药液,需经过 pH、含量等项检查,合格后才能过滤并灌封。

配液用具和容器的材料宜采用玻璃、不锈钢、搪瓷、耐酸耐碱陶瓷和无毒聚氯乙烯、聚乙烯塑料等,不宜采用铝、铁、铜质器具。大量生产时常用不锈钢夹层配液罐,既可通蒸汽加热,又可通冷水冷却。

配液的所有用具和容器在使用前均应用硫酸重铬酸钾清洗液或其他适宜洗涤剂清洗,然后用纯化水反复冲洗,最后用新鲜的注射用水荡洗或灭菌后使用。每次配液后一定要立即清洗干净。

配制油性注射液时,其器具必须干燥,注射用油用前需经 150 ~ 160 ℃ 干热灭菌 1 ~ 2 h,冷却后使用。

4. 注射液的过滤

(1)过滤机制 过滤是保证注射液澄明的关键工序。过滤是以某种多孔物质为介质,通过机械过筛或过滤器的深层截留,将流体中大小不同的组分进行分离的技术。

(2)常用过滤器

①垂熔玻璃滤器:有垂熔玻璃滤球、垂熔玻璃滤棒和垂熔玻璃漏斗 3 种过滤

器。在注射剂生产中主要用于精滤或膜滤前的预滤。垂熔玻璃滤器不同厂家的规格、型号不同,如表8-2所示,3号和G2号多用于常压过滤,4号和G3、G4号多用于减压或加压过滤,6号以及G5、G6号为无菌过滤。

表8-2　　　　　　　　　　垂熔玻璃滤器规格表

上海产		长春产	
滤板号	孔径大小/μm	滤板号	孔径大小/μm
1	80~120	G1	20~30
2	40~80	G2	10~15
3	15~40	G3	4.5~9
4	5~15	G4	3~4
5	2~5	G5	1.5~2.5
6	2以下	G6	1.5以下

垂熔玻璃滤器化学性质稳定,吸附性低,一般不影响药液的pH,每次使用前要用纯化水反冲,并于1%~2%硝酸钠硫酸溶液中浸泡12~24 h。

②微孔滤膜过滤器:微孔滤膜是用高分子材料制成的薄膜过滤介质,其孔径为0.025~14 μm,分成多种规格,使用时将其安装在圆盘形膜过滤器或圆筒形膜过滤器中,常用于注射液的精滤和过滤除菌(0.22 μm)。常用的微孔滤膜材质有以下几种:①硝酸纤维膜:适用于药物水溶液、空气、油类、酒类除去微粒和细菌,不耐酸碱,溶于有机溶剂,此膜对热稳定,可在120 ℃,30 min热压灭菌。②醋酸纤维膜:适用于无菌过滤、检验分析测定,如过滤低分子质量的醇类、药物水溶液、酒类、油类等。③醋酸纤维与硝酸纤维混合酯膜:可适用于pH3~10的水溶液、10%~20%的乙醇、50%的甘油、30%~50%的丙二醇,而2%聚山梨酯80对膜有显著影响。④聚四氟乙烯膜:热稳定性和化学稳定性均好,可耐260 ℃高温,适用于强酸、强碱及各种有机溶剂。⑤其他还有聚酰胺膜、聚砜膜和聚氯乙烯膜等。使用前应进行膜与药物溶液的配伍试验,确认无相互影响才能选用。

微孔滤膜孔径小、孔隙率高、截留能力强、滤速快、不影响药液的pH、不滞留药液,有利于提高注射液的澄明度,但其缺点是易于堵塞。

③钛过滤器:是用粉末冶金工艺将钛粉加工制成的过滤材料,包括钛滤棒和钛滤片,常用于注射液的预滤。

④板框压滤机:由多个滤板和滤框交替排列组成,过滤面积大,截留固体多,经济耐用,适于大批量生产,常用于过滤黏性、微粒较大的浸出液,也可用于注射液的粗滤。

⑤砂滤棒:分粗号、中号和细号3种规格,一般用于注射液的粗滤。

(3)过滤工艺　注射剂生产中的过滤,一般采用二级过滤,即预滤与精滤相结合的方法。先将药液用常规的滤器,如砂滤棒、垂熔玻璃漏斗等预滤后,再使用微孔滤膜过滤。如板框压滤机→垂熔玻璃滤球→微孔膜过滤器。

(4)过滤方式 过滤的动力压差,可采用高位静压过滤、减压过滤或加压过滤。高位静压过滤装置利用液位产生的静压力进行过滤,其特点是压力稳定,过滤质量好,但流速稍慢;减压过滤装置过滤速度快,但压力不够稳定,滤层易松动,影响质量;加压过滤装置过滤速度快,压力稳定,质量好。注射液生产中的过滤多采用高位静压过滤或加压过滤。

5. 注射剂的灌封

注射液经过滤、检查合格后应立即进行灌封,这是注射剂生产中非常关键的操作。灌封操作包括灌注药液和熔封两个步骤,灌注后应立即封口,以免污染。本工序对环境洁净度要求极高,一般最终灭菌产品的灌封工艺要求为 C 级背景下的局部 A 级,非最终灭菌产品的灌封工艺要求为 B 级背景下的局部 A 级。

药品生产企业多采用全自动灌封机,灌注药液时均由下列动作协调进行:安瓿传送至轨道,灌注针头下降,药液灌装并充气、封口,再由轨道送出产品。灌液部分装有自动止灌装置,当灌注针头降下而无安瓿时,药液不再输出,避免污染机器与浪费。灌封室应符合净化级别要求。采用机械灌封时,自动灌注药液后应立即进行熔封,在同一台机器上完成。安瓿熔封方法分为拉封和顶封两种,由于拉封封口严密,颈端圆整光滑,所以目前规定必须用拉封方式封口,即拉丝封口。

灌装药液时应注意以下几点。

(1)剂量准确 灌装时可按《中国药典》(2020 年版)四部通则有关要求适当增加药液量,以保证注射用量不少于标识量(表 8-3)。

安瓿拉丝灌封机

安瓿灌封机灌注部分

安瓿灌装图片

安瓿封口图片

表 8-3　　　　　　　　　　注射剂的增加装量通例表

标识装量/mL	0.5	1	2	5	10	20	50
黏稠液增加量/mL	0.12	0.15	0.25	0.50	0.70	0.90	1.5
易流动液增加量/mL	0.10	0.10	0.15	0.30	0.50	0.60	1.0

(2)药液不沾瓶 为防止灌封器针头"挂水",活塞中心常有毛细孔,可使针头挂的水滴缩回并调节灌封速度,过快时药液易溅至瓶壁而沾瓶。

(3)通惰性气体 药物容易氧化时须通入惰性气体(二氧化碳或氮气),通气时既要求不使药液溅至瓶颈,又要求将安瓿空间空气除尽。一般采用空安瓿先充惰性气体,灌装药液后再充一次,效果较好。

企业生产中,将安瓿洗涤、灭菌至药液灌封等有多道工序连接起来组成联动生产线,各部分安装单向层流装置,实现自动化生产,利于提高产品质量。

6. 灌封常见问题

灌封时常发生的问题有剂量不准、焦头、鼓泡、封口不严等,其中最易出现的问题是产生焦头。产生焦头的主要原因有灌液过猛,药液溅到安瓿内壁;针头回药慢,针尖挂有液滴且针头不正,针头碰到安瓿内壁;安瓿口粗细不匀,碰到针头;灌注与针头行程未配合好;针头升降不灵等。封口时火焰烧灼过度引起鼓泡,烧灼不足导致封口不严。

我国现已有洗、灌、封联动机和割、洗、灌、封联动机,不仅可提高生产效率,而且可提高成品质量。

7. 注射剂的灭菌和检漏

(1)灭菌 注射剂熔封后,一般应根据原料药物性质选择适宜的方法进行灭菌。注射剂从配液到灭菌一般须在 12 h 内完成,注射剂的灭菌主要采用湿热灭菌法。一般 1~5 mL 安瓿采用流通蒸汽灭菌法 100 ℃,30 min;10~20 mL 安瓿采用流通蒸汽灭菌法 100 ℃、45 min;对热不稳定的产品可适当缩短灭菌时间,如维生素 C、地塞米松磷酸钠等产品缩短为 15 min。对热稳定的品种应采用 115 ℃、30 min 热压灭菌,灭菌后是否符合灭菌要求,还应通过确认。

采用流通蒸汽灭菌法,虽不能保证杀灭所有的芽孢,但只要在注射剂生产过程中严格控制微生物的污染,室内空气经过滤和层流洁净技术处理,用具等均用规定方法处理后,经大量新鲜的注射用水清洗或干燥灭菌后使用,产品中微生物污染量将减少,这是注射剂生产中主动性防止注射液被污染的措施之一。

以油为溶剂的注射剂,选用干热灭菌,具体温度与时间应根据主药性质确定。

(2)检漏灭菌后的注射剂应立即进行漏气检查 若安瓿熔封不严,空气可自由进入,药液易被微生物、污物污染或药液泄漏污染包装,故漏气的安瓿应剔除。一般于灭菌后待温度稍降,抽气减压至真空度 85.3~90.6 kPa,停止抽气,将有色溶液(一般用亚甲蓝溶液或曙红溶液)注入灭菌器并浸没安瓿,然后通入空气,此时若有漏气安瓿,由于其内为负压,有色溶液便可进入,即可检出。

8. 注射剂的质量检查

制备的注射剂必须经过质量检查,每种注射剂均有具体规定,包括含量、pH 以及特定的检查项目。除此之外,尚需符合《中国药典》(2020 年版)四部通则注射剂项下的各项规定,包括装量、可见异物、无菌检查、热原或内毒素检查等。

(1)装量 注射液及注射用浓溶液照《中国药典》(2020 年版)四部通则注射剂装量方法检查,应符合规定。

(2)可见异物 可见异物系指存在于注射剂、眼用液体制剂和无菌原料药中,在规定条件下目视可以观测到的不溶性物质,其粒径或长度通常大于 50 μm。除另有规定外,按照《中国药典》2020年版四部通则可见异物检查法检查,应符合规定。注射剂在出厂前,均应采用适宜的方法逐一检查,并剔除不合格产品。可见异物检查既可以保证患者用药安全,又可以发现生产中的问题,为改进生产环境和工艺提供依据。例如,药液中出现纤维一般为环境污染所致;出现白点一般为原料或安瓿产生;出现玻璃屑往往是安瓿洗涤和灌封不当造成;金属屑则来自灌封针头。

安瓿澄明度检查仪工位示意图

可见异物检查法有灯检法和光散射法,一般常用灯检法。灯检法不适用的品种,如有色透明器包装或液体色泽较深(一般深于各标准比色液7号)时应选用光散射法。光散射法:当一束单束单色激光照射溶液时,溶液中存在的不溶性物质使入射光发生散射,散射的能量与不溶性物质的大小有关。光散射法通过对溶液中不溶性物质引起的光散射能量的测量,并与规定的阈值比较,以检查可见异物。下面主要介绍灯检法。

①光照度:灯检法应在暗室中于规定的检查装置下进行,照度可在1000~4000 lx。无色注射液光照度应为1000~1500 lx;透明塑料容器或有色溶液注射液的检查光照度应为2000~3000 lx;混悬型注射液的光照度为4000 lx,仅检查色块、纤毛等可见异物。

②检查人员条件:远距离和近距离视力测验,均为4.9或4.9以上(矫正视力应为5.0或5.0以上),无色盲。

小容量注射剂灯检

③检查法:取供试品20支(瓶),除去标签,擦净容器外壁,手持供试品颈部轻轻旋转和翻转使药液中可能存在的可见异物悬浮,注意不使药液产生气泡,置供试品于检查装置的遮光板边缘处,分别在黑色背景和白色背景下在明视距离(指供试品至人眼的清晰观测距离,通常为25 cm),目视检查,重复观察,总检查时限为20 s。

结果判断按照《中国药典》(2020年版)四部通则可见异物检查项下规定。

(3)无菌检查 任何品种的注射剂必须符合无菌的要求。注射液灭菌完成后,每批必须抽样进行无菌检查,确保制品的灭菌质量。具体方法参照无菌检查法[《中国药典》(2020年版)四部通则]检查,应符合无菌检查法包括薄膜过滤法和直接接种法的规定。只要供试品性质允许,应采用薄膜过滤法的规定。

(4)细菌内毒素或热原检查 除另有规定外,静脉用注射剂按各品种项下的规定,照细菌内毒素检查法[《中国药典》(2020年版)四部通则]或热原检查法[《中国药典》(2020年版)四部通则]检查,应符合规定。

(5)中药注射剂有关物质 按各品种项下规定,照注射剂有关物质检查法[《中国药典》(2020年版)四部通则]检查,应符合有关规定。

(6)重金属及有害元素残留 除另有规定外,中药注射剂照铅、镉、砷、汞、铜测定法[《中国药典》(2020年版)四部通则]测定,按各品种项下每日最大使用量计算,铅不得超过 12 μg,镉不得超过 3 μg,砷不得超过 6 μg,汞不得超过 2 μg,铜不得超过 150 μg。

(7)其他检查　如注射用浓溶液应进行不溶性微粒检查,椎管注射用注射液进行渗透压摩尔浓度测定,某些注射剂如生物制品要求检查降压物质。此外,鉴别、含量测定、pH 的测定、毒性试验、刺激性试验等按具体品种项下规定进行检查。

(8)注射剂的印字(或贴标)与包装　完成灭菌的产品,每支安瓿或每瓶注射液均需及时印字或贴签,内容包括注射剂名称、规格及批号等。目前广泛使用的印字包装机,是印字、装盒、贴签及包扎等联成一体的半自动生产线,提高了安瓿的印字包装效率。包装盒内应放入说明书,盒外应贴标签。说明书和标签上必须注明药品的名称、规格、生产企业、批准文号、生产批号、生产日期、有效期、主要成分、适应证、用法、用量、禁忌证、不良反应和注意事项等。

新剂型

靶向制剂

效果检测

一、在线检测

测试 1　热原

测试 2　灭菌

测试 3　注射剂溶剂与附加剂

测试 4　注射剂的制备

测试 5　注射剂质量检查

二、项目考核

1. 按照附录1实操项目考核表进行小组和自我评价。
2. 将项目成果上传至学习平台,同时提交实物,以供教师进行评价。

三、分析与探究

1. 在注射剂生产过程中应如何避免污染热原?
2. 案例:盐酸普鲁卡因注射液

处方:盐酸普鲁卡因 5.0 g,氯化钠 8.0 g,0.1 mol/L 盐酸适量,注射用水加至 1000 mL。

(1)分析盐酸普鲁卡因注射液的处方组成。
(2)简述盐酸普鲁卡因注射液的制备过程。

 思政案例

2018年5月2日,云南省食药监管局发布《云南省收回药品GMP证书公告(2018第2号)》:昆药集团严重违反《药品生产质量管理规范》规定,依法收回其编号为CN20130501的药品GMP证书,该证书认证范围为小容量注射剂。昆明制药集团股份有限公司产品硫酸庆大注射液擅自变更灭菌工艺参数,应100 ℃灭菌的产品于2014年9月起将灭菌温度调整为121℃。2015年12月起又将灭菌温度调整为115 ℃。更换原料供应商未进行变更控制,直接作为新增供应商。上述行为严重违反了《药品生产质量管理规范》有关规定。国家药品监督管理局要求云南省食品药品监督管理局收回涉事企业的相关《药品GMP证书》,对企业涉嫌违法行为依法调查。

课程思政育人目标:通过本案例,使学生明白法律法规的严肃性,培养学生按标准操作的职业习惯。同时,培养学生一丝不苟、精益求精的工作态度。

项目九　输液生产管理

 项目概述

本项目以10%葡萄糖注射液为载体。

葡萄糖又称为玉米葡糖、玉蜀黍糖,简称为葡糖,化学名称:2,3,4,5,6-五羟基己醛,白色晶体或颗粒状粉末,是自然界分布最广且最为重要的一种单糖,属多羟基醛。该注射剂适用于补充能量和体液;用于各种原因引起的进食不足或大量体液丢失(如呕吐、腹泻等)、全静脉内营养、饥饿性酮症、低血糖症、高钾血症、高渗溶液用作组织脱水剂等。

现主要剂型有葡萄糖电解质泡腾片、注射剂等。葡萄糖电解质泡腾片适用于严重急性腹泻,出现脱水、缺失钠钾过多或者暑天高温炎热,大量出汗,患者或病人可自行口服。葡萄糖注射剂则多适用于患者进食少或不能自主进食的、较为紧急的情况。该注射剂产品规格有250 mL∶25 g、500 mL∶50 g等。本项目采用浓配法配制药液,利用250 mL玻璃瓶,以注射用活性炭、盐酸等辅料进行制备。

 项目准备

项目任务书

项目名称		学员姓名/学号	
起始时间		指导教师	
组长		项目成员	
学习任务	完成10%葡萄糖注射液的制备,产品质量符合输液剂质量标准。		
学习目标	**知识目标** 1. 掌握输液的定义、种类和质量要求。 2. 掌握输液包装材料及处理方法。 3. 掌握输液的生产工艺流程。 4. 掌握输液的配制方法。 5. 掌握输液过滤、灌封操作要点。 6. 熟悉输液生产相关仪器设备的操作要点。 7. 熟悉输液的灭菌方法及要求。 8. 了解脂质体的膜材料和制备方法。		

续表

学习目标	**能力目标** 1. 能进行洁净室(C 级)运行和性能确认、洁净度监测文件管理。 2. 能较好完成输液生产相关仪器设备管理。 3. 能按无菌制剂生产品种悬挂生产工艺卡、标识牌,生产结束时及时收回。 4. 能熟知防火防爆、最终灭菌制剂单元操作安全技术,遵循生产工艺规程和岗位操作法,懂得安全防护、危险化学品的管理、压力容器安全管理。 5. 能熟知生产过程中输液的质量监控的内容(包括澄明度、热原、细菌内毒素、无菌检查、装量差异等)。 6. 能遵循无菌制剂生产工艺规程和岗位操作法,懂得安全防护、危险化学品的管理、压力容器安全管理。 7. 能完成输液物料管理工作。 **素质目标(含思政目标)** 1. 通过输液的生产制备,培养学生一丝不苟的工匠精神。 2. 通过输液的质量检查,培养学生诚实守信的工作态度。 3. 通过学习输液新技术,培养学生积极进取的创新精神。 4. 通过输液生产压力容器的规范操作,培养学生安全意识。
工作内容与要求	
实施前	1. 填写项目任务书,明确任务目标、内容与要求。 2. 明确生产流程和操作要点。 3. 回答引导问题,填写项目预习记录,拍照上传至学习平台。
实施中	1. 穿戴整齐干净的工作服。 2. 严格按照规程完成输液剂制备的各环节操作。 3. 严格按照规程完成可见异物、热原、装量的检查。 4. 按 GMP 要求清场。 5. 按 GMP 要求填写工作记录。
实操结束	1. 上传电子版项目工作记录和产品照片,展示产品实物。 2. 在教师引导下总结项目操作要点,系统完成相关理论的知识学习。 3. 对工作记录和工作成果进行互评。
进度要求	

1. 项目操作及相关记录、项目成果、项目现场考核,应在实操时间内完成。
2. 理论学习在项目完成后两天内完成。

预习活页

项目名称			
学员姓名/学号		项目组成员	
引导问题			

1. 本项目中热原如何控制？
2. 本项目包装材料如何处理？
3. 本项目中易出现质量问题的环节有哪些？

引导问题回答

项目预习记录

一、物料信息						
序号	物料名称	含量/%	来源	密度/ (g/cm^3)	溶解度/ (mol/L)	注意事项
1						
2						
3						
4						
5						
6						
7						
8						
9						
10						
二、操作注意事项						

续表

三、问题和建议

项目实施

一、生产指令(举例)

生产车间	无菌制剂生产车间		包装规格	250 mL/瓶	
品名	10%葡萄糖注射液		生产批量	100 瓶	
规格	250 mL		生产日期	2023-10-18	
批号	231005		完成时限	2023-10-20	
生产依据	10%葡萄糖注射液生产工艺规程				
物料名称	规格	用量		单位	检验单号
注射用葡萄糖	药用	12.5		kg	YLJY2023102
活性炭	药用	5		g	FLJY2023113
盐酸	药用	适量		—	FLJY2023114
注射用水	药用	25		L	FLJY2023115
编制: 生产部:		审核: 质管部:		批准: 生产部:	

二、生产前检查

(1)检查操作现场、状态标识牌。

(2)确认操作间压差表在校准有效期以内,洁净走廊对缓冲间、房间压差≥5 Pa,不同洁净级别压差≥10 Pa。

(3)确认工作区操作间有"清场(洁)状态标识"。

(4)确认本岗位上批的清场合格证副本在有效期内,不存在任何与现操作无关的物料、容器、残留物、记录等。

(5)确认操作间内温、湿度计在校准的有效期以内,温度在18~26℃,湿度≤65%。

(6)确认设备完好并有"清场(洁)状态标识",设备及所用容器表面无异色、无可见残留物;确认工作区已清洁,不存在任何与现操作无关的物料、容器、残留物、记录等。

(7)检查计量设施在检定周期内并进行双重核对校准。

三、生产操作

1. 配料

操作人员根据生产任务和制备方案,制订物料使用计划,填写领料单,领取规定的原、辅料,按物料进出洁净区规程经脱包、缓冲后存放在指定位置,按照生产要求称量所需物料,存放于中间站,填写操作记录。

2. 理瓶、洗瓶

(1)瓶子置理瓶台上,剔除不合格瓶。

(2)瓶子进入外洗机,用毛刷、饮用水刷洗外壁。

(3)已外洗的瓶子经传送带传送至超声波洗瓶机,用强度为3.5kW的超声波发生器进行洗涤,要求饮用水水温为45~50℃。

(4)在超声波清洗后,再用饮用水冲2次、外冲2次。

(5)瓶子进入精洗部分,用经0.22 μm滤芯滤过的纯化水冲2次、外冲2次。用经0.22 μm滤芯滤过的注射用水冲2次、外冲1次。

(6)生产结束后关闭电源,清理设备及环境卫生,清理生产过程中遗留物,并填写生产记录和清场记录。

注:洗瓶用纯化水、注射用水的压力应大于0.2 MPa。精洗后的瓶子应在2 h以内使用。

3. 配液

(1)取注射用水5L,加热煮沸,边搅拌边加入称量好的葡萄糖使溶解,使成50%的浓溶液,加入称量好的活性炭(0.02%)。

(2)调整pH,使最终pH为3.5~5.5,搅匀。

(3)加热煮沸,沸腾下搅拌10 min。

(4)用钛过滤器粗滤脱炭,滤液经管道输送到稀配罐。

(5)浓配液输送完毕后,加入3L的注射用水,冲洗浓配罐,经钛过滤器输送到稀配罐,以便清洗过滤器、管道。

(6)往稀配罐中加入注射用水,稀释至全量(25L),搅拌15 min。

(7)取样后,送中间品化验室检测pH和含量,控制检品pH在3.2~6.5,标识含量应在 98.0%~102.0%。

(8)药液经 0.45 μm 滤芯过滤、0.22 μm 滤芯终端过滤,澄明度检查合格后,即可灌封。

(9)生产结束后关闭电源,清理设备及环境卫生,清理生产过程中遗留物,并填写生产记录和清场记录。

4. 灌封

(1)将合格的胶塞用注射用水漂洗 3 次,每次 5 min,至不溶性微粒检查合格。

(2)灌装前用注射用水淋洗每个灌装头,检查澄明度应合格。调节药液调节阀至适当位置,用量筒检查装量,装量合格后方可开始灌装。

(3)灌装量范围控制在 243~257 mL,生产过程中定时检查装量、澄明度。

(4)开启压塞机传送带及主机驱动按钮,调节好设备使走瓶平稳、准确。根据生产情况调节好主机运转速度,以免发生缺瓶或瓶子堆积现象。

(5)将经过消毒的铝盖放入振荡器中,开启输瓶传送带、振荡器开关、主机开关,进行轧盖操作。轧盖不得有松盖、折皱、瓶颈轧痕等。

(6)生产结束后关闭电源,清理设备及环境卫生,清理生产过程中遗留物,并填写生产记录和清场记录。

5. 灭菌

(1)把送到上瓶台上的半成品核对品名、规格、批号、数量无误后,上瓶装车。

(2)按设定程序将产品在 121 ℃下灭菌 20 min,F_0 值为 12.2。

(3)待灭菌结束降温至 45 ℃,柜压力为 0.01 MPa 以下时,可打开柜门,出柜。

(4)将灭菌后的半成品,经手工下瓶,经输送带传送到灯检区。

(5)生产结束后关闭蒸汽总进汽阀,关闭风管阀,关闭电源,清理设备及环境卫生,清理生产过程中的遗留物,并填写生产记录和清场记录。

6. 灯检

(1)剔除有松盖、折皱、瓶颈轧痕等的不合格品。

(2)手持瓶口,于伞棚边缘按直立、横卧、倒立三步法旋转,用目检法检查药液澄明度。每次时限不得低于 15 s,漏检率不得超过 3%。

(3)光源采用 24 寸(69.96 cm)青光日光灯,灯的直径为 3.8 cm,40 W,于光照度 1000~1500 lx 的位置。

(4)剔除白点、白块、色点、纤维、玻璃屑等异物及装量不符等不合格品,每瓶可见小白点应≤3 个。

(5)生产结束后关闭电源,清理设备及环境卫生,清理生产过程中遗留物,并填写生产记录和清场记录。

注:供试品与人眼距离 20~25 cm。检查人员条件:视力应在 0.9 以上,无色盲。

四、质量标准

10%葡萄糖注射液,外观为无色或几乎无色的澄明液体,pH 应为 3.2~6.5,每 1 mL 中含内毒素的量应小于 0.50 EU,在 284 nm 的波长处测定,吸光度不得大于 0.32,含葡萄糖应为标识量的 95.0%~105.0%。

 工作记录

1. 理瓶、洗瓶岗位生产记录

产品名称		规格		mL：	g
生产批号		批量			瓶
玻璃瓶批号		数量			
生产前检查： 计量器具、设备、容器具、文件、温度、湿度等是否符合要求。 检查人： 复核人： 日期： 年 月 日 时 分					
理瓶操作					
理瓶要求： 1. 严格按照质量标准选瓶,剔除不合格品。 2. 理瓶人员要准确无误地将塑料输液瓶按序放在理瓶线上。 3. 在理瓶线上不得出现倒瓶、卡瓶现象。 4. 在生产线周围要井然有序,装瓶的塑料袋要整齐叠放在周转箱内。					
进瓶数量/个			使用总数/个		
领取数	上批剩余数	实际使用数	废瓶数		本批结余数
开机时间			操作者		
结束时间			复核者		
洗瓶操作					
1. 执行洗瓶操作规程	洁净压缩空气		纯化水		注射用水
	气压/MPa	气嘴	水压/MPa	水嘴	水压/MPa	水嘴

1. 执行洗瓶操作规程	正□ 不正□	正□ 不正□	正□ 不正□		
2. 洗瓶参数	1800~2000 瓶/h：				
3. 洗瓶效果评价	残留水滴		澄明度		废瓶数	操作人	监控人
	有□	无□	合格□	不合格□			

续表

4. 工艺卫生 (1)冲瓶管路、水嘴要清洁、畅通。　　(2)洗瓶隔水罩应冲洗干净。 (3)机罩内及底盘无异物。　　　　　(4)设备外面洁净。 (5)地面、棚、墙干净。
清场：1. 生产操作区按"洁净区生产操作区清洁规程"清洁。 　　　2. 容器具按"洁净区容器具清洁规程"清洁。 　　　3. 设备按"设备清洁规程"清洁。 操作人：　　　　　　复核人：　　　　　　　　日期：　　年　月　日　时　分

2. 浓配、稀配岗位生产记录

产品名称			规格	mL：	g
生产批号			批量		mL
生产前检查： 计量器具、设备、容器具、文件、温度、湿度等是否符合要求。 检查人：　　　　　　复核人：　　　　　　　　日期：　　年　月　日　时　分					
浓配操作					
投料	按称量单复核实物一致无误　　　　　　　□合格　　□不合格 按批生产指令单复核投料量与净重是否一致　□合格　　□不合格 浓配罐　　　　　　　　　　　　　　　　□已清洁　□完好 加入注射用水约_____L 投料　　　_____时_____分开始投入_____，_____ 搅拌至溶解后　_____时_____分加入活性炭				
处理	加热煮沸、搅拌　_____时_____分至_____时_____分 冷却至_____时_____分 冷却方式：　　　　　　　　　　　□冷却水冷却　□自然冷却				
过滤	过滤滤材　　　　□钛棒 过滤：_____时_____分结束,过滤温度_____℃ 加注射用水_____L冲洗				
配液人：　　　　　　复核人：　　　　　　　QA：					
稀配操作					
稀释	_____时_____分接收浓配液约_____L,加入稀配罐,加注射用水约_____L				

续表

搅拌	_____时_____分开始搅拌,_____至_____时_____分结束
半成品检验	送检时间:_____时_____分 检验结果　含量:　　　报告时间:_____时_____分 　　　　　　pH:　　　　　检验员:
调配	结果判定:□合格　□不合格　需补加注射用水_____mL;需补加药_____g 计算依据: 　　　　　　　　　　　　　　　　　复核结果:□合格　□不合格 　　　　　　　　　　　　　　　　　复测判定:□合格　□不合格
物料平衡	配液量:_____万 mL,实际配液量:_____万 mL 物料平衡:收率 = $\dfrac{灌装总量}{接液总量} \times 100\%$ = 收率限度:98.0%~100.0% 平衡结论:□符合规定　□产生偏差
过滤	_____时_____分配液合格 经过 0.45~0.22 μm 聚砜滤芯过滤 灌装时间:_____时_____分

配液人:　　　　　　复核人:　　　　　　QA:

清场:1. 生产操作区按"洁净区生产操作区清洁规程"清洁。
　　　2. 容器具按"洁净区容器具清洁规程"清洁。
　　　3. 设备按"设备清洁规程"清洁。
操作人:　　　　　　复核人:　　　　　　　　　　日期:　年　月　日　时　分

3. 灌封岗位生产记录

产品名称		规格	mL: g
生产批号		批量	瓶

生产前检查:
计量器具、设备、容器具、文件、温度、湿度等是否符合要求。
检查人:　　　　　　复核人:　　　　　　　　　　日期:　年　月　日　时　分
生产前参数的输入以及公用系统的检查

操作及检查项目	确认记录
1. 微电脑触摸屏输入灌装速度参数	输入速度参数_____瓶/min
2. 给微电脑触摸屏输入封口温度参数	输入温度参数_____℃
3. 调节振荡器旋钮	组盖进盖速度与进瓶速度□匹配□不匹配

续表

4. 检查加热板冷却水是否畅通				□畅通 □不畅通			
5. 检查压缩空气气压是否在规定的压力内				□是 □否			

操作要求：执行灌封岗位SOP；装量控制范围：最高 500~510 mL 最低 100 - 103 mL，平均 250~255 mL	开机时间	澄明度检查		封盖温度	压缩空气压力		加热板冷却水		结束时间
		合格□	不合格□		通□		不通□		
	测装量次数	1	2	3	4	5	平均装量		灌封人
	装量	最高							
		最低							
		平均							
封口不合格数			破损渗漏数			灌封平衡率应在98%~102%			

$$灌封平衡率 = \frac{灌装数 + 封口不合格数 + 破损渗漏数}{平均产量数} \times 100\% =$$

操作人： 复核人： QA：

清场：1. 生产操作区按"洁净区生产操作区清洁规程"清洁。
     2. 容器具按"洁净区容器具清洁规程"清洁。
     3. 设备按"设备清洁规程"清洁。
操作人： 复核人： 日期： 年 月 日 时 分

☆生产过程异常情况：无( )
              有( )按"生产过程偏差处理管理规程"处理并附相应记录。

生产部签字： 质检部签字：
                 年 月 日   年 月 日

4. 水浴灭菌生产记录

产品名称		规格	mL： g
生产批号		批量	瓶

生产前检查：
计量器具、设备、容器具、文件、温度、湿度等是否符合要求。
检查人： 复核人： 日期： 年 月 日 时 分

数列	检查项目	检查结果		检查人	复核人
1	检查蒸汽、压缩空气、冷却水电脑输入参数是否正确	是□	否□		
2	检查电器电路是否正常	是□	否□		
3	检查柜内纯化水水位是否在规定的标识线内	是□	否□		

续表

灭菌方法:执行"水浴式灭菌柜操作规程"									
注纯化水时间	升温时间	恒温时间	恒温温度/℃	蒸汽压力/MPa	压缩空气压力/MPa	冷却水压力/MPa	瓶内温度/℃	操作人	复核人
柜内压力/MPa	结束时间	喷淋时间	喷淋结束时间	排气时间	排气结束时间	开柜时间	出柜时间		

产品灭菌综合评价:			控制人
F_0 值≥8 　　F_0 最小值= 　　F_0 最大值=			

将计算机监控图谱打印出来后由工艺员签字确认后附于批记录中。

清场:1. 生产操作区按"洁净区生产操作区清洁规程"清洁。
　　　2. 容器具按"洁净区容器具清洁规程"清洁。
　　　3. 设备按"设备清洁规程"清洁。
操作人:　　　　　　　复核人:　　　　　　　日期:　年　月　日　时　分

☆生产过程异常情况:无(　)
　　　　　　　　　　有(　)按"生产过程偏差处理管理规程"处理并附相应记录。

生产部签字: 　　　　　　年　月　日	质检部签字: 　　　　　　年　月　日

5. 灯检岗位生产记录

产品名称		规格	mL: g
生产批号		数量	瓶

生产前检查:
计量器具、设备、容器具、文件、温度、湿度等是否符合要求。
检查人:　　　　　　　复核人:　　　　　　　日期:　年　月　日　时　分

操作规程:执行灯检岗位标准操作规程。

姓名	编号分配	灯检总数	合格总数	不合格数	不合格种类				
					微小塑料块	白块	色块	纤维	漏气	漏液
	①									
	②									
	③									
	④									

续表

	⑤									
	⑥									
	⑦									
	⑧									
总数										

灯检合格率 = $\dfrac{合格总数}{灯检总数} \times 100\%$ =

提示：灯检总数，即合格总数与废品数之和。
合格总数：即成品入库数与检品数之和。

工艺要求标准：灯检合格率≥95%
结果判定：
灯检合格率　　　符合□
　　　　　　　　不符合□
班长签字：

清场：1. 生产操作区按"洁净区生产操作区清洁规程"清洁。
　　　2. 容器具按"洁净区容器具清洁规程"清洁。
　　　3. 设备按"设备清洁规程"清洁。

操作人：　　　　复核人：　　　　　　　　日期：　年　月　日　时　分

生产部签字：　　　　　　　　　　　　　质检部签字：
　　　　　　　　年　月　日　　　　　　　　　　　　年　月　日

 支撑知识

一、输液概述

（一）输液的定义

输液是指由静脉滴注输入人体血液中的大剂量（除另有规定外，一般不小于 100 mL，生物制品一般不少于 50 mL）的注射液，也称大容量注射剂（LVI）。

（二）输液的分类

1. 电解质输液

电解质输液用以补充体内水分和电解质，调节酸碱平衡等。这类输液常用的有等渗氯化钠、复方氯化钠注射液、碳酸氢钠注射液等。

2. 营养类输液

营养类输液有糖类及多元醇类输液（如葡萄糖注射液、甘露醇注射液等）、氨基酸类输液（如复方氨基酸注射液）、脂肪类输液（如静脉脂肪乳注射液等）。

3. 胶体类输液（俗称血浆代用液）

胶体类输液是一种与血浆等渗的胶体溶液，可较长时间地保持在循环系统中，增加血容量和维持血压，但不能代替全血应用，如右旋糖酐、聚乙烯吡咯烷酮等。

(三)输液的质量要求

输液要求:必须无菌、无热原;无可见异物、不溶性微粒,含量、色泽应符合要求;pH尽可能与血浆相近;渗透压应为等渗或偏高渗,尽可能与红细胞膜的渗透压相等;不得添加任何抑菌剂,并在贮存过程中质量应稳定;使用安全,不引起血象的任何变化,不引起过敏反应,不损害肝肾。

二、输液的制备

(一)输液生产工艺流程

玻璃瓶输液生产工艺流程见图9-1,塑料瓶输液生产工艺流程见图9-2,塑料袋输液生产工艺流程见图9-3。

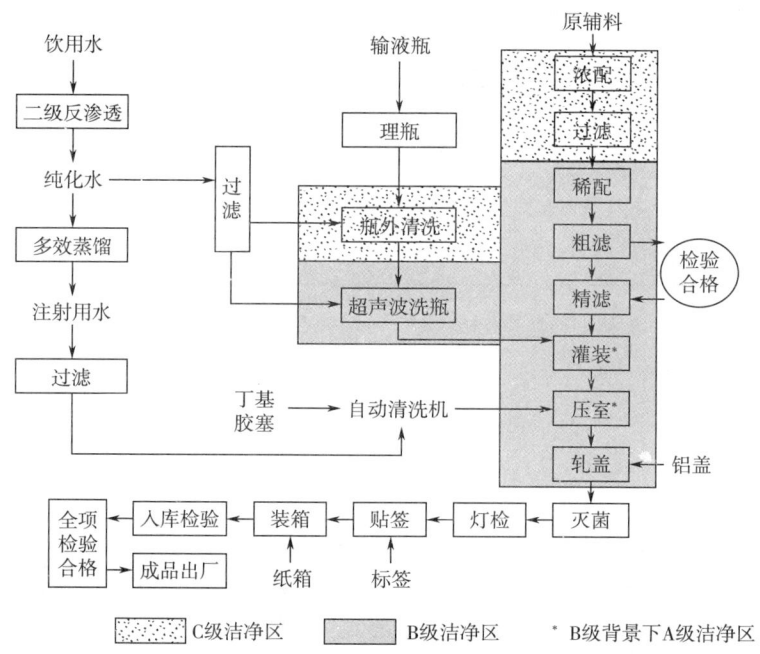

图9-1 玻璃瓶输液生产工艺流程图

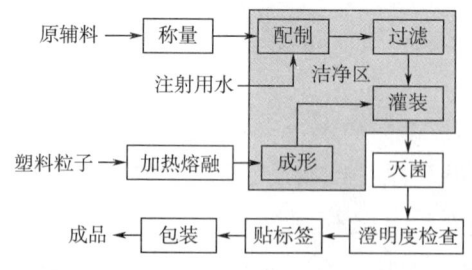

图9-2 塑料瓶输液生产工艺流程图

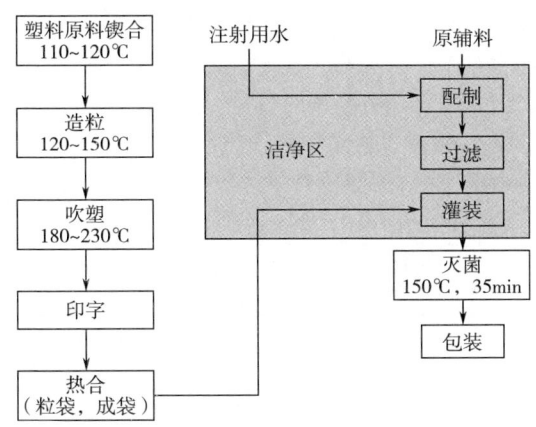

图 9-3 塑料软袋输液生产工艺流程图

(二)输液的包装材料及其处理

1. 玻璃容器

玻璃瓶由硬质中性玻璃制成,具有透明度好、热稳定性优良、耐压、瓶体不变形、气密性好等优点;缺点为重量大,易破损,生产时能耗大,成本高等。玻璃瓶输液容器洗涤是否洁净,对药液可见异物影响较大。洗涤工艺的设计应与容器的洁净程度有关。一般有直接水洗、清洁剂处理(如酸洗、碱洗)等方法。碱洗法操作方便,易组织流水线生产,也能消除细菌与热原,但由于碱对玻璃有腐蚀作用,故碱液与玻璃接触时间不宜过长(数秒钟内)。在药液灌装前,必须用微孔滤膜过滤的注射用水倒置冲洗。目前,采用滚动式洗瓶机和箱式洗瓶机,提高了洗涤效率和洗涤质量。如果生产输液瓶的车间达到规定净化级别要求,瓶子出炉后,应立即密封,这样的输液瓶只要用过滤注射用水冲洗即可。

2. 塑料容器

塑料瓶输液生产线

塑料瓶一般采用聚丙烯(PP)、聚乙烯(PE)材料,优点是重量轻,不易破碎,耐碰撞,运输便利,化学性质稳定,生产自动化程度高,一次成形,制造成本低;缺点是瓶体透明性不如玻璃瓶,有一定的变形性、透气性等。另外,瓶形输液容器在使用过程中需形成空气回路,外界空气进入瓶体形成内压以使药液滴出,增加了输液过程中的二次污染的概率。

袋形输液容器是在使用过程中可压迫药液滴出,无须形成空气回路,降低二次污染的概率,且生产自动化程度较高,其制袋、印字、灌装、封口可在同一生产线上完成,主要有两种类型,即 PVC 软袋和非 PVC 软袋。PVC 软袋所用材质为聚氯乙烯,质地较厚,不利于加工,其氧气、水蒸气的透过量较高,温度适应性差,高温灭菌易变形,抗拉强度较差,同时在生产过程中为改变其性能加入了增塑剂(DEHP),

有害健康。非 PVC 软袋所用材质为聚烯烃多层共挤膜,不含任何对人体有害的增塑剂,机械强度高,表面光滑,惰性好,能够阻止水汽渗透,对热稳定,可在 121 ℃ 高温蒸汽灭菌,不影响透明度,目前国内非 PVC 输液软袋的膜材主要靠进口,成本较高。4 种输液容器性能比较见表 9-1。

塑料材质的瓶形和袋形输液容器,其原料优质、成形环境洁净级别高,不需清洗处理,在成形后可立即进入灌封工序供灌装药液使用。

表 9-1　　　　　　　　　　4 种输液容器性能比较

比较项目	性能			
	玻璃瓶	PP/PE 瓶	PVC 袋	非 PVC 多层共挤膜袋
包装容器重量	重	较轻	好	比 PVC 袋更轻
坠落试验	差	较好	好	好
灭菌后透明度	好	较差	较差	好
药物相容性	好	好	较差,如不可以加入紫杉醇	惰性很好
毒性	无	无	有(增塑剂)	无
环保性	较好,回收不方便	较好	差,污染环境	好,回收方便,可降解
可复原性	差	差,可少量复原	好	好
药物稳定性	不稳定	稳定	对部分药物有吸附性,如胰岛素、硝酸异山梨酯、硝酸甘油	稳定
透水性指标	瓶盖、胶塞易松动,不稳定	一般	差	好,透过性极低
透氧性指标	瓶盖、胶塞易松动,不稳定	差	差	好,透过性极低
温度适应性	低温差	PP 低温差	低温易碎	好
灭菌温度范围	好	PE 差	较差	好
使用情况	需空气针,存在空气污染	可在瓶底加空气针,减少空气污染	不需要空气针,避免空气污染	不需要空气针,避免空气污染
运输情况	不方便	较方便	方便,节约空间	方便,节约空间

3. 橡胶塞

橡胶塞是目前输液容器主要的密封材料,其对输液的质量影响很大,因此有严格的质量要求:①富有弹性及柔软性。②能耐受多次穿刺而无碎屑脱落。③具有耐溶性,不增加药液中杂质。④可耐受高温灭菌。⑤具有高度的化学稳定性。⑥对药物或附加剂的作用应达最低限度。⑦无毒性,无溶血作用。但目前使用的丁基橡胶塞还不能满足以上全部要求,加之其成分复杂,因此必须加强对橡胶塞的处理,以减少对药液的污染。橡胶塞的处理常先用酸碱水洗至中性,用纯化水煮沸30 min,再用注射用水洗净备用。

4. 隔离膜

常用的隔离膜有涤纶薄膜。隔离膜要求无通透性、理化性质稳定、抗水、弹性好、无异臭、不皱折、不脆裂,并有一定的耐热性和机械强度。清洁处理时,将直径38 mm白色透明圆片薄膜用手捻松,抖去碎屑,剔除皱褶或残缺者,平摊在有盖的不锈钢杯中,用热注射用水浸渍过夜(质量差时可用70%乙醇浸渍过夜),次日用注射用水漂洗至薄膜逐张分离,并检查漂洗水澄明度,合格后方可使用。使用时再用微孔滤膜过滤的注射用水动态漂洗,边灌药液边用镊子逐张取出,盖在瓶口上,立刻塞上胶塞。但涤纶薄膜具有静电引力,易吸附灰尘和纤维,所以漂洗操作应在清洁的环境中进行。

采用丁基橡胶时,可不使用涤纶薄膜。

(三)输液的配制

药物原料及辅料必须符合药典质量标准,为优质注射用原料;配制输液必须采用新鲜的注射用水,并严格控制热原、pH和铵盐。输液配制时,通常加入注射用活性炭。活性炭的吸附性与被吸附物质的性质、温度、pH、时间及吸附次数有关。根据原料质量的不同,输液的配制可分别采用稀配法或浓配法,其操作方法和注射液的配制相同。为保证热原和可见异物检查合格,可采用浓配法,即先配成浓溶液,过滤后再加新鲜注射用水稀释至所需浓度。如葡萄糖注射液先配成50%~70%的浓溶液,加入0.01%~0.5%针用活性炭,调pH至3~5,加热煮沸后冷却至45~50 ℃,吸附时间为20~30 min,分次吸附较一次吸附好。活性炭有吸附热原、杂质和色素的作用,并在过滤时作为助滤剂。配制用容器、过滤装置及输送管道,必须认真清洗;使用后应立即清洗干净,并定时进行灭菌。

(四)输液的过滤

输液剂的过滤装置常采用加压三级过滤,即按照板框式过滤器、垂熔玻璃滤器、微孔滤膜滤器的顺序进行过滤。板框式过滤器起预滤或初滤作用,也可用钛滤器或砂滤棒预过滤。用于精滤的垂熔玻璃滤器的规格常用4号或G3、G4号。微孔滤膜起精滤作用,常用滤膜孔径为0.65 μm或0.8 μm。三级过滤也有将药液依次通过10 μm(5 μm)、0.45 μm、0.22 μm的微孔滤膜。加压过滤既可以提高过滤速度,又可以防止过滤过程中产生的杂质或碎屑污染滤液。对高黏度药液可采用较高温度过滤。

(五)输液的灌封

玻璃瓶输液的灌封由药液灌注、塞丁基胶塞、轧铝盖三步连续完成。过滤和灌装均应在持续保温(50 ℃)条件下进行,防止细菌粉尘的污染。灌封要按照操作规程连续完成,即药液灌装至符合装量要求后,立即对准瓶口塞入丁基胶塞,轧紧铝盖。灌封要求装量准确,铝盖封紧。目前药厂生产多采用旋转式自动灌封机、自动放塞机、自动落盖轧口机完成整个灌封过程,实现生产联动化。

全自动输液灌装机图片

输液灌装设备有多种形式,按运动方式分为间歇运动直线式、连续运动旋转式;按灌装方式分为常压灌装、负压灌装、正压灌装和恒压灌装等;按计量方式分为流量定时式、量杯容积式、计量泵注射式。输液生产常用旋转式量杯负压灌装机和计量泵直线注射式灌装机。

输液中检图片

全自动吹灌封设备可将热塑性材料吹制成容器并连续进行吹塑、灌装、密封(简称"吹灌封")操作,适用于塑料材质包装的静脉输液生产。

(六)输液的灭菌

灌封后的输液应立即灭菌,以减少微生物污染繁殖的机会。输液从配制到灭菌的时间,一般不超过 4 h。输液瓶一般容量为 500 mL 或 250 mL,且瓶壁较厚,因此应根据输液的质量要求及输液容器大且厚的特点,输液灭菌开始应逐渐升温,一般预热 20~30 min,如果骤然升温,可能引起输液瓶爆炸,待达到灭菌温度 115 ℃、69 kPa(0.7 kg/cm^2)后维持 30 min,然后停止升温,待柜内压力下降到零,放出柜内蒸汽,当柜内压力与大气相等后,温度降至 80 ℃ 以下才可缓慢(约 15 min)打开灭菌柜门,绝对不能带压操作,否则将造成严重的人身安全事故。对于单塑料袋装输液,灭菌条件为 109 ℃ 热压灭菌 45 min,且具有加压装置以免爆裂。

输液灭菌图片

输液灯检图片

(七)输液质量检查与包装

按《中国药典》(2020 年版)附录有关规定进行,应符合规定。质量检查合格的输液,贴上标签,再装箱入库。

三、输液生产中常出现的问题及解决方法

(一)输液生产中存在的问题

1. 染菌

由于输液生产过程中严重污染、灭菌不彻底、瓶塞松动、漏气等原因,致使输液剂出现浑浊、霉团、云雾状、产气等染菌现象,也有一些外观并无太大变化。如果使

用这种输液,会引起脓毒症、败血病、热原反应甚至死亡。

2. 热原反应

在临床上使用输液时,热原反应时有发生,但使用过程中的污染所引起的热原反应,所占比例不容忽视,如输液器等的污染,因此尽量使用全套或一次性输液器,包括插管、导管、调速及加药装置、末端过滤、排出气泡及针头等,并在输液器出厂前进行灭菌,能为使用过程中避免热原污染创造有利条件。

3. 可见异物与微粒的问题

(1) 原料与附加剂质量问题　原料与附加剂质量对澄明度影响较显著,如注射用葡萄糖有时含有水解不完全的产物糊精、少量蛋白质、钙盐等杂质;氯化钠、碳酸氢钠中含有较高的钙盐、镁盐和硫酸盐;氯化钙中含有较多的碱性物质;或活性炭的杂质含量较多。这些杂质的存在,可使输液产生乳光、小白点、浑浊,不仅影响输液的可见异物和不溶性微粒检查指标,而且还影响药液的稳定性。因此,原辅料的质量必须严格控制。

(2) 胶塞与输液容器质量问题　胶塞与输液容器质量不好,在储存中可能有杂质脱落而污染药液。有人对输液中的"小白点"进行分析,发现有钙、锌、硅酸盐与铁等物质;对储存多年的氯化钠输液检测有钙、镁。这些物质主要来自胶塞和玻璃输液容器。有人对聚氯乙烯袋装输液与玻璃瓶装输液进行对比试验,将检品不断振摇 2 min,发现前者产生的微粒比后者多 5 倍,经薄层色谱和红外光谱分析,表明微粒为对人体有害的增塑剂二乙基邻苯二甲酸酯(DEHP)。

(3) 工艺操作中的问题　如生产车间空气洁净度差,输液瓶、丁基胶塞等容器和附件洗涤不净,滤器选择不当,过滤和灌封操作不符合要求,工序安排不合理等。

(4) 医院输液操作以及静脉滴注装置的问题　无菌操作不严,静脉滴注装置不净或不恰当的输液配伍都可引起输液的污染。

(5) 还有丁基胶塞的硅油污染问题。

(二) 解决办法

(1) 按照输液用的原辅料质量标准,严格控制原辅料的质量。

(2) 提高丁基胶塞及输液容器质量。

(3) 尽量减少制备过程中的污染,严格灭菌条件,严密包装。

(4) 合理安排工序,加强工艺过程管理,采取单向层流净化空气,及时除去制备过程中新产生的污染微粒,采用微孔滤膜过滤和生产联动化等措施,以提高输液剂的澄明度。

(5) 在输液器中安置终端过滤器(0.8 μm 孔径的薄膜),可解决使用过程中微粒的污染。

四、输液的质量检查项目

输液由于其用量和给药方式与其他注射剂有所不同,故从生产工艺、设备、包装材料到质量要求等均有所区别。按照《中国药典》(2020年版)规定需进行以下项目检查。

1. 装量

标识装量为50 mL以上的注射液及注射用浓溶液照最低装量检查法[《中国药典》(2020版)四部通则0942]检查,应符合规定。

2. 渗透压摩尔浓度

除另有规定外,静脉输液及椎管注射用注射液按各品种项下的规定,按照渗透压摩尔浓度测定法[《中国药典》(2020版)四部通则0632]测定,应符合规定。通常采用测量溶液的冰点下降来间接测定其渗透压摩尔浓度。

3. 可见异物

除另有规定外,按照可见异物检查法[《中国药典》(2020版)四部通则0904]检查,应符合规定。可见异物检查法有灯检法和光散射法。一般常用灯检法,也可采用光散射法。灯检法不适用的品种如用深色透明容器包装或液体色泽较深(一般深于各标准比色液7号)的品种可选用光散射法。

4. 不溶性微粒

除另有规定外,用于静脉注射、静脉滴注、鞘内注射、椎管内注射的溶液型注射液、注射用无菌粉末及注射用浓溶液照不溶性微粒检查法[《中国药典》(2020版)四部通则0903]检查,均应符合规定。检查法包括光阻法和显微计数法。当光阻法测定结果不符合规定或供试品不适于用光阻法测定时,应采用显微计数法进行测定,并以显微计数法的测定结果作为判定依据。

5. 中药注射剂有关物质

按各品种项下规定,参照注射剂有关物质检查法[《中国药典》(2020版)四部通则2400]检查,应符合有关规定。

6. 重金属及有害元素残留量

除另有规定外,中药注射剂按照铅、镉、砷、汞、铜测定法[《中国药典》(2020版)四部通则2321]测定,按各品种项下每日最大使用量计算,铅不得超过12 μg,镉不得超过3 μg,砷不得超过6 μg,汞不得超过2 μg,铜不得超过150 μg。

7. 无菌

照无菌检查法[《中国药典》(2020版)四部通则1101]检查,应符合规定。

8. 细菌内毒素或热原

除另有规定外,静脉用注射剂按各品种项下的规定,照细菌内毒素检查法[《中国药典》(2020版)四部通则1143]或热原检查法[《中国药典》(2020版)四部通则1142]检查,应符合规定。

9. 其他

如 pH、含量测定及特定的检查项目,按各品种项下规定进行检查。

新剂型

脂质体

效果检测

一、在线检测

测试 1　输液概述　　　测试 2　输液的制备　　　测试 3　无菌生产要求

测试 4　输液的质量检查

二、项目考核

1. 按照附录 1 实操项目考核表进行小组和自我评价。
2. 将项目成果上传至学习平台,同时提交实物,以供教师进行评价。

三、分析与探究

1. 维生素 C 注射剂适合用哪种灭菌方法？说明原因。
2. 案例:复方氯化钠输液

处方:氯化钠 8.6 g,氯化钾 0.3 g,氯化钙 0.33 g 注射用水加至 1000 mL。
简述复方氯化钠输液的制备过程。

思政案例

2022年7月15日,黑龙江省药品监督管理局发布了《关于对黑龙江省七台河制药厂生产的大容量注射剂产品立即采取紧急控制措施的通知》(以下简称"通知")。通知显示,在黑龙江省一医疗机构内发现黑龙江省七台河制药厂生产的250 ml葡萄糖注射液产品内有可见异物。经过对此事件的研判,黑龙江省药监局决定立即启动全省药品突发事件四级应急响应,通知各市(地)市场局、省药监局稽查处采取以下措施:立即通知辖区内药品经营企业、使用单位停止黑龙江省七台河制药厂所有批次大容量注射剂产品经营使用,立即下架等待召回,并告知同级卫生健康部门停止使用该企业大容量注射剂产品,药品稽查六处要责令企业立即停止生产,库存所有批次大容量注射剂产品就地封存、统计、溯源,启动产品召回工作。对同类产品生产过程开展隐患排查,对库存样品开展抽查检查,全力控制设置产品质量风险蔓延。

课程思政育人目标:让学生认识到药品安全和药品质量的重要性,提高学生的质量意识和安全意识,努力成为一个有良心的制药人,促进我国社会主义法治建设。

项目十 注射用无菌粉末生产管理

 项目概述

本项目以注射用头孢曲松钠为载体。

头孢曲松钠属于 β-内酰胺类抗生素,是一种具有广谱抗菌作用和强大抗菌活性的第三代头孢菌素类抗生素,为白色或类白色结晶性粉末,在水中易溶,在甲醇中微溶,在三氯甲烷或乙醚中几乎不溶。作为严重细菌性感染的治疗用药,头孢曲松钠在临床中主要用于敏感菌所致的肺炎、支气管炎、腹膜炎、胸膜炎,以及皮肤和软组织、尿路、胆道、骨及关节、五官、创面等部位的感染。

头孢曲松钠在我国院内销售额呈逐年增长态势。2020 年,我国头孢曲松钠院内销售额为 30.1 亿元。2021 年,我国头孢曲松钠院内销售额超过 33.5 亿元。在生产方面,中国和印度是主要的生产基地。

头孢曲松钠现有剂型为注射用粉针,其规格按头孢曲松钠计有 0.25、0.5、1.0、2.0、4.0 等 5 种规格。本项目选用西林瓶进行粉末分装。

 **项目准备**

项目任务书

项目名称		学员姓名/学号	
起始时间		指导教师	
组长		项目成员	
学习任务	完成注射用头孢曲松钠无菌粉末的制备,产品质量符合无菌粉末质量标准。		
学习目标	**知识目标** 1. 掌握注射用无菌分装制品的生产工艺及质量问题。 2. 掌握注射用无菌冻干制品的生产工艺及质量问题。 3. 熟悉注射用无菌粉末质量检查项目及要求。 4. 了解注射用无菌粉末的基本概念及分类。 5. 了解注射用无菌冻干制品的常用设备。 6. 了解包合材料、包合物的制备和包合物的验证。 **能力目标** 1. 能进行洁净室(B 级)运行和性能确认、洁净度监测文件管理。		

续表

学习目标	2. 能较好完成注射用无菌粉末生产相关仪器设备管理。 3. 能按无菌制剂生产品种悬挂生产工艺卡、标识牌,生产结束时及时收回。 4. 能熟知防火防爆、非最终灭菌制剂单元操作安全技术,遵循生产工艺规程和岗位操作法,懂得安全防护、危险化学品的管理、压力容器安全管理。 5. 能熟知注射用无菌粉末生产过程中的质量监控的内容。 6. 能遵循无菌制剂生产工艺规程和岗位操作法,懂得安全防护、危险化学品的管理、压力容器安全管理。 7. 能完成注射用无菌粉末物料管理工作。 **素质目标(含思政目标)** 1. 通过注射用无菌粉末制备工艺的学习,培养学生严谨细致的工作作风。 2. 通过注射用无菌粉末质量检查的学习,培养学生诚实守信的工作态度。 3. 通过严格按照操作规程操作,培养学生安全意识。
工作内容与要求	
实施前	1. 填写项目任务书,明确任务目标、内容与要求。 2. 明确生产流程和操作要点。 3. 回答引导问题,填写项目预习记录,拍照上传至学习平台。
实施中	1. 穿戴整齐干净的工作服。 2. 严格按照规程完成粉针剂制备各环节的操作。 3. 严格按照规程完成装量差异、不溶性微粒的检查。 4. 按 GMP 要求清场。 5. 按 GMP 要求填写工作记录。
实操结束	1. 上传电子版项目工作记录和产品照片,展示产品实物。 2. 在教师引导下总结项目操作要点,系统完成相关理论知识学习。 3. 对工作记录和工作成果进行互评。
进度要求	

1. 项目操作及相关记录、项目成果、项目现场考核,应在实操时间内完成。
2. 理论学习在项目完成后两天内完成。

预习活页

项目名称			
学员姓名/学号		项目组成员	
引导问题			

1. 本项目易出问题的环节有哪些?
2. 分装无菌粉末的设备有哪些?
3. 本项目的关键点在哪里?

续表

引导问题回答

项目预习记录

一、物料信息						
序号	物料名称	含量/%	来源	密度/(g/cm³)	溶解度/(mol/L)	注意事项
1						
2						
3						
4						
5						
6						
7						
8						
9						
10						

二、操作注意事项

三、问题和建议

项目实施

一、生产指令(举例)

生产车间	粉针剂生产车间	包装规格	0.25 g/瓶
品名	注射用头孢曲松钠	生产批量	1000 瓶
规格	0.25 g/瓶	生产日期	2023-10-18
批号	231005	完成时限	2023-10-20
生产依据	注射用头孢曲松钠生产工艺规程		
物料名称	规格	用量	单位	检验单号
头孢曲松钠	药用	250	g	YLJY2023116
西林瓶	0.25 g/瓶	1000	瓶	BCJY2023129
编制: 生产部:	审核: 质管部:	批准: 生产部:	

二、生产前检查

(1)检查操作现场、状态标识牌。

(2)确认操作间压差表在校准有效期以内,洁净走廊对缓冲间、房间压差≥5 Pa,不同洁净级别压差≥10 Pa。

(3)确认工作区操作间有"清场(洁)状态标识"。

(4)确认本岗位上批的清场合格证副本在有效期内,不存在任何与现操作无关的物料、容器、残留物、记录等。

(5)确认操作间内温、湿度计在校准的有效期以内,温度在 18~26 ℃,湿度≤65%。

(6)确认设备完好并有"清场(洁)状态标识",设备及所用容器表面无异色、无可见残留物;确认工作区已清洁,不存在任何与现操作无关的物料、容器、残留物、记录等。

(7)检查计量设施在检定周期内并进行双重核对校准。

三、生产操作

1. 配料

操作人员根据生产任务和制备方案,制订物料使用计划,填写领料单,领取规定的原、辅料,按物料进出洁净区规程经脱包、缓冲后存放于指定位置,按照生产要求称量所需物料,存放于中间站,填写操作记录。

2. 胶塞清洗和灭菌

(1)将胶塞投入盛有合格氯水的氯化罐内,开始记录氯化时间。氯化时间为 1 h。

(2)用自来水漂洗 2 遍,纯化水漂洗 1 遍,测 pH 为 7 左右。

(3)打开连接胶塞清洗机的各管道阀门,打开胶塞清洗机电源,开启控制系统开关钥匙,加入丁基胶塞进行胶塞清洗。

(4)胶塞清洗至漂洗 1、漂洗 2 阶段,根据系统提示进行澄明度检查。

(5)清洗合格的胶塞输送进入隧道式干燥烘箱内进行干燥灭菌,干燥结束的胶塞装入桶内,置于净塞存放间待用。

(6)生产结束后关闭电源,清理设备及环境卫生,清理生产过程中遗留物,并填写生产记录和清场记录。

3. 西林瓶清洗和干燥

(1)将西林瓶码在不锈钢托盘内,通过气闸室进入洗瓶间。将托盘内西林瓶推入洗瓶机的进瓶盘上,保持瓶口朝上。

(2)检查并确认洗瓶机状态,符合生产要求后,待注射用水压力、无菌空气压力、水循环泵压力分别达到 0.15、0.3、0.20 MPa,且水循环正常后,开启进瓶转盘。洗瓶工作时,必须保持出瓶输送带中瓶子畅通。

(3)经洗瓶机清洗过的西林瓶通过传输带进入隧道烘箱干燥灭菌,开启加热按钮,预热段、灭菌Ⅰ段、灭菌Ⅱ段、保温段和冷却段分别达到 250、350、350、250、25 ℃的设定温度后,方可开启调速启动按钮,调整输瓶速度为 400 瓶/min 以下,以保证经 350 ℃的总时间不少于 5 min。

(4)灭菌结束,关闭加热按钮,冷却后在百级层流罩下输送到分装机内。

(5)生产结束后关闭电源,清理设备及环境卫生,清理生产过程中遗留物,并填写生产记录和清场记录。

4. 无菌分装

(1)检查并确认分装机生产状态,根据生产指令调试装量,调试天平零点和灵敏度。

(2)分别在原料存放间、净塞存放间取原料药和胶塞,在百级层流罩下加料进行无菌分装,装量稳定时每隔 30 min 检查装量差异并做记录,工作结束清场,填写操作记录。

5. 轧盖

(1)检查并确认轧盖机生产状态,合格后开启电源按钮、盖按钮、调节盖旋转按钮、启动按钮。

(2)轧盖过程中,注意观察轧盖机进瓶、出瓶、落盖、轧盖情况,应经常对轧盖严密性进行检查,每次取 5 瓶,用三指拧盖法检查,及时清理现场卫生,填写操作记录。

6. 目检

开启传送带电机按钮,药瓶从灯检台经过,将松盖、歪盖、坏盖、花边;无胶塞、胶塞脱落、次瓶、污瓶、空瓶、破瓶、多药、少药、异物、黑点等的药瓶检出,分类存放并做好记录,工作结束后清场。

四、质量标准

注射用头孢曲松钠,为白色或类白色结晶性粉末,无臭;按无水化合物计算,含头孢曲松不得少于84.0%;按平均装量计算,含头孢曲松钠应为标识量的90.0%~110.0%。

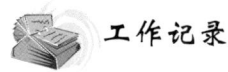
工作记录

1. 胶塞清洗、灭菌记录

产品批号		数量	支	规格	
名称	胶塞清洗、灭菌记录		日期		年 月 日
操作依据			编号		
生产前检查: 计量器具、设备、容器具、文件、温度、湿度等是否符合要求。					
检查人:	复核人:			日期:	年 月 日 时 分
胶塞类别	□丁基胶塞 □天然胶塞		来料批号		
使用设备			全自动超声波胶塞清洗机		
领用量/万个	实际投入量 万个		剩余量/万个	柜号	在柜数量/万个
操作程序	参数设定项目		参数设定		实际值
真空进料	进料时间		_____ min		___时___分-___时___分
粗 洗	喷淋		_____ min		___时___分-___时___分
清洗	纯化水		□40~50 ℃ □50~60 ℃		_____ ℃
	清洗时间		□10 min □20 min		___时___分-___时___分
	注射用水		□0.2~0.4 MPa		_____ MPa
	清洗时间		□40 min □50 min		___时___分-___时___分
	洗涤转速		□0.5 r/min		_____ r/min
	冲洗时间		□3 min □5 min		___时___分-___时___分

续表

蒸汽灭菌真空干燥	蒸汽压力	□0.3~0.4 MPa	_____ MPa
	蒸汽灭菌温度	□120~122 ℃	_____ ℃
	灭菌时间	□20 min	___时___分-___时___分
	灭菌后真空时间	□10 min	_____ min
	灭菌转速	□0.5 r/min	_____ r/min
热风干燥真空灭菌	热风干燥温度	□120~122 ℃	_____ ℃
	热风干燥时间	□20 min □25 min	___时___分-___时___分
	真空干燥时间	□10 min	___时___分-___时___分
	真空干燥循环次数	□2次 □3次 □4次	_____ 次
	启/停,间隔	□1~5 min □1~8 min	_____ min
	冷却温度	□90 ℃	_____ ℃
出 料	出料转速	□8 r/min	_____ r/min

澄明度检查标准:取胶塞50个于750 mL的锥形瓶中,倒入250 mL注射用水后,振摇100次,将水倒回250 mL的碘瓶中,于伞棚灯下检查澄明度;清,可见异物为零,毛点如下所示:
清洗后:丁基胶塞:毛点≤8个(其中色点≤2个,毛≤3个)。
灭菌后:丁基胶塞:毛点≤10个(其中色点<2个,毛≤3个)。

检查时间	澄清度	澄明度				结论	检查者/QA人员
		毛/个	点/个	色点/个	异物/个		
清洗后						□合格 □不合格	
灭菌后						□合格 □不合格	

开始时间		结束时间		操作人员	

清场:1. 生产操作区按"洁净区生产操作区清洁规程"清洁。
　　　2. 容器具按"洁净区容器具清洁规程"清洁。
　　　3. 设备按"设备清洁规程"清洁。

操作人:　　　　复核人:　　　　　　　　　　日期:　年　月　日　时　分

2. 洗瓶干燥生产记录

产品批号		数量		支	规格	
名称				日期		年　月　日
操作依据				编号		

生产前检查：
计量器具、设备、容器具、文件、温度、湿度等是否符合要求。
检查人：　　　　　复核人：　　　　　　　　　日期：　年　月　日　时　分

1. 检查注射用水和纯化水的澄清度，可见异物，用 250mL 碘瓶取 250mL 水，于伞棚灯下观察。要求澄清度：清；可见异物：毛点<1 个，色点为零，异物为零。	检查结果： 纯化水：□合格　□不合格 注射用水：□合格　□不合格

2. 使用设备	开机时间	关机时间
超声波洗瓶机、隧道式烘箱	___时___分 ___时___分	___时___分 ___时___分

3. 洗瓶机和隧道烘箱的参数设定和操作

操作程序	参数设定项目	参数设定	实际值
洗瓶	纯化水水温	□25~30 ℃　□30~35 ℃	℃
	纯化水水压	□0.2~0.3 MPa	MPa
	注射用水水压	□0.2~0.3 MPa	MPa
	压缩空气压力	□0.3~0.4 MPa	MPa
隧道灭菌温度	预热段温度	□170~250 ℃	℃
	灭菌段温度	□340~360 ℃	℃
	降温段温度	□220~250 ℃	℃
	冷却段温度	□≤40 ℃	℃
操作者		复核者	

4. 试生产
取清洗后的西林瓶（管制瓶）10 支/台机，每瓶注入 4 mL 注射用水，于伞棚灯下检查。
检查标准：澄清度：清；可见异物：毛点≤1 个/瓶，色点为零。
检查结果：□合格　□不合格　　　检查者：　　　　时间：
　　　　　□合格　□不合格　　　QA 人员：　　　时间：

5. 正式生产
隧道灭菌温度每 30 min 检查一次，并记录。
清洗后西林瓶的质量每 1 小时检查一次，并记录。

6. □停机　□未停机　　　停机时间：
停机原因：　　　　　　　维修时间：

续表

7. 物料平衡									单位:个
上批剩余(①)		领用量(②)		追加量(③)		使用量(④)		剩余量(⑤)	

物料平衡公式:[(④+⑤)/(①+②+③)]×100% =
西林瓶物料平衡限度:96%~102%

开始时间		结束时间		操作人员	

设备清场:1. 生产操作区按"洁净区生产操作区清洁规程"清洁。
　　　　　2. 容器具按"洁净区容器具清洁规程"清洁。
　　　　　3. 设备按"设备清洁规程"清洁。

操作人:　　　　　复核人:　　　　　　　　　　　　　　日期:　年　月　日　时　分

3. 无菌分装生产记录

产品批号		数量		支	规格	
名称				日期	年　月　日	
操作依据				编号		

生产前检查:
计量器具、设备、容器具、文件、温度、湿度等是否符合要求。
检查人:　　　　　复核人:　　　　　　　　　　　　　　日期:　年　月　日　时　分

1. 分装间温度 20~25 ℃　　　　相对湿度 45%~55%
实际温度:　　　℃　　　　实际相对湿度:　　　%
结论:□合格　　□不合格

2. 分装间与相邻房间保持相对负压,相对静压差>5 Pa
实际相对静压差:　　　Pa
结论:□合格　　□不合格

3. 分装过程中每隔 2 h 检查一次操作间温度、相对湿度、相对静压差,并记录在下表中。

时间							
温度/℃							
相对湿度/%							
相对静压差/Pa							
检查者							

4. 使用设备:微机自控双头螺杆分装机。

5. 各机分装 10 支调试装量
　　检查结果:□合格　　□不合格　　　　　检查者:　　　　时间:
　　　　　　□合格　　□不合格　　　　　QA 人员:　　　时间:

续表

6. 各机分装 4 支检查半成品澄清度、澄明度			
检查结果：□合格　□不合格		检查者：	时间：
□合格　□不合格		QA 人员：	时间：

7. 确认合格后正式开机生产。

8. 在生产过程中每 30 min 检查一次装量，每次每个分量头 2 支，检查结果记录于"分装装量检查记录"；每 2 h 检查一次半成品澄清度、澄明度，每次每台机 4 支，检查结果记录于"分装半成品质量检查记录"；每 1 h 检查一次灭菌后空瓶澄明度，每次 10 支，检查结果记录于"灭菌后西林瓶质量检查记录"。

分装开始时间	____时____分	分装结束时间	____时____分

9. □停机　□未停机　　　　停机时间：
停机原因：　　　　　　　　维修时间：

10. 物料平衡

物料名称	上批剩余（①）	领用量（②）	追加量（③）	取样量（④）	使用量（⑤）	剩余量（⑥）	报废量（⑦）	物料平衡/%

物料平衡公式：[（④+⑤+⑦）/（①+②+③-⑥）]×100%
原粉、胶塞、西林瓶平衡限度：96%～102%

11. 成品率=（实际产量数/理论产量数）×100%=

开始时间		结束时间		操作人员	

清场：1. 生产操作区按"洁净区生产操作区清洁规程"清洁。
　　　2. 容器具按"洁净区容器具清洁规程"清洁。
　　　3. 设备按"设备清洁规程"清洁。
操作人：　　　复核人：　　　　　　　　　　　　　　日期：　年　月　日　时　分

4. 轧盖生产记录

产品批号		数量		支	规格	
名称				日期	年　月　日	
操作依据				编号		

生产前检查：
计量器具、设备、容器具、文件、温度、湿度等是否符合要求。
检查人：　　　复核人：　　　　　　　　　　　　　　日期：　年　月　日　时　分

续表

1. 使用设备：玻璃瓶轧盖机。			
2. 开机轧盖 10~20 支后，停机检查外观质量。 检查标准：严密度≥98%；铝盖（铝塑盖）要紧贴瓶颈，包口合适，边缘整齐无歪斜褶皱；裙边裂口、表面严重缺口为不合格；不允许无铝盖、无胶塞、空瓶、破瓶、污瓶。			
检查结果：□合格　□不合格 　　　　　□合格　□不合格	检查者： QA 人员：	时间： 时间：	
3. 确认合格后正式开机生产。			
4. 生产过程中每 30 min 检查一次外观质量，每次每台机检查 10 支，检查结果记录于"轧盖质量检查记录"中。			
轧盖开始时间	＿＿时＿＿分	轧盖结束时间	＿＿时＿＿分
5. □停机　□未停机 停机原因：		停机时间： 维修时间：	
6. 物料平衡			

上批剩余(①)	领用量(②)	追加量(③)	使用量(④)	剩余量(⑤)	报废量(⑥)

物料平衡公式：[(④+⑥)/(①+②+③-⑤)]×100% =
铝盖平衡限度：96%~102%
7. 成品率 =（实际产量数/理论产量数）×100% =

开始时间		结束时间		操作人员	

清场：1. 生产操作区按"洁净区生产操作区清洁规程"清洁。
　　　2. 容器具按"洁净区容器具清洁规程"清洁。
　　　3. 设备按"设备清洁规程"清洁。

操作人：	复核人：	日期：　年　月　日　时　分

5. 灯检岗位生产记录

产品名称		规格	mL： g
生产批号		数量	瓶
生产前检查： 计量器具、设备、容器具、文件等是否符合要求。			
检查人：	复核人：		日期：　年　月　日　时　分

续表

姓名	编号分配	灯检总数	合格总数	不合格数	不合格种类					
					塑料块	白块	色块	纤维	漏气	漏液
	①									
	②									
	③									
	④									
	⑤									
	⑥									
	⑦									
	⑧									
总数										

操作规程：1. 执行灯检岗位标准操作规程；2. 依据该产品的工艺规程及主配方操作。

灯检合格率 = $\dfrac{合格总数}{灯检总数} \times 100\%$ =

提示：灯检总数，成品数与废品数之和。成品数：即成品入库数与检品之和。

工艺要求标准：灯检合格率≥95%
结果判定：
灯检合格率　　　　符合□
　　　　　　　　　不符合□
班长签字：

清场：1. 生产操作区按"洁净区生产操作区清洁规程"清洁。
　　　2. 容器具按"洁净区容器具清洁规程"清洁。
　　　3. 设备按"设备清洁规程"清洁。

操作人：　　　　　复核人：　　　　　　　　日期：　年　月　日　时　分

生产部签字：　　　　　　　　　　　　质检部签字：
　　　　　　　　年　月　日　　　　　　　　　　　　年　月　日

支撑知识

一、注射用无菌粉末概述

注射用无菌粉末是指用无菌操作法将经过无菌精制的药物分装于无菌容器中，临用前再用灭菌的注射用溶剂溶解或混悬而成的剂型，简称粉针。在水溶液中不稳定的药物，特别是一些对湿热十分敏感的抗生素类药物及酶或血浆等生物制品，如青霉素的钾盐和钠盐、头孢菌素类及一些酶制剂（胰蛋白酶、辅酶A等），用一般药剂学稳定化技术尚难得到满意的注射剂产品时，可制成固体形态的注射剂。

根据制备方法不同，注射用无菌粉末分为两种：一种是用冷冻干燥工艺制得，称为注射用冷冻干燥制品(简称冻干粉针);另一种是用适宜方法将无菌粉末分装制得,称为注射用无菌分装制品。

注射用无菌粉末为非最终灭菌产品,其生产过程必须采用高洁净度控制工艺,以保证无菌水平。注射用无菌粉末的质量要求与溶液型注射液基本一致,质量检查应符合《中国药典》注射用无菌粉末的各项规定。

二、注射用无菌分装制品

注射用无菌分装制品是将符合注射用要求的药物粉末,在高洁净度控制技术工艺条件下直接分装于洁净灭菌的西林瓶或安瓿中,密封制成的粉针剂。药物若能耐受一定的温度,则可进行补充灭菌。

1. 生产工艺

(1) 原材料准备　安瓿或西林瓶、胶塞均按规定方法处理,均需灭菌。安瓿或玻璃瓶可于 180 ℃ 干热灭菌 1.5 h 或于 250 ℃ 干热灭菌 45 min。胶塞洗净后要用硅油进行硅处理,再用 125 ℃ 干热灭菌 2.5 h 或于 121 ℃ 热压灭菌 30 min。灭菌空瓶的存放柜应有净化空气保护,存放时间不超过 24 h。无菌原料可采用无菌结晶法、喷雾干燥法精制或发酵法制备而成,必要时在无菌条件下进行粉碎、过筛等操作。

粉针剂灌装轧盖一体机

(2) 分装　分装必须在规定的洁净环境中按照无菌生产工艺操作进行。目前使用的分装机械有螺杆式分装机、气流式分装机等。进瓶、分装、压塞或封口在局部 A 级层流装置下进行;分装后应立即加塞、轧铝盖密封。

(3) 灭菌和异物检查　对于能耐热的品种如青霉素,可进行补充灭菌,以确保安全。对于不耐热的品种,必须严格无菌操作。异物检查一般在传送带上,工作人员逐瓶目视检查。

(4) 印字、贴签与包装　目前产品印字、贴标签及包装均已自动化程度较高。

2. 无菌分装工艺中存在的问题

(1) 装量差异　物料的流动性是影响装量差异的主要因素,药粉的物理性质如吸潮性、晶型、粒度、粉末松密度及机械设备性能等因素均能影响装量差异。应根据具体情况采取相应措施,尤其应控制分装环境的相对湿度。

(2) 不溶性微粒　按《中国药典》(2020 年版)四部通则的规定,注射用无菌粉末应进行不溶性微粒检查。由于制备药物粉末的工艺步骤多,以致污染机会增多,易使药物粉末溶解后出现纤毛、小点,以致不溶性微粒检查不合格。因此应从原料的精制处理开始,控制环境洁净度,严格防止污染。

(3) 无菌　药品无菌检查合格,只能说明抽查那部分产品是无菌的,不能代表全部产品完全无菌。由于产品通过无菌生产工艺操作制备,稍有不慎就有可能使局部受到污染,而微生物在固体粉末中繁殖又较慢,不易为肉眼所见,危险性更大。为了保证用药安全,解决无菌分装过程中的污染问题,应注意生产的各个环节,包括无菌室的洁净环境。

(4)吸潮变质　瓶装无菌粉末在储存过程中吸潮变质时有发生,原因是由于橡胶塞的透气性所致,或铝盖轧封不严。因此,应对所有橡胶塞进行密封防潮性能测定,选择性能符合规定的橡胶塞,同时铝盖压紧后瓶口烫蜡,防止水汽透入。

三、注射用冷冻干燥制品

注射用冷冻干燥制品是将药物制成无菌水溶液,进行无菌灌装,再经冷冻干燥,在无菌生产工艺条件下封口制成的粉针剂。凡对热敏感、在水溶液中不稳定的药物,可采用此法制备。

注射用冷冻干燥制品具有以下优点:①生物活性不变,对热敏感的药物可避免高温而分解变质,如蛋白质及酶制剂。②制品质地疏松,加水后迅速溶解恢复至原有特性。③含水量低,同时由于干燥在真空中进行,药物不易氧化。④产品所含微粒较其他生产方法产生得少。⑤外观色泽均匀,形态饱满。

1. 冻干保护剂

制备注射用冻干制品时,由于单独的药物溶液往往不易冻干,蛋白质药物易变性等原因,在冻干处方中常需加入冻干保护剂。冻干保护剂可改善冻干产品的溶解性和稳定性,也可使冻干产品外形美观。优良的保护剂应在整个冻干过程中以及成品贮藏期间保护药物的稳定性。

常用的保护剂有以下几类:①糖类、多元醇,如蔗糖、海藻糖、乳糖、葡萄糖、麦芽糖、甘露醇等。②无水溶剂,如乙烯乙二醇、甘油、二甲基亚砜(DMSO)、二甲基甲酰胺(DMF)等。③聚合物,如聚维酮(PVP)、聚乙二醇(PEG)、右旋糖酐等。④表面活性剂,如聚山梨酯80等。⑤盐和胺,如磷酸盐、醋酸盐、柠檬酸盐等。⑥氨基酸,如脯氨酸、L-色氨酸、谷氨酸钠、丙氨酸、甘氨酸、肌氨酸等。

2. 冷冻干燥设备

冷冻干燥是利用升华的原理进行干燥的一种技术,是将被干燥的物质在低温下快速冻结然后在适当的真空环境下,使冻结的水分子直接升华成为水蒸气逸出的过程。

冷冻干燥机系由制冷系统、真空系统、加热系统、电器仪表控制系统所组成,主要部件为干燥箱、凝结器、冷冻机组、真空泵、加热/冷却装置等,工作原理是将被干燥的物品先冻结到三相点温度以下,然后在真空条件下使物品中的固态水分(冰)直接升华成水蒸气,从物品中排除,使物品干燥。物料经前处理后,被送入速冻仓冻结,再送入干燥仓升华脱水,之后在后处理车间包装。

3. 注射用冷冻干燥制品制备工艺

注射用冷冻干燥制品制备工艺流程见图10-1。

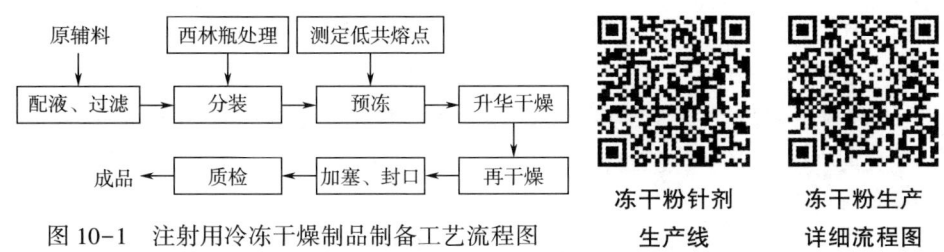

图 10-1 注射用冷冻干燥制品制备工艺流程图

(1) 测定低共熔点　新产品冻干时,先应测出其低共熔点,然后控制冷冻温度在低共熔点以下,以保证冷冻干燥的顺利进行。低共熔点是在水溶液冷却过程中,冰和溶质同时析出结晶混合物(低共熔混合物)时的温度。

(2) 配液、过滤和分装　冻干前的原辅料、西林瓶需按适宜的方法处理,然后进行配液、无菌过滤和分装,其制备应在 A/B 级洁净条件下操作。当药物剂量和体积较小时,需加适宜的稀释剂(甘露醇、乳糖、山梨醇、右旋糖酐、牛血清白蛋白、明胶、氯化钠和磷酸钠等)以增加容积。溶液经无菌滤过(0.22 μm 微孔滤膜)后分装在灭菌西林瓶内,容器的余留空间应较水性注射液大,一般分装容器的液面深度为 1~2 cm,最深不超过容器深度的 1/2。

(3) 预冻　预冻是恒压降温过程。药液随温度的下降冻结成固体,温度一般应降至产品共熔点以下 10~20 ℃以保证冷冻完全。若预冻不完全,在减压过程中可能产生沸腾冲瓶的现象,使制品表面不平整。预冻方法包括速冻法和慢冻法。速冻法降温速度快,易形成细微冰晶,制得的产品疏松易溶,且对生物活性物质如酶类、活菌、活病毒等破坏小,但可能出现冻结不实的情况;慢冻法降温速度慢,冻结较实,但形成的结晶较粗。在实际工作中应按药液性质采用不同的冷冻方法。

(4) 升华干燥　首先是恒温减压过程,然后是在抽气条件下,恒压升温,使固态水升华逸去。升华干燥法分为两种,一种是一次升华法,适用于共熔点为 -20~-10 ℃的制品,且溶液黏度不大,升华温度约为 -20 ℃,药液中的水分可基本除尽。另一种是反复冷冻升华法,其预冻过程须在共熔点与共熔点以下 20 ℃之间反复升降预冻,而不是一次降温完成。本法常用于结构较复杂、稠度大及熔点较低的制品,如蜂蜜、蜂王浆等。

(5) 再干燥　升华完成后使体系温度提高,具体温度根据制品的性质确定,如 0 ℃或 25 ℃,保持一定的时间使残留的水分与水蒸气被进一步抽尽。再干燥可保证冻干制品的含水量<1%,并有防止回潮的作用。

(6) 加塞、封口　冷冻干燥完毕,从冷冻机中取出分装瓶,立即加胶塞、压铝盖;若为安瓿应立即熔封。现用设备已设计自动加塞装置,西林瓶从冻干机中取出之前,能自动压塞,避免污染。为此有专门设计的橡皮塞,在分装液体后,橡皮塞被放置于瓶口上,因橡皮塞下部分有一些缺口,可使水分升华逸出。

4. 冷冻干燥中存在的问题

(1) 喷瓶　预冻不完全,或在升华干燥阶段中供热太快,受热不均匀,导致升华过程中制品部分液化,在真空减压条件下产生喷瓶。为防止喷瓶,必须控制预冻温度在共熔点以下 10~20 ℃,加热升华时,温度不宜超过共熔点。

(2)含水量偏高　装入容器的药液过厚,升华干燥过程中供热不足,冷凝器温度偏高或真空度不够,均可能导致产品含水量偏高。可采用旋转冷冻机及其他相应的措施来解决。

(3)产品外形不饱满或萎缩　在冻干过程中一些黏稠药液的结构过于致密,内部水蒸气逸出不完全,冻干结束后,制品因潮解而萎缩。可在处方中加入适量甘露醇、氯化钠等填充剂,并采取反复预冻法,以改善制品的通气性,产品外观即可得到改善。

四、注射用无菌粉末质量检查

注射用无菌粉末配制成注射液后应符合注射剂的要求。

1. 装量差异

除另有规定外,注射用无菌粉末照下述方法检查,应符合规定。

取供试品 5 瓶(支),除去标签、铝盖,容器外壁用乙醇擦净,干燥,开启时注意避免玻璃屑等异物落入容器中,分别迅速精密称定。容器为玻璃瓶的注射用无菌粉末,首先小心开启内塞,使容器内外气压平衡,盖紧后精密称定。然后倾出内容物,容器用水或乙醇洗净,在适宜条件下干燥后,再分别精密称定每一容器的重量,求出每瓶(支)的装量与平均装量。每瓶(支)装量与平均装量相比较(如有标识装量,则与标识装量相比较),应符合表 10-1 中的规定,如有 1 瓶(支)不符合规定,应另取 10 瓶(支)复试,应符合规定。

表 10-1　　　　　　　　注射用无菌粉末装量差异

标识装量或平均装量	装量差异限度
0.05 g 及 0.05 g 以下	±15%
0.05 g 以上至 0.15 g	±10%
0.15 g 以上至 0.50 g	±7%
0.50 g 以上	±5%

凡规定检查含量均匀度的注射用无菌粉末,一般不再进行装量差异检查。

2. 渗透压摩尔浓度

除另有规定外,注射用无菌粉末按渗透压摩尔浓度测定法[《中国药典》(2020版)四部通则 0632]测定,应符合规定。

3. 可见异物

除另有规定外,取供试品 5 支(瓶),用适宜的溶剂及适当的方法使药物全部溶解后,照可见异物检查法[《中国药典》(2020版)四部通则0904]检查,应符合规定。

4. 不溶性微粒

除另有规定外,注射用无菌粉末照不溶性微粒检查法[《中国药典》(2020版)四部通则0903]检查,均应符合规定。

5. 无菌

无菌状态按照无菌检查法[《中国药典》(2020版)四部通则1101]检查,应符合规定。

6. 细菌内毒素或热原

除另有规定外,静脉用注射剂按各品种项下的规定,照细菌内毒素检查法[《中国药典》(2020版)四部通则1143]或热原检查法[《中国药典》(2020版)四部通则1142]检查,应符合规定。

 新技术

包合技术

 效果检测

一、在线检测

测试1　粉针剂概述

测试2　粉针剂制备及质量要求

二、项目考核

1. 按照附录1实操项目考核表进行小组和自我评价。

2. 将项目成果上传至学习平台,同时提交实物,以供教师进行评价。

三、分析与探究

案例：注射用阿糖胞苷（粉针）

处方：盐酸阿糖胞苷 500 g，5%氢氧化钠适量，注射用水加至 1000 mL。

请简述注射用阿糖胞苷的制备方法。

 思政案例

2018 年 7 月 15 日，国家药品监督管理局发布通告指出，长春长生生物科技有限公司冻干人用狂犬病疫苗生产存在记录造假等行为，这是长生生物自 2017 年 11 月份被发现百白破疫苗效价指标不符合规定后不到一年，再曝疫苗质量问题。2018 年 7 月 20 日，中央第十一巡视组向市场监管总局党组反馈了巡视意见，国家市场监督管理总局在整改意见中提到，相关疫苗问题处罚偏轻，失察失责。2019 年 2 月，吉林长春长生公司问题疫苗案件相关责任人被严肃处理。3 月 5 日，在发布的 2019 年国务院政府工作报告中提出，加强食品药品安全监管，严厉查处长春长生公司等问题疫苗案件。3 月 12 日，最高人民检察院检察长张军在作 2019 年最高人民检察院工作报告说，长生公司问题疫苗案，吉林检察机关依法批捕 18 人。

课程思政育人目标：二十大报告指出："坚持全面依法治国，推进法治中国建设。"通过案例让学生知道药品安全生产的重要性与严肃性，生产放心药、良心药是制药人的基本信念，引导学生在未来生产工作中合规生产，提升学生法治意识、健康意识和安全意识。

项目十一　眼用液体制剂生产管理

 项目概述

本项目以玻璃酸钠滴眼液为载体。

随着眼病发病率上升、眼科治疗技术升级、患者诊疗意识提升,眼用药剂需求显著增加。2020—2022 年,中国眼科用药市场规模持续以 20%左右的速度高速增长,市场潜力十足。

玻璃酸钠滴眼液主要成分为透明质酸钠,为白色或乳白色粉末,是人体内一种固有的成分,最初主要从鸡冠中提取,现更多是通过微生物发酵制得。玻璃酸钠滴眼液适用于干燥综合征、干眼综合征等内因性疾患;手术后、药物性、外伤、佩戴隐形眼镜等外因性疾患。

现有玻璃酸钠注射液和玻璃酸钠滴眼液。玻璃酸钠注射液可用于关节内注射,用于变形性膝关节病和肩关节周围炎的辅助治疗。玻璃酸钠滴眼液规格有 0.4 mL∶0.4 mg;10 mL∶10 mg 等。

 项目准备

项目任务书

项目名称		学员姓名/学号	
起始时间		指导教师	
组长		项目成员	
学习任务	完成玻璃酸钠滴眼液的制备,产品质量应符合滴眼剂质量标准。		
学习目标	**知识目标** 1. 掌握滴眼剂的制备工艺。 2. 进一步掌握空气洁净和无菌操作知识。 3. 熟悉眼用液体制剂质量要求。 4. 熟悉眼用液体制剂常用附加剂。 5. 熟悉眼用液体制剂质量检查项目和要求。 6. 了解眼用液体制剂特点、吸收途径。 7. 了解吹灌封(BFS)工艺。		

续表

学习目标	**能力目标** 1. 能较熟练地进行洁净室（B级）运行和性能确认、洁净度监测文件管理。 2. 能较好完成眼用液体制剂生产相关仪器设备管理。 3. 能较熟练地按无菌制剂生产品种悬挂生产工艺卡、标识牌，生产结束时及时收回。 4. 能较好地进行防火防爆、无菌制剂单元安全操作，遵循生产工艺规程和岗位操作法，懂得安全防护、危险化学品的管理、压力容器安全管理。 5. 能进行眼用液体制剂的质量检查工作。 6. 能完成眼用液体制剂物料管理工作。 **素质目标（含思政目标）** 1. 通过滴眼剂生产工艺的学习，培养学生诚实守信的精神。 2. 通过眼用液体制剂的学习，培养学生严谨求实的工作作风。 3. 通过眼用液体制剂质量检查的学习，培养学生精益求精的精神。 4. 通过解决滴眼剂中出现的问题，培养学生的沟通协调能力。
工作内容与要求	
实施前	1. 填写项目任务书，明确任务目标、内容与要求。 2. 明确生产流程和操作要点。 3. 回答引导问题，填写项目预习记录，拍照上传至学习平台。
实施中	1. 穿戴整齐干净的工作服。 2. 严格按照规程完成滴眼剂制备各环节的操作。 3. 严格按照规程完成可见异物、粒度等的检查。 4. 按GMP要求清场。 5. 按GMP要求填写工作记录。
实操结束	1. 上传电子版项目工作记录和产品照片，展示产品实物。 2. 在教师引导下总结项目操作要点，系统完成相关理论知识学习。 3. 对工作记录和工作成果进行互评。
进度要求	

1. 项目操作及相关记录、项目成果、项目现场考核，应在实操时间内完成。
2. 理论学习在项目完成后两天内完成。

预习活页

项目名称			
学员姓名/学号		项目组成员	
引导问题			

1. 本项目如何调节pH？
2. 制备滴眼液时对抑菌剂有哪些要求？
3. 本项目的关键点有哪些？

续表

引导问题回答

项目预习记录

一、物料信息						
序号	物料名称	含量/%	来源	密度/(g/cm^3)	溶解度/(mol/L)	注意事项
1						
2						
3						
4						
5						
6						
7						
8						
9						
10						
二、操作注意事项						
三、问题和建议						

 项目实施

一、生产指令(举例)

生产车间	眼用液体制剂生产车间	包装规格	2 mL/支
品名	玻璃酸钠滴眼液	生产批量	1000 支
规格	2 mL/支	生产日期	2023-10-18
批号	231005	完成时限	2023-10-20
生产依据	玻璃酸钠滴眼液生产工艺规程		
物料名称	规格	用量	单位	检验单号
玻璃酸钠	药用	1	g	YLJY2023016
氯化钠	药用	7	g	FLJY2023131
依地酸二钠	药用	0.1	g	FLJY2023132
硼砂	药用	120	mg	FLJY202133
硼酸	药用	1.5	g	FLJY2023135
甘露醇	药用	1	g	FLJY2023136
苯扎溴铵	药用	50	mg	FLJY2023137
灭菌注射用水	药用	1	L	FLJY2023138
编制: 生产部:	审核: 质管部:	批准: 生产部:		

二、生产前检查

(1)检查操作现场、状态标识牌。

(2)确认操作间压差表在校准有效期以内,洁净走廊对缓冲间、房间压差≥5 Pa,不同洁净级别压差≥10 Pa。

(3)确认工作区操作间有"清场(洁)状态标识"。

(4)确认本岗位上批的清场合格证副本在有效期内,不存在任何与现操作无关的物料、容器、残留物、记录等。

(5)确认操作间内温、湿度计在校准的有效期以内,温度在 18~26 ℃,湿度≤65%。

(6)确认设备完好并有"清场(洁)状态标识",设备及所用容器表面无异色、无可见残留物;确认工作区已清洁,不存在任何与现操作无关的物料、容器、残留物、记录等。

(7)检查计量设施在检定周期内并进行双重核对校准。

三、生产操作

1. 配料

操作人员根据生产任务和制备方案,制订物料使用计划,填写领料单,领取规定的原辅料,按物料进出洁净区规程经脱包、缓冲后存放于指定位置,按照生产要求称量所需物料,存放于中间站,填写操作记录。

2. 洗瓶和烘干

(1)打开汽源,打开洗瓶机总电源,依次按下水泵、理瓶机输送、进瓶、洗瓶机主机等按钮,应一人操作,另一人进行辅助工作,并进行相互监督。

(2)操作时随时目检洗瓶后的洁净度,检查瓶子是否有明显的水珠;如果有水珠应停机检查汽源、水源,确认有充足的水源、汽源后方可重新开机。

(3)洗涤后的瓶子内外不得有异物,瓶内外水流均匀,不应有股流或附有不均匀水珠。

(4)将清洗合格的瓶子放入不锈钢盘内,推入干燥灭菌烘箱中进行烘干。填写操作记录。

(5)在开启烘箱前,操作工应检查加热温度是否处在 60~70 ℃。洗净烘干后的瓶子放置时间不得超过 3d,若超过 3d,需重新洗涤、干燥灭菌。

(6)生产结束后关闭电源,清理设备及环境卫生,清理生产过程中遗留物,并填写生产记录和清场记录。

3. 配液

(1)取处方量 80% 的新鲜注射用水置于配液罐中,开启搅拌(35~40 r/min),降温至(60±5)℃,依次加入处方量的依地酸二钠、苯扎溴铵溶液,搅拌均匀,缓慢加入玻璃酸钠,恒温(60±5)℃搅拌使充分溶胀,冷却至(35±5)℃后为澄清、透明溶液。

(2)将处方量的甘露醇、氯化钠、硼砂、硼酸依次加入到配液罐中,搅拌至完全溶解,冷却至室温,用 0.05% 的硼砂溶液或 0.1% 硼酸溶液调节 pH 在 6.5~7.5,补加注射用水至全量,搅拌 10~20 min。

(3)生产结束后关闭电源,清理设备及环境卫生,清理生产过程中遗留物,并填写生产记录和清场记录。

4. 过滤除菌

(1)过滤药液前,对过滤器进行起泡点试验,确认滤膜(滤芯)的孔径是否符合生产工艺、过滤器是否完好;过滤完毕,再次确认过滤器的完好性。过滤药液时,操作人员随时观察药液色泽,应符合规定。

(2)药液经 0.45 μm 微孔过滤器循环过滤 20 min 后,取样测定药物含量、pH、渗透压合格后,精滤至可见异物检查合格,通过 0.22 μm 微孔过滤器二级过滤,将药液输送至灌装岗位。

(3)生产结束后关闭电源,清理设备及环境卫生,清理生产过程中遗留物,并填写生产记录和清场记录。

5. 灌装与加塞

(1)将已灭菌的瓶、塞、瓶盖分别经导轨送至灌装室,在 A 级层流保护下收集后送至灌装机进行灌装等后续操作。

(2)确认灌装机、药液除菌过滤器、储液瓶、物料管道、灌装针头等组件均已按照相应清洁标准操作规程清洁消毒灭菌,并在灭菌有效期内。

(3)启动灌装机,调整灌装速度,灌装量不少于 2.0 mL/支,装量控制在 2.0~2.1 mL,加入内塞,并旋紧外盖。每 30 min 抽取 10 支灌装半成品检查装量和可见异物。

(4)用不锈钢接瓶盘盛装灌装后中间产品,装满后离地存放。填写操作记录。

(5)生产结束后关闭电源,清理设备及环境卫生,清理生产过程中遗留物,并填写生产记录和清场记录。

6. 灯检

将灌装后的载药瓶整盘放在灯检台上,擦净瓶外壁,轻轻翻转待检品使其药液中存在的可见异物悬浮(注意不要使药液产生气泡),置待检品于灯检仪的遮光边缘处,在 2000~3000 lx 照度下,距待检品 25 cm 处人眼直接检测三次,每次 20 s。逐支灯检,检出可见异物和破损、漏液、装量不合格瓶。填写操作记录。

生产结束后关闭电源,清理设备及环境卫生,清理生产过程中遗留物,并填写生产记录和清场记录。

四、质量标准

根据《中国药典》(2020 年版)进行滴眼液的粒度、可见异物、无菌等项目的检查。

 工作记录

1. 洗瓶、烘干岗位生产记录

品名		规格		批号		批量		
开始时间		时 分		结束时间			时 分	
生产前检查: 计量器具、设备、容器具、文件、温度、湿度等是否符合要求。								
检查人:		复核人:			日期:	年 月	日 时 分	

续表

物料使用记录	物料名称	生产批号	单位	投料量	使用量	剩余量	损耗量

操作指令	工艺参数	操作记录	签名
1. 核对各物料品名、规格、数量、批号	品名相符 规格相符 数量相符 批号相符	品名：相符□ 不相符□ 规格：相符□ 不相符□ 数量：相符□ 不相符□ 批号：相符□ 不相符□	操作人： 复核人：
2. 按设备标准操作规程操作设备 (1) 回转式洗瓶机 (2) 隧道烘干灭菌箱	设备完好 设备清洁	完好□ 不完好□ 清洁□ 不清洁□	操作人： 复核人：
3. 按工艺规程进行洗涤、烘干灭菌	洗瓶速度：80 瓶/min 注射用水压力>0.2 MPa 纯化水压力>0.2 MPa 压缩空气压力>0.2 MPa 温度：80 ℃ 时间：25 min	洗瓶速度：____瓶/min 注射用水压力：____ MPa 纯化水压力：____ MPa 压缩空气压力：____ MPa 温度：____℃ 时间：____ min	操作人： 复核人：

清场：1. 生产操作区按"洁净区生产操作区清洁规程"清洁。
　　　2. 容器具按"洁净区容器具清洁规程"清洁。
　　　3. 设备按"设备清洁规程"清洁。
操作人：　　　　　复核人：　　　　　　　　　　　　　日期：　年　月　日　时　分

岗位负责人：　　　　QA 复核人：　　　　　　　　　　时间：　年　　　时　分

2. 配液岗位生产记录

品名		规格		批号	
批量		开始时间		结束时间	
生产前检查： 计量器具、设备、容器具、文件、温度、湿度等是否符合要求。					
检查人：　　　复核人：　　　　　　　　　　　　　　　　　　　日期：　年　月　日　时　分					

续表

操作指令	工艺要求	操作记录	签名
1. 投料 检查配液罐、储罐、容器具是否洁净、无异物、罐底阀是否关闭，准备配液。	配液罐、储罐、容器具应洁净无异物，罐底阀应关闭。 预配液：_____ L	配液罐号：_____ 清洁情况：□合格 　　　　　□不合格	操作人： 复核人：
2. 配制 （1）加入规定量80%注射用水，依次加入甘露醇。 （2）加入玻璃酸钠搅拌，用硼酸溶液调节 pH 在 6.5~7.5。 （3）补加注射用水至全量，搅拌充分。	注射用水：_____ L 玻璃酸钠：_____ g 甘露醇：_____ g 硼酸溶液：_____ mL 搅拌时间：_____ min 温度：_____ ℃	注射用水：_____ L 玻璃酸钠：_____ g 甘露醇：_____ g 硼酸溶液：_____ mL 搅拌时间：_____ min 温度：_____ ℃	操作人： 复核人：
3. 中间质量控制 取样测定中间体含量及 pH。	中间质量控制参数： 含量：_____ pH：_____	实际检验结果： 含量：_____ pH：_____	操作人： 复核人：
4. 过滤 开启微孔过滤器过滤，循环过滤至可见异物合格，备用。	过滤后药液可见异物应符合规定	可见异物：_____ 滤液体积：_____ L	操作人： 复核人：
物料平衡： 98%≤中间体收率≤102%为正常，否则为异常 中间体收率=(精滤液量/理论产量)×100%		平衡结果： 中间体收率=	
清场：1. 生产操作区按"洁净区生产操作区清洁规程"清洁。 　　　2. 容器具按"洁净区容器具清洁规程"清洁。 　　　3. 设备按"设备清洁规程"清洁。 　　操作人：　　　　　　复核人：　　　　　　　　　日期：　年　月　日　时　分			
岗位负责人：　　　　　　QA 复核人：　　　　　　　　　　　时间：　　年　　时　　分			

3. 灌装旋盖岗位生产记录

品名		规格		批号	
批量		开始时间		结束时间	

生产前检查：
计量器具、设备、容器具、文件、温度、湿度等是否符合要求。
检查人：　　　　　　复核人：　　　　　　　　　　日期：　年　月　日　时　分

来料使用记录	领料量						
	产品名称	批号	含量/规格	药液总体积/L	理论产量/kg	灌装瓶数	
	内包材	名称	批号	投料量/kg	剩余数量/kg	损耗数量/kg	
		塑料瓶					
		内塞					
		外盖					

操作指令	工艺要求	操作记录	签名
1. 灌装 (1)检查储罐内药液的体积是否达到规定量。 (2)检查瓶塞、瓶盖是否在消毒有效期内。 (3)灌装按《灌装机标准规程》执行。	药液体积应达到储液罐体积2/3以上。瓶塞、瓶盖应在消毒有效期内。	药液体积：____ L 消毒期：□有效 　　　　□无效	操作人： 复核人：
2. 中间质量控制 每30 min 记录一次检查结果。	检查频次：每30 min 1次 装量：5 mL 可见异物：合格 旋盖：密封性	装量：____ mL 可见异物：____ 旋盖：____	检查人： 复核人：
3. 环境控制 每班次至少检查记录1次	温度：20~24 ℃ 相对湿度：45%~65%	温度：____ ℃ 相对湿度：____ %	检查人：

物料平衡：98%≤收率≤102%为正常，否则为异常 收率=(灌装瓶数/理论产量)×100%	平衡结果： 收率=

清场：1. 生产操作区按"洁净区生产操作区清洁规程"清洁。
　　　2. 容器具按"洁净区容器具清洁规程"清洁。
　　　3. 设备按"设备清洁规程"清洁。
操作人：　　　　　　复核人：　　　　　　　　　　日期：　年　月　时　分

岗位负责人：　　　　QA复核人：　　　　　　　　　时间：　年　时　分

4. 灯检岗位生产记录

品名		规格		批号	
来料数量/瓶		开始时间		结束时间	

生产前检查：
计量器具、设备、容器具、文件、温度、湿度等是否符合要求。
检查人：　　　　　　复核人：　　　　　　　　日期：　年　月　日　时　分

灯检记录/瓶									
灯检人	产量		灯检项目						合格率/%
	检前数量	检后数量	破瓶	空瓶	坏盖	装量	异物	其他	合计	
合计										

抽查记录：

被抽查者	抽查数量/瓶	合格数量/瓶	抽查项目						合格率/%
			破瓶/瓶	空瓶/瓶	坏盖/瓶	装量/瓶	异物	其他	合计	
抽查合计										

质量评价：
抽查合格率≥99.99%为合格，否则应重新灯检。

清场：1. 生产操作区按"洁净区生产操作区清洁规程"清洁。
　　　2. 容器具按"洁净区容器具清洁规程"清洁。
　　　3. 设备按"设备清洁规程"清洁。
操作人：　　　　　　复核人：　　　　　　　　日期：　年　月　日　时　分

岗位负责人：　　　　QA 复核人：　　　　　　　　时间：　年　　　时　分

 支撑知识

一、概述

(一)眼用液体制剂的定义

眼用液体制剂是指供洗眼、滴眼或眼内注射，用以治疗或诊断眼部疾病的液体制剂，分为滴眼剂、洗眼剂和眼内注射溶液3类。眼用液体制剂也可以固态形式包装，另备溶剂，在临用前配成溶液或混悬液。

滴眼剂是由原料药物与适宜辅料制成的供滴入眼内的无菌液体制剂，可分为溶液、混悬液或乳状液。滴眼剂通常以水为溶剂，极少用油。滴眼剂可发挥消炎杀菌、散瞳、缩瞳、降低眼压、治疗白内障、诊断以及局部麻醉等作用。

洗眼剂是由原料药物制成的无菌澄明水溶液，是供冲洗眼部异物或分泌液、中和外来化学物质的眼用液体制剂。

眼内注射溶液是由原料药物与适宜辅料制成的无菌澄明液体，是供眼周围组织(包括球结膜下、筋膜下及球后)或眼内注射(包括前房注射、前房冲洗、玻璃体内注射、玻璃体内灌注等)的无菌眼用液体制剂。

(二)眼用药物的吸收途径

用于眼部的药物，以发挥局部作用为主，也可发挥全身治疗作用。

1. 药物眼部吸收途径

(1)角膜吸收　绝大多数药物主要通过角膜途径被吸收进入眼部。亲脂性药物通过跨细胞途径进入角膜；亲水性药物则通过细胞旁途径进入角膜。肽类、氨基酸类药物以角膜上皮的 Na^+K^+-ATP 酶为载体通过主动转运的方式进入眼部。

(2)非角膜途径　此途径药物主要由结膜和巩膜吸收。结膜和巩膜上皮的细胞间隙比角膜上皮的细胞间隙大得多，有利于亲水性分子通过细胞旁途径吸收进入眼部。这种非角膜途径吸收对于亲水性分子及大分子等角膜透过性差的药物具有重要意义。

药物通过滴眼的方式给药很难到达眼后部的作用靶点，通常采用玻璃体内注射等方式。

2. 药物眼部吸收的特点

(1)眼部给药简单经济，有些药物通过眼黏膜吸收的效果与静脉注射相似。

(2)可避开肝脏首关效应。

(3)与其他组织或器官相比，眼部组织对于免疫反应不敏感，适用于蛋白多肽类等口服易被破坏的药物。

存在的问题：如药液有刺激，不仅会损伤眼组织，且分泌的泪液会稀释药液；眼部容量小，药物剂量损失大；常用液体制剂在眼部滞留时间短，影响药效。

279

3. 影响药物眼部吸收的因素

（1）生理因素及用药频率　通常结膜囊内泪液容量为 7~10 μL，若不眨眼，最多可容纳 20~30 μL 的液体。通常 1 滴滴眼液为 50~70 μL，考虑到泪液对药液的稀释，约 70% 的药液从眼部溢出而造成损失，若眨眼则有 90% 的药液损失。因而增加滴药次数，有利于提高主药的利用率。

（2）药物的理化性质　如溶解度、分子大小及形状、荷电量及离子化程度等均可影响药物在角膜中的转运途径及速率。通常非离子型比离子型更容易透过脂质膜。此外，由于生理条件下角膜上皮带负电，故亲水的带正电的化合物比带负电的化合物更容易渗透通过角膜。

（3）剂型因素　溶液的 pH、浓度、黏度、表面张力等均可影响药物透过角膜的量和作用时间。滴眼剂表面张力越小，越有利于泪液与滴眼剂的充分混合，也有利于药物与角膜上皮接触，使药物容易渗入。适量的表面活性剂有促进吸收的作用。增加黏度可使药物与角膜接触时间延长，有利于药物的吸收。

（4）对于具有良好疗效但由于亲脂性差或亲水性差而很难渗透进入眼部的药物，或容易被眼部的酶代谢而迅速消除的药物及因全身吸收而副作用较大的药物，可考虑将其制成前药来增加药物的眼部吸收。

（三）眼用液体制剂的质量要求

眼用液体制剂在生产与贮藏期间应符合下列有关规定。

（1）滴眼剂中可加入调节渗透压、pH、黏度及增加原料药物溶解度和制剂稳定性的辅料，所用辅料不应降低药效或产生局部刺激。

（2）除另有规定外，滴眼剂应与泪液等渗，并进行渗透压摩尔浓度测定。混悬型滴眼剂的沉降物不应结块或聚集，经振摇应易再分散，并检查沉降体积比。

（3）洗眼剂属用量较大的眼用制剂，应基本与泪液等渗并具相近的 pH。多剂量眼用制剂一般应加适当的抑菌剂，并在使用期间均能发挥抑菌作用。尽量选用安全风险小的抑菌剂，产品标签应标明抑菌剂种类和标识量。

（4）眼内注射溶液及供手术、伤口、角膜穿通伤的滴眼剂、洗眼剂不应加抑菌剂、抗氧化剂或不适当的附加剂，且应采用一次性使用包装。

（5）除另有规定外，滴眼剂每个容器的装量应不超过 10 mL，洗眼剂每个容器的装量应不超过 200 mL。包装容器应不易破裂，并清洗干净及灭菌，其透明度应不影响可见异物检查。

（6）眼用制剂应遮光密封贮存，启用后最多可使用 4 周。

二、眼用液体制剂的附加剂

（一）pH 调节剂

由于主药的溶解度、稳定性、疗效或改善刺激性等的需要，往往将滴眼剂进行 pH 调整。滴眼剂的最佳 pH，应使刺激性最小，药物溶解度最大和制剂稳定性最好。因此,可选用适当的缓冲液作为眼用溶剂,可使滴眼剂的 pH 稳定在一定范围内。正常眼可以耐受的 pH 在 5.0~9.0。常用的 pH 缓冲液有以下几种。

1. 磷酸盐缓冲液

分别将无水磷酸二氢钠 8 g 与无水磷酸氢二钠 9.47 g 配制为 1000 mL 水溶液,再将两者以不同比例配合可得 pH 为 5.9~8.0 的缓冲液,其中等量配合时 pH 为 6.8,最常用。

2. 硼酸盐缓冲液

先配制 1.24% 的硼酸溶液和 1.91% 的硼砂溶液,再将两者以不同比例配合,可得 pH 为 6.7~9.1 的缓冲液。

3. 硼酸溶液

取硼酸 1.9 g 溶于 100 mL 注射用水中即得,pH 为 5。

因 pH 调节剂本身也产生一定的渗透压,因此在此基础上补加氯化钠至等渗即可作为滴眼剂的溶剂使用。

(二) 等渗调节剂

滴眼剂应与泪液等渗,渗透压过高或过低对眼都有刺激性。眼球能适应的渗透压相当于浓度为 0.6%~1.5% 的氯化钠溶液,超过耐受范围就有明显的不适。低渗溶液应加调节剂调成等渗,常用的等渗调节剂有氯化钠、葡萄糖、硼酸、硼砂等。

(三) 抑菌剂

一般滴眼剂是多剂量制剂,使用过程中无法始终保持无菌,因此需要加入适当抑菌剂。所选的抑菌剂应抑菌作用迅速,抑菌效果可靠(1 h 内能将金黄色葡萄球菌和铜绿假单胞菌杀死),有合适的 pH,对眼睛无刺激,性质稳定,不与主药和附加剂发生配伍禁忌。联合使用抑菌剂较单独使用效果好,常用的抑菌剂有以下几种。

1. 季铵盐类

季铵盐类包括苯扎氯铵、苯扎溴铵、消毒净等,性质稳定、抑菌力强,但存在较多配伍禁忌。

2. 醇类

醇类常用三氯叔丁醇,适合于弱酸溶液,与碱有配伍禁忌,常用浓度为 0.35%~0.5%。苯氧乙醇对铜绿假单胞菌有特殊的抑菌力,常用浓度为 0.3%~0.6%。苯乙醇配伍禁忌很少,但单独用效果不好,常与其他抑菌剂配伍使用,常用浓度为 0.5%。

3. 酯类

酯类常用羟苯酯类(尼泊金类),包括羟苯甲酯、乙酯与丙酯。羟苯酯类混合使用有协同作用。乙酯单独使用有效浓度为 0.03%~0.06%;甲酯与丙酯混合用,其浓度分别为 0.16%(甲酯)及 0.02%(丙酯),适于弱酸溶液。

4. 酸类

酸类常用山梨酸,最低抑菌浓度为 0.01%~0.08%,常用浓度为 0.15%~

0.2%,对真菌有较好的抑菌力,不因配伍问题而影响抑菌力,适用于含有聚山梨酯类的滴眼剂。

单一的抑菌剂,常因处方的pH不适合,或与其他成分有配伍禁忌从而不能达到迅速杀菌的目的。采用复合的抑菌剂可发挥协同作用。实践证实较好的配伍如下:①苯扎氯铵和依地酸二钠,依地酸二钠本身是没有抑菌作用的,但少量的依地酸二钠能使其他抑菌剂对铜绿假单胞菌的作用增强。②苯扎氯铵和三氯叔丁醇再加依地酸二钠或羟苯酯类。③苯氧乙醇和羟苯酯类。

(四)黏度调节剂

适当增加滴眼剂的黏度,可使药物在眼内停留时间延长,也可使刺激性减弱,常用甲基纤维素(MC)、聚乙烯(PVA)、聚维酮(PVP)等。一般适宜的黏度为 4.0~5.0 mPa·s(毫帕·秒)。

(五)稳定剂、增溶剂与助溶剂

对于不稳定药物,需加抗氧化剂和金属螯合剂;溶解度小的药物需加增溶剂或助溶剂;大分子药物吸收不佳时可加吸收促进剂。

三、滴眼剂的制备

滴眼剂的生产工艺流程见图11-1。

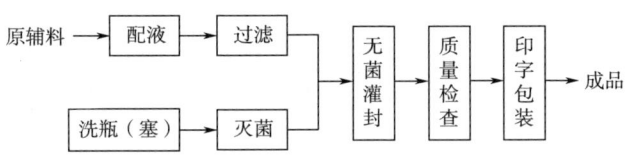

图11-1 滴眼剂的生产工艺流程图

用于手术、伤口、角膜穿通伤的滴眼剂及眼用注射溶液按注射剂生产工艺制备,分装于单剂量容器中密封或熔封,最后灭菌,不加抑菌剂,一次用后弃去,保证无污染。洗眼剂用输液瓶包装,其清洁方法按输液包装容器处理。主药不稳定者,全部以严格的无菌生产工艺操作制备。若药物稳定,可在分装前大瓶装后灭菌,然后再在无菌操作条件下分装。

1. 滴眼剂容器的处理

滴眼剂的容器有玻璃瓶与塑料瓶两种。中性玻璃对药液的影响小,配有滴管并封以铝盖的小瓶,可使滴眼剂保存较长时间,故对氧敏感的药物多用玻璃瓶。遇光不稳定药物可选用棕色瓶。玻璃滴瓶用前须洗刷干净,装于耐酸尼龙丝网袋内,浸泡于重铬酸钾浓硫酸清洁液中4~8 h后取出,先用自来水冲洗除尽清洁液,再用过滤澄明的纯化水冲洗,经干热灭菌或热压灭菌备用。橡胶帽、塞的洗涤方法与输液瓶的橡胶塞处理方法相同,但由于无隔离膜,应注意吸附药物问题。

塑料滴眼瓶由聚烯烃吹塑制成,当时封口,不易污染且价廉、质轻、不易碎裂,较常用。但塑料中的增塑剂或其他成分会溶入药液中,使药液不纯;同时塑料瓶也会吸附某些药物,使药物含量降低影响药效;塑料瓶有一定的透气性,不适宜盛装对氧敏感的药物溶液。塑料滴眼瓶的清洗处理:切开封口,应用真空灌装器将过滤注射用水灌入滴眼瓶中,然后用甩水机将瓶中水甩干,如此反复3次,最后在密闭容器内用环氧乙烷灭菌后备用。

2. 药液的配滤

滴眼剂所用器具于洗净后干热灭菌,或用杀菌剂(用75%乙醇配制的0.5%度米芬溶液)浸泡灭菌,用前再用纯化水及新鲜的注射用水洗净。药物、附加剂用适量溶剂溶解,必要时加活性炭(0.05%～03%)处理,经滤棒、垂熔玻璃滤球和微孔滤膜滤至澄明,加溶剂至全量,灭菌后半成品检查。眼用混悬剂配制,可将药物微粉化后灭菌;另取表面活性剂、助悬剂加适量注射用水配成黏稠液体,再与药物用乳匀机搅匀,添加注射用水至足量。

3. 药液的灌装

滴眼剂生产中药液的灌装方法大多采用减压灌装。

四、眼用液体制剂的质量检查

1. 可见异物

按《中国药典》(2020年版)四部通则规定,溶液型滴眼剂应不得检出明显的可见异物。具体检查方法见注射剂质量检查项目。

2. 粒度

按《中国药典》(2020年版)四部通则规定,混悬型眼用液体制剂粒度检查应符合规定。

检查方法:取供试品强力振摇,立即取适量(相当于主药10 μg)置于载玻片上,照粒度和粒度分布测定法[《中国药典》(2020年版)四部通则]检查,大于50 μm的粒子不得超过2个,且不得检出大于90 μm的粒子。

3. 沉降体积比

混悬型滴眼剂沉降体积比应不低于0.90。

4. 无菌

按无菌检查法[《中国药典》(2020年版)四部通则]检查,应符合规定。

5. 其他

如含量均匀度应符合规定;装量按《中国药典》(2020年版)附录最低装量检查法检查,应符合规定。

 **新工艺**

BFS 工艺

 **效果检测**

一、在线检测

测试 1　滴眼剂概述　　测试 2　滴眼剂制备及质量要求

二、项目考核

1. 按照附录 1 实操项目考核表进行小组和自我评价。
2. 将项目成果上传至学习平台，同时提交实物，以供教师进行评价。

三、分析与探究

案例：氯霉素滴眼液

处方：氯霉素 2.5 g，硼酸 19 g，硼砂 0.38 g，硫柳汞 0.04 g，注射用水加至 1000 mL。

分析：(1) 处方中硼酸和硼砂各起什么作用？

　　　(2) 写出氯霉素滴眼液的制备工艺。

 **课后拓展**

我国塑料滴眼剂瓶分类及组成

项目十一 眼用液体制剂生产管理

 思政案例

沈阳兴齐眼药股份有限公司,于2016年在创业板上市,公司成立多年来专注于眼药的研发、生产和销售,主要产品为眼科处方药物,覆盖眼科药物十个细分类别。重磅产品0.01%硫酸阿托品滴眼液(延缓儿童近视进展)的药品注册申请于2018年获得国家药监局受理,目前正开展Ⅲ期临床试验,有望成为全球首批。0.05%环孢素滴眼液(Ⅱ)(干眼症)于2020年6月获批上市,且已被纳入国家医保目录(2021年版),是国内首个获批上市的治疗干眼症的环孢素眼用制剂。公司拥有眼科药物批准文号51个,其中29个产品被列入国家医保目录(2021年版),6个产品被列入《国家基本药物目录》。2022年被评为"行业突出贡献荣誉称号"。

课程思政育人目标: 引导学生深入理解科教兴国战略、人才强国战略、创新驱动发展战略,促进学生对新技术、新工艺、新规范的探索和研究,激发学生创新能力,培育学生追求卓越的匠心精神。

模块四 其他制剂生产管理

项目十二 软膏剂生产管理

 项目概述

本项目以克霉唑软膏为载体。

克霉唑又称克罗确松、抗真菌 1 号、三苯甲咪唑等,是一种人工合成的吡咯类广谱抗真菌药。克霉唑具广谱抗真菌活性,对多种致病性真菌有抑制作用,浓度高时也具有杀菌作用,尤其是对白色念珠菌具有较好的抗菌作用。

克霉唑乳膏为外用药,常用于体癣、股癣、手癣、足癣、花斑癣、头癣以及念珠菌性甲沟炎和念珠菌性外阴阴道炎。作用机制是抑制真菌细胞膜的合成,以及影响其代谢过程。本项目以硬脂酸、单硬脂酸甘油酯、白凡士林、三乙醇胺、甘油等为辅料,制成 10 g/支的软膏。

 项目准备

项目任务书

项目名称		学员姓名/学号	
起始时间		指导教师	
组长		项目成员	
学习任务	完成克霉唑软膏制备,产品质量符合标准,计算物料平衡。		
学习目标	知识目标 1. 掌握软膏剂的分类与质量要求。 2. 掌握软膏剂的制备工艺流程。 3. 掌握软膏剂的制备方法。 4. 掌握软膏剂质量检查。 5. 熟悉软膏剂的常用基质。		

续表

学习目标	6. 熟悉软膏剂基质的处理和基质中药物的加入方法。 7. 了解软膏剂的配膏和灌封设备。 8. 了解经皮吸收制剂的特点、分类和吸收。 9. 了解乳膏剂、凝胶剂和眼膏剂相关知识。 **能力目标** 1. 能进行洁净室运行和性能确认、监测文件管理；能进行软膏剂车间洁净度级别验证与偏差分析。 2. 能进行软膏剂生产相关仪器设备管理。 3. 能规范操作软膏剂的称量、配制、灌封、包装等环节。 4. 能及时发现软膏剂生产过程中的常见产品质量问题，对中间品检测结果做数据分析。 5. 能按照生产工艺规程和岗位操作法进行软膏剂安全生产，懂得安全防护、危险化学品的管理。 6. 能进行软膏剂物料管理。 **素质目标(含思政目标)** 1. 通过药品基质的改进，培养学生的绿色环保意识。 2. 通过软膏剂的质量检查，增强学生的诚信意识。
工作内容与要求	
实施前	1. 填写项目任务书，明确任务目标、内容与要求。 2. 明确生产流程和操作要点。 3. 回答引导问题，填写项目预习记录，拍照上传学习平台。
实施中	1. 穿戴整齐干净的工作服。 2. 严格按照规程完成软膏剂制备各环节操作。 3. 严格按照规程完成粒度、装量差异的检查。 4. 按 GMP 要求清场。 5. 按 GMP 要求填写工作记录。
实操结束	1. 上传电子版项目工作记录和产品照片，展示产品实物。 2. 在教师引导下总结项目操作要点，系统完成相关理论知识学习。 3. 对工作记录和工作成果进行互评。
进度要求	

1. 项目操作及相关记录、项目成果、项目现场考核，在实操时间内完成。
2. 理论学习在项目完成后三天内完成。

预习活页

项目名称			
学员姓名/学号		项目组成员	

引导问题
1. 本项目采用何种方法制备软膏剂？ 2. 本项目基质的加入采用何种方法？ 3. 项目的关键点在哪里？

引导问题回答

项目预习记录

一、物料信息					
序号	物料名称	含量/%	来源	密度/(g/cm^3)	溶解度/(mol/L)	注意事项
1						
2						
3						
4						
5						
6						
7						
8						
9						
10						

续表

二、操作注意事项
三、问题和建议

项目实施

一、生产指令(举例)

生产车间	软膏剂生产车间	包装规格	10g/支
品名	克霉唑软膏	生产批量	1000 支
规格	10 g	生产日期	2023-10-18
批号	231003	完成时限	2023-10-20
生产依据	生产工艺规程		
物料名称	规格	用量	单位	检验单号
克霉唑	药用	300	g	YLJY2023118
硬脂酸	药用	1	kg	FLJY2023103
单硬脂酸甘油酯	药用	450	g	FLJY2023051
白凡士林	药用	850	g	FLJY2023052
三乙醇胺	药用	42	g	FLJY2023053
甘油	药用	850	g	FLJY2023054
羟苯乙酯	药用	10	g	FLJY2023055
玫瑰香精	药用	5	mL	FLJY2023056
纯化水	药用	6.5	kg	FLJY2023001

编制:	审核:	批准:
生产部:	质管部:	生产部:

二、生产前检查

（1）检查操作现场、状态标识牌。

（2）确认操作间压差表在校准有效期以内，洁净走廊对缓冲间、房间压差≥5 Pa，不同洁净级别压差≥10 Pa。

（3）确认工作区操作间有"清场（洁）状态标识"。

（4）确认本岗位上批的清场合格证副本在有效期内，不存在任何与现操作无关的物料、容器、残留物、记录等。

（5）确认操作间内温湿度计在校准的有效期以内，温度在 18~26 ℃，湿度≤65%。

（6）确认设备完好并有"清场（洁）状态标识"，设备及所用容器表面无异色、无可见残留物；确认工作区已清洁，不存在任何与现操作无关的物料、容器、残留物、记录等。

（7）检查计量设施在检定周期内并进行双重核对校准。

三、生产操作

1. 配料

（1）根据生产指令将需要称量的原辅料从原辅料暂存间运到原辅料称量间进行称量，称量时先称量整数，零头的称量根据要求选择合适的电子秤在称量罩内进行。

（2）一人称量完毕后，由另一人独立操作进行复核。称量完毕的原辅料拉到相应的配料间，做好标识，内容包括品名、规格、数量、批号等内容。称量剩余的零头将袋口密封后退回原辅料暂存间，做好标识，内容包括品名、规格、数量、批号等内容。

（3）称量完毕及时填写相关记录。

（4）生产结束后关闭电源，清理设备及环境卫生，清理生产过程中的遗留物，并填写生产记录和清场记录。

2. 配制

（1）按照"软（乳）膏剂配制岗位标准操作规程"规定，在油相缸中加入处方量的硬脂酸、单硬脂酸甘油酯、白凡士林，加热至熔融，加入处方量的克霉唑，再加热至熔解并保温至 94 ℃左右。

（2）在水相缸中加入甘油、纯化水、三乙醇胺加热至沸腾，并在搅拌下加入用乙醇溶解的处方量羟苯乙酯，搅拌至均匀。

（3）先后将水相、油相抽入到真空乳化机内进行乳化，搅拌 60 min 后，用冷却水冷却至 48 ℃时，加入玫瑰香精，乳化后共搅拌 120 min。

（4）生产结束后关闭电源，清理设备及环境卫生，清理生产过程中遗留物，并填写生产记录和清场记录。

3. 中间品检验

检验室按"中间产品取样操作规程"规定,抽取配制好的膏体进行中间产品的检验。检验合格后,发放"中间产品合格证"。

4. 灌装和封尾

接到"中间产品合格证"后,车间按"软(乳)膏剂灌封岗位标准操作规程"的要求,进入灌封工序。封尾时随时抽检,注意剔除不合格品。封尾后的中间产品加物料标签按规定存放至中间站。

5. 包装

车间接到生产管理部下达的批包装指令后,将合格的中间产品送入包装间,按"综合车间包装岗位标准操作规程"要求进行包装,包装完毕后,将包装好的产品置于待检区,最后取样员取样进行成品检验。

四、质量检查

根据《中国药典》(2020年版)进行软膏剂粒度、装量差异、微生物限度等项目的检查。

工作记录

1. 配料岗位生产记录

产品名称：		规格：		生产批号：		生产日期：	年 月 日
配制总量			mL	折合		万支	

生产前检查
1. 计量器具有"周检合格证",并在周检效期内(　　)
2. 设备有"运行完好证"及"已清洁"状态标记(　　)
3. 容器具有"已清洁"状态标记(　　)
4. 该岗位门外有"清场合格证"(　　)
5. 岗位有"准许生产证"(　　)
6. 物料有"物料标识卡""流转证""检验报告单"(　　)
7. 岗位现场无上批生产遗留物(　　)

检查人：　　　　　　复核人：　　　　　　日期：　年　月　日　时　分

生产操作：1. 执行配料岗位生产操作规程。
　　　　　2. 依据该产品的工艺规程及主配方操作。
　　　　　3. 执行设备操作规程。　　　　　　　　　　　　　　(　　　　　)

续表

物料名称	批号	件数	数量	报告单号	
					加入总量： kg 开始： 结束：

产料总量：	mL		取样量：	mL				
操作人：		复核人：			日期： 年 月 日 时 分			

清场：1. 生产操作区按"洁净区生产操作区清洁规程"清洁。
　　　2. 容器具按"洁净区容器具清洁规程"清洁。
　　　3. 设备按"清洁规程"清洁。

操作人：	复核人：	日期： 年 月 日 时 分

质量监控：	结论：	QA 监控员：	日期： 年 月 日 时 分

移交数量： mL 共 件	移交人：	接收人：	日期： 年 月 日

☆生产过程异常情况：无(　　)
　　　　　　　　　　有(　　)按"生产过程偏差处理管理规程"处理并附相应的记录。

2. 灌装轧盖岗位生产记录

产品名称		规格		批号	
接液总量/kg		理论装量/g		最低装量/g	
装量范围/g		理论产量/瓶			
操作前现场检查情况					
执行的标准文件		物料		现场	
设备、岗位 SOP 文件（　）		中间产品品名、批号核对（　）		清洁、清场合格标志（　）	
清洁、清场 SOP 文件（　）		数量核对（　）		设备试运行良好（　）	
各种记录表格（　）		合格报告单（　）		计量器具符合要求（　）	
其他有关文件（　）		包装完好（　）		其他（　）	
操作记录					
灌装、轧盖起止时间					

续表

装量自查记录(每20 min 一次,每次5 瓶)								
时间 \ 每次装量 \ 抽检瓶次	1	2	3	4	5		平均装量	检查人
内包装材料领用记录								
包材名称		领用数	使用数		损耗数	剩余数		领用人
物料平衡	接液总量/kg	灌装瓶数/瓶		总平均装量/g		灌装总量/kg	本批剩余药液量/kg	

物料平衡计算:灌装总量=灌装瓶数×平均装量

物料平衡公式: $\dfrac{灌装总量+本批剩余药液量+其他废液量}{接液总量} \times 100\% =$

98%≤限度≤100%　　实际为　　符合限度(　　)　　不符合限度(　　)

收率= $\dfrac{灌装总量}{接液总量} \times 100\% =$

97%≤限度≤100%　　实际为　　符合限度(　　)　　不符合限度(　　)

操作人:　　　　组长:　　　　现场QA:

支撑知识

一、概述

软膏剂是指原料药物与油脂性或水溶性基质混合制成的均匀半固体外用制剂。软膏剂对皮肤、黏膜及创面主要起保护、润滑和局部治疗作用,如防腐、杀菌、收敛、消炎等。软膏剂中的某些药物透皮吸收后,能产生全身治疗作用。因药物在基质中的分散状态不同,软膏剂可分为溶液型软膏剂和混悬型软膏剂。溶液型软膏剂是药物溶解或共熔于基质或基质组分中制成的软膏剂;混悬型软膏剂为药物细粉均匀分散于基质中制成的软膏剂。

软膏剂根据不同的基质,可分为油脂性软膏剂、水溶性软膏剂和乳剂型软膏剂。乳剂型基质制成的软膏剂又称为乳膏剂,可分为水包油型与油包水型。

糊剂是大量药物粉末(一般含量在25%~70%)均匀地分散在适宜的基质中而

制成的半固体外用制剂,可分为含水凝胶性糊剂和脂肪糊剂。其中的不溶性原料药,应预先用适宜的方法制成细粉,确保粒度符合规定。

软膏剂的质量应符合下列要求。

(1)软膏剂应色泽均匀、质地细腻(混悬微粒至少应为过6号筛的细粉),具有适当的黏稠度。

(2)涂布于皮肤或黏膜上无粗糙感,不融化。

(3)软膏剂应无酸败、异臭、变色、变硬,乳膏剂不得有油水分离及胀气现象。

(4)无不良刺激性,用于烧伤或严重创伤的软膏剂应无菌。

可根据需要适当加入保湿剂、防腐剂、增稠剂、抗氧化剂与透皮促进剂。

二、软膏剂的基质

软膏剂由药物和基质两部分组成,基质起着重要作用,不仅是软膏剂的赋形剂,还是药物的载体,直接影响软膏剂的质量以及药物的释放与吸收,是制备优良软膏剂的关键,理想的软膏剂基质应符合以下要求。

(1)无生理活性、刺激性、过敏性,不妨碍皮肤的正常功能和伤口的愈合。

(2)应均匀、细腻、性质稳定,不与主药或附加剂发生配伍变化。

(3)具有一定的黏稠度,黏稠度随季节的变化小,易涂布于皮肤或黏膜上且易于洗除。

(4)能作为药物的良好载体,有利于药物的释放和吸收。

目前还没有哪种单一基质能满足以上要求。实际使用中,根据药物与基质的性质及用药目的进行具体分析,合理选择几种基质进行调配,确保软膏剂的质量和治疗要求。常用的软膏剂的基质有油脂性基质、水溶性基质和乳剂型基质。

(一)油脂性基质

软膏剂的油脂性基质主要包括烃类、类脂和动植物油脂等强疏水性物质。此类基质的特点是润滑,涂于皮肤表面能形成封闭性油膜,减少皮肤水分蒸发和促进皮肤水合作用,对皮肤有保护和软化的作用,不易长菌,较稳定,但油腻性大,吸水性和释药性差,不易洗除。油脂性基质主要用于遇水不稳定的药物或软膏剂制备,一般不单独应用,为改善其疏水性常加入表面活性剂或制成乳剂型基质来使用。

1. 烃类

(1)凡士林 又称软石蜡,是液体烃类与固体烃类的半固体混合物,有黄、白两种,黄凡士林经漂白可制得白凡士林,是最常用的软膏剂基质。本品无臭味,熔点 $45\sim60$ ℃,性质稳定,无刺激性,能与多数药物配伍,特别适用于遇水不稳定的药物(如抗生素)等。

因凡士林油腻性大且吸水性差,能形成封闭性油膜,妨碍皮肤水性分泌物的排出,故不适用于有大量渗出液的患处。为改善凡士林吸水性较差的性质,常采用加入适量羊毛脂的方法,如凡士林中加入15%的羊毛脂可吸收水分达其重量的50%。

(2) 石蜡　固体石蜡与液状石蜡均为从石油中得到的烃类混合物。固体石蜡与液状石蜡常用于调节软膏剂的稠度,利于药物与基质均匀混合。固体石蜡为各种固体烃的混合物,呈无色或白色半透明块状,无臭无味;液状石蜡又称石蜡油或白油,是各种液体烃的混合物,为无色透明油状液体,还可用于药物粉末加液研磨的液体。

2. 类脂类

(1) 羊毛脂　为羊毛上的脂肪性物质的混合物,故又称为无水羊毛脂,为淡棕黄色黏稠状半固体,主要成分为胆固醇类的棕榈酸酯及游离的胆固醇类,熔点36~42 ℃,羊毛脂黏性较大,不单独用于软膏剂基质。因羊毛脂吸水性强,能吸收其自身重量2倍的水分,形成W/O型软膏剂基质,故常与凡士林合用以改善凡士林的吸水性和通透性。

(2) 蜂蜡与鲸蜡　蜂蜡有黄、白之分,由黄蜂蜡精制得到白蜂蜡,熔点为62~67 ℃,主要成分为棕榈酸蜂蜡醇酯。鲸蜡熔点为42~50 ℃,主要成分为棕榈酸鲸蜡醇酯。蜂蜡与鲸蜡均不易酸败,二者均为弱W/O型乳化剂,还可用于增加软膏剂基质的稠度。

3. 油脂类

油脂类是来源于动物或植物中的高级脂肪酸甘油酯及其混合物。油脂类基质结构不稳定,易受温度、光线、氧气等影响而氧化酸败,需酌情加入抗氧化剂、防腐剂,应用较少。

植物油常温下为液体,如花生油、麻油、棉籽油,常与熔点较高的蜡类基质融合制成稠度适宜的基质。植物油在催化作用下加氢制得的饱和或部分饱和的脂肪酸甘油酯称为氢化植物油。氢化植物油根据氢化程度不同,形态各不相同,完全氢化的植物油呈蜡状固体,较植物油性质更加稳定,不易酸败,可与其他基质混合,作为软膏剂基质。

4. 二甲基硅油

二甲基硅油是二甲基硅氧烷的线性聚合物,又称硅油或硅酮,为无色或淡黄色的透明油状液体,黏度随分子质量的增加而增加,其化学性质稳定,疏水性强,不溶于水,溶于甲苯等非极性溶剂。硅酮无毒性,无刺激性,润滑且易于涂布,不影响皮肤的正常功能,为较理想的疏水性基质,可将其与油脂性基质合用制成防护性软膏,但其价格贵,且对眼睛有刺激性,不宜作为眼膏剂基质。

(二) 水溶性基质

水溶性基质由天然或合成的水溶性高分子物质组成,也称为水凝胶。由于基质能与水溶液混合吸收组织渗出液,且释药快,无油腻感,具有易于涂布和清除等特点,多用于湿润、糜烂的创面,以利于分泌物的排出。本品缺点是容易霉变,基质中所含水分蒸发会导致软膏剂变硬,对皮肤的润滑和保护作用较差,故常加入保湿剂(如甘油)和防腐剂(如三氯叔丁醇、尼泊金乙酯等)。水溶性基质主要有甘油明胶、淀粉甘油、纤维素衍生物、聚乙烯醇和聚乙二醇类等。

1. 甘油明胶

甘油明胶由1%~3%的甘油、10%~30%明胶和水加热制成,因本身有弹性能形成保护膜,使用舒适,适宜制备含维生素类药物的营养性软膏。

2. 淀粉甘油

淀粉甘油由7%~10%的淀粉与70%甘油和水加热制成。

3. 纤维素衍生物类水溶性基质

纤维素衍生物类水溶性基质常用的有甲基纤维素(MC)和羧甲基纤维素钠(CMC-Na),这两种基质常为合成的半成品,在较高浓度时呈凝胶状。

4. 聚乙二醇(PEG)类高分子物质

PEG类高分子物质为最常用的水溶性基质,性质稳定。PEG类为高分子聚合物,其相对分子质量为300~6000,低相对分子质量的为液体,高相对分子质量的为半固体至蜡状固体。实际使用中常用适当比例不同相对分子质量的聚乙二醇融合物,从而得到适宜稠度的基质。

(三)乳剂型基质

乳剂型基质与液体制剂中乳剂类似,由水相、油相和乳化剂三部分组成,油、水两相借助乳化剂的作用在一定温度时乳化分散,冷却至室温时形成半固体基质。一般,乳剂型基质适用于亚急性、慢性、无渗出液的皮损和皮肤瘙痒症,忌用于糜烂、溃疡、水疱及脓肿症。

乳剂型基质可以分为油包水(W/O)型和水包油(O/W)型两类,不同的乳化剂类型对形成乳剂型的基质类型起主要作用。W/O型基质能吸收部分水分,因水分在皮肤表面缓慢蒸发带走热量,从而感到凉爽,故有"冷霜"之称;O/W型基质含水量较高,无油腻感,色白如雪,故有"雪花膏"之称。

乳剂型基质对皮肤表面的分泌物和水分的蒸发无影响,对皮肤的正常功能影响较小。一般乳剂型基质特别是O/W型基质软膏中药物的释放和透皮吸收较快,润滑性好,易于涂布,适合作为深部使用的软膏。缺点是O/W型基质含水量高,易发霉,需要加入防腐剂,常加入甘油、丙二醇、山梨醇等作为保湿剂。这种基质一般用量为5%~20%,适用于遇水稳定的药物。

乳剂型基质常用的油相多数为半固体或固体,如硬脂酸、蜂蜡、石蜡、高级脂肪醇(如十八醇)等,可加入液状石蜡、凡士林或植物油等油脂性基质来调节稠度。常用的水相一般为蒸馏水或者去离子水。

常用的乳化剂主要有以下几种。

1. 肥皂类

一价皂类一般为钠、钾、铵的氢氧化物、硼酸盐、碳酸盐或三乙醇胺、三异丙醇胺等有机碱与硬脂酸或油酸等脂肪酸作用生成的皂类,为 O/W 型乳化剂,作为阴离子型乳化剂,与阳离子型药物(硫酸新霉素、硫酸庆大霉素、盐酸丁卡因、醋酸洗必泰)有配伍禁忌。多价皂一般为多价金属钙、镁、锌、铝的氧化物与脂肪酸发生皂化反应制得,其为 W/O 型乳化剂,如硬脂酸钙、硬脂酸镁。

2. 高级脂肪醇、脂肪醇硫酸酯类

高级脂肪醇有十六醇(鲸蜡醇)、十八醇(硬脂酸醇)等,吸水后为弱 W/O 型乳化剂,用于 O/W 型软膏剂基质,可增加其稳定性和稠度。脂肪醇硫酸酯(十二烷基硫酸钠 SDS)为阴离子型乳化剂,用于配制 O/W 型乳膏剂。

3. 多元醇酯类

单硬脂酸甘油酯为白色蜡状固体,乳化能力弱,为 W/O 型辅助乳化剂;聚山梨酯和司盘类为非离子表面活性剂,聚山梨酯为 O/W 型乳化剂,司盘为 W/O 型乳化剂;其他还有聚氧乙烯醇醚类、乳化剂 OP 等。

三、软膏剂生产技术

软膏剂应根据软膏剂类型、制备量采用不同的制备方法和相应的生产设备,制备过程遵循相应的工艺流程,生产全过程应符合 GMP 要求。

(一)软膏剂制备的工艺流程

软膏剂制备的工艺流程如图 12-1 所示。

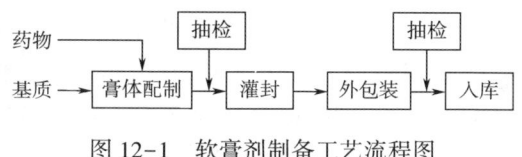

图 12-1 软膏剂制备工艺流程图

(二)基质的处理和基质中药物的加入方法

1. 基质的处理

质量符合要求的基质可以直接使用;如混有异物或有无菌要求的,应采用加热熔融后通过多层细布或 120 目筛过滤以除去杂质,150 ℃ 干热灭菌 1 h,灭菌的同时可以除去基质中的水分。

2. 基质中药物的加入方法

(1)药物溶于基质　油溶性药物溶于液体油脂性基质中,再与剩下的油脂性基质混匀。水溶性药物先用少量水溶解,然后与水溶性基质混匀;也可先溶解于少量水后,用吸水性较强的油脂性基质羊毛脂吸收,再加入油脂性基质混匀。

(2)药物不溶于基质　将药物粉碎后过 120 目筛(眼膏中药粉细度为 75 μm 以下,应过 200 目筛),再与少量基质研匀或与少量液状石蜡、植物油、甘油等液体组分研成糊状,最后与余下基质混合均匀。

(3)处方中含有薄荷脑、樟脑、冰片等挥发性共熔成分　先将其共熔后再与基质混匀;单独使用时,可用少量溶剂溶解后加入基质中混匀。

(4)药物在处方中含量极少　为避免损失,药物先与少量基质混匀,采取等量递加法,以达到均匀混合的目的。

(5)加对热敏感、挥发性药物和容易氧化、水解的药物　基质的温度不宜过高,以减少对药物的破坏和损失。

(6)中药水煎液、流浸膏　应适当浓缩后再与其他基质混匀。固体浸膏可加少量水或烯醇软化,研成糊状后与基质混匀。

(三)软膏剂的制备方法

软膏剂的制备方法主要有研合法、熔合法和乳化法。应根据软膏剂基质的类型、药物的性质、制备量和设备条件选择适宜的方法。

1. 研合法

研合法是指在常温下通过研磨和搅拌使药物和基质均匀混合的方法。此法适用于对热不稳定、不溶于基质的药物。制备时,在常温下将药物与适量基质研磨、混匀,然后按等量递加法加入余下基质混匀,至涂于手背无颗粒感为止。大量制备常采用软膏研磨机。

2. 熔合法

熔合法是指基质在加热熔化的状态下将药物加入并混合均匀的方法,此法适用于常温下不能与药物混匀的基质和熔点较高的基质。制备时,先将熔点较高的基质熔化,然后按熔点高低依次加入其余基质熔化,最后加入液体成分和药物,以免低熔点物质受热分解。制备过程中应不断搅拌,使制得的软膏均匀光滑,若通过上述操作仍不够均匀细腻,可以通过软膏研磨机进一步研磨。大量制备油脂性基质软膏时,常用熔合法,制备中的熔融操作常在蒸汽夹层锅或电加热锅中进行。

3. 乳化法

乳化法是专门用于制备乳剂型基质软膏剂的方法,将处方中油脂性和油溶性组分一并加热熔化,作为油相,保持油相温度在80 ℃左右;另将水溶性组分溶于水,并加热至与油相相同的温度,或略高于油相温度,油、水两相混合,不断搅拌,直至乳化完成并冷凝。乳化法中油、水两相的混合方法有以下三种。

(1)两相同时掺和　适用于连续的或大批量的操作。

(2)分散相加到连续相中　适用于含小体积分散相的乳剂系统。

(3)连续相加到分散相中　适用于多数乳剂系统,在混合过程中可引起乳剂的转型,从而产生更为细小的分散相粒子。如制备 O/W 型乳剂基质时,水相在搅拌下缓缓加到油相中,形成 W/O 型乳剂,当更多的水相加入时,发生转型生成 O/W 型乳剂,使油相得以更细地分散。

(四)软膏剂生产的主要设备

1. 配膏设备

软膏剂的配膏工序是软膏剂制备的关键操作,对软膏剂成品的质量有很大的影响。简单的制膏设备采用装有锚式或框式搅拌器的不锈钢罐,并采用可移动的不锈钢盖以便于清洁,但制备的软膏不够细腻。现常采用的软膏剂配制设备有胶体磨三滚筒软膏机、真空乳化搅拌机。

真空均质制膏机

三滚筒软膏机可用于软膏的进一步研磨,使软膏剂更加均匀、细腻。真空乳化搅拌机由预处理锅、主锅、真空泵、液压、电器控制系统等组成,可完成软膏剂基质的加热、熔化和均质乳化等操作,整个工序在超低真空环境中进行,防止物料在高速搅拌后产生气泡。

2. 灌封设备

软膏剂的灌封工序是将配制合格的软膏使用软膏灌封机灌装于不同规格的金属或塑料管中,经密封制得合格的软膏剂的操作。现常用的软膏剂灌封设备为自动软膏灌封机。

自动软膏灌封机的工作过程包括自动上管识标定位、软膏灌装、压合封尾、批号日期打印、切尾和成品排出,整个生产工序全部自动完成。

全自动软膏灌装封尾机

(五)软膏剂的包装与贮存

软膏剂多采用锡管、铝管、塑料管等多种材料的软膏管作为内包装,也可包装于塑料盒、金属盒或广口玻璃瓶中。一般软膏剂应遮光密闭贮存,乳剂型软膏剂除遮光密封外,宜置 25 ℃ 以下贮存且不得冷冻。

四、软膏剂质量检查

根据《中国药典》(2020 年版),除另有规定外,软膏剂、乳膏剂应进行以下相应检查。

1. 粒度

除另有规定外,混悬型软膏剂、含饮片细粉的软膏剂照下述方法检查,应符合规定。

检查法:取供试品适量,置于载玻片上涂成薄层,薄层面积相当于盖玻片面积,共涂 3 片,照粒度和粒度分布测定法[《中国药典》(2020 版)四部通则 0982 第一法:显微镜法]测定,均不得检出大于 180 μm 的粒子。

2. 装量

对照最低装量检查法[《中国药典》(2020 版)四部通则 0942]检查,应符合规定。

检查法:装量以重量计者,除另有规定外,取供试品 5 个(50 g 以上者 3 个),除去外盖和容器外壁标签,用适宜的方法清洁并干燥,分别精密称定重量,除去内容物,容器用适宜的溶剂洗净并干燥,再分别精密称定空容器的重量,求出每个容器内容物的装量与平均装量,均应符合表 12-1 的有关规定。如有 1 个容器装量不符合规定,则另取 5 个(50 g 以上者 3 个)复试,应全部符合规定。

表 12-1　　　　　　　　　　　　最低装量标准

标识装量	平均装量	每个容器装量
20 g(mL)以下	不少于标识装量	不少于标识装量的 93%
20 g(mL)至 50 g(mL)	不少于标识装量	不少于标识装量的 95%
50 g(mL)以上	不少于标识装量	不少于标识装量的 97%

3. 无菌

用于烧伤(除程度较轻的烧伤:Ⅰ度或浅Ⅱ度外)、严重创伤或临床必须无菌的软膏剂与乳膏剂,照无菌检查法[《中国药典》(2020 版)四部通则 1101]检查,应符合规定。

4. 微生物限度

除另有规定外,照非无菌产品微生物限度检查:微生物计数法[《中国药典》(2020 版)四部通则 1105]和控制菌检查法[《中国药典》(2020 版)四部通则 1106]及非无菌药品微生物限度标准[《中国药典》(2020 版)四部通则 1107]检查,应符合规定。

 新剂型

经皮给药制剂

 学习效果检测

一、在线检测

测试 1　软膏剂

二、项目考核

1. 按照附录1实操项目考核表进行小组和自我评价。
2. 将项目成果上传至学习平台,同时提交实物,以供教师进行评价。

三、分析与探究

案例:尿素霜乳膏剂

处方:尿素 16.7 g,单硬脂酸甘油酯 3.17 g,硬脂酸 6.33 g,白凡士林 3.17 g,液状石蜡 9.5 mL,甘油 6.33 g,三乙醇胺 0.3 g,尼泊金乙酯 0.05 g,香精适量,蒸馏水加至 50 g。

讨论:(1)处方中各成分的作用是什么?

(2)写出尿素霜乳膏剂的制备工艺流程。

 课后拓展

凝胶剂

眼膏剂

贴膏剂

 思政案例

由于生产销售劣药复方克霉唑乳膏,违反《中华人民共和国药品管理法》,8月30日,山东省药品监督管理局没收北京京丰制药(山东)有限公司复方克霉唑乳膏11560盒,并罚没款 954755.54 元。

北京京丰制药(山东)有限公司原名山东博山制药有限公司,是一家集原料药合成与药物制剂为一体的综合性的制药企业。天眼查显示,该公司2018年曾因违规被淄博海关行政处罚。此外,由于未按照相关规定对工艺有机废气和废水处理站废气中的污染物开展自行监测、未按照相关规定对排放的水污染物进行自行监测等行为,该公司2019年被淄博市博山区环保局2次处罚。

摘自中国经济网《九州通子公司生产销售劣药被罚没95万余元》(2021-9-2)

课程思政育人目标:二十大报告指出:"法治社会是构筑法治国家的基础。"促进学生弘扬社会主义法治精神,引导学生做社会主义法治的忠实崇尚者、自觉遵守者、坚定捍卫者。"维护人民根本利益,增进民生福祉。"药品关系人民生命安全,药品生产企业需坚持质量优先,绿色发展,坚持为人民服务宗旨,坚守良心。

项目十三　气雾剂生产管理

项目概述

本项目以硝酸甘油气雾剂为载体。

硝酸甘油,又名硝化甘油、三硝酸甘油酯,为无色至浅黄色油状液体,微溶于水,可与甲醇、丙酮、乙醚等溶剂互溶。本品适用于治疗或预防心绞痛,也可作为血管扩张药治疗充血性心力衰竭。

硝酸甘油现主要剂型有片剂、注射剂、气雾剂、喷雾剂等。与片剂相比,气雾剂可以完全避免胃肠道的破坏作用和肝脏的首过效应,提高药物的生物利用度。相比于注射剂,硝酸甘油气雾剂使用简单,起效更快,瓶装携带更方便。气雾剂可在呼吸道、皮肤或其他腔道起局部或全身作用。硝酸甘油气雾剂常为铝罐包装,1支,每瓶含硝酸甘油 0.1 g,每瓶 200 揿,每揿含硝酸甘油 0.5 mg。本项目制备时利用无水乙醇、薄荷油、HFC-134a 等辅料,按照容器、阀门系统的处理与装配、药物配制和分装、充填抛射剂、质量检查的流程进行制备。

项目准备

项目任务书

项目名称		学员姓名/学号	
起始时间		指导教师	
组长		项目成员	
学习任务	完成硝酸甘油气雾剂制备,产品质量应符合标准,计算物料平衡。		
学习目标	**知识目标** 1. 掌握气雾剂的特点、分类与组成。 2. 掌握气雾剂中抛射剂的分类和作用。 3. 掌握气雾剂的生产工艺。 4. 熟悉气雾剂对药物与附加剂的要求。 5. 熟悉气雾剂的质量要求。 6. 了解喷雾剂、粉雾剂特点和制备方法。 **能力目标** 1. 能进行洁净室运行和性能确认、监测文件管理;能进行气雾剂车间洁净度级别验证与偏差分析。		

续表

学习目标	2. 能进行气雾剂生产相关仪器设备管理。 3. 能规范操作气雾剂的配液、灌封、填充、检漏。 4. 能根据配液、灌封、检漏各岗位的工艺控制要点和质量管理监测方法,进行生产操作和监控。 5. 能进行气雾剂的物料管理。 **素质目标(含思政目标)** 1. 通过抛射剂的改进,培养学生的绿色环保意识。 2. 通过吸入气雾剂的正确使用,增强学生的责任意识。
工作内容与要求	
实施前	1. 填写项目任务书,明确任务目标、内容与要求。 2. 明确生产流程和操作要点。 3. 回答引导问题,填写项目预习记录,拍照上传至学习平台。
实施中	1. 穿戴整齐干净的工作服。 2. 严格按照规程完成气雾剂制备各环节操作。 3. 严格按照规程完成递送剂量均一性、粒度、装量的检查。 4. 按 GMP 要求清场。 5. 按 GMP 要求填写工作记录。
实操结束	1. 上传电子版项目工作记录和产品照片,展示产品实物。 2. 在教师引导下总结项目操作要点,系统完成相关理论知识学习。 3. 对工作记录和工作成果进行互评。
进度要求	
1. 项目操作及相关记录、项目成果、项目现场考核,应在实操时间内完成。 2. 理论学习在项目完成后三天内完成。	

预习活页

项目名称			
学员姓名/学号		项目组成员	
引导问题			

1. 本项目使用的抛射剂是什么?
2. 本项目中采用哪种抛射剂填充方法?
3. 本项目的关键点在哪里?

续表

引导问题回答

项目预习记录

一、物料信息					
序号	物料名称	含量/%	来源	密度/(g/cm^3)	溶解度/(mol/L)	注意事项
1						
2						
3						
4						
5						
6						
7						
8						
9						
10						
二、操作注意事项						

续表

三、问题和建议

项目实施

一、生产指令(举例)

生产车间	气雾剂生产车间	包装规格	铝罐包装,1 支/盒
品名	硝酸甘油气雾剂	生产批量	1000 支
规格	200 揿/支,0.5 mg/揿	生产日期	2023-10-18
批号	231003	完成时限	2023-10-20
生产依据	硝酸甘油气雾剂生产工艺规程		
物料名称	规格	用量	单位	检验单号
硝酸甘油	药用	100	g	YLJY2023118
无水乙醇	药用	5	g	FLJY2023103
薄荷油	药用	1.5	g	FLJY2023114
气雾剂铝罐	30 mL	1000	支	BCJY202317
HFC-134a	药用	适量		FLJY2023111
编制: 生产部:	审核: 质管部:		批准: 生产部:

二、生产前检查

(1)检查操作现场、状态标识牌。

(2)确认操作间压差表在校准有效期以内,洁净走廊对缓冲间、房间压差≥5 Pa,不同洁净级别压差≥10 Pa。

(3)确认工作区操作间有"清场(洁)状态标识"。

(4)确认本岗位上批的清场合格证副本在有效期内,不存在任何与现操作无关的物料、容器、残留物、记录等。

(5)确认操作间内温、湿度计在校准的有效期以内,温度在 18~26 ℃,湿度≤65%。

(6)确认设备完好并有"清场(洁)状态标识",设备及所用容器表面无异色、无可见残留物;确认工作区已清洁,不存在任何与现操作无关的物料、容器、残留物、记录等。

(7)检查计量设施在检定周期内并进行双重核对校准。

三、生产操作

1. 配料

(1)根据生产指令将需要称量的原辅料从原辅料暂存间运到原辅料称量间进行称量,称量时先称量整数,零头的称量根据要求选择合适的电子秤在称量罩内进行。

(2)一人称量完毕后,由另一人独立操作进行复核。称量完毕的原辅料拉到相应的配料间,做好标识,内容包括品名、规格、数量、批号等内容。称量剩余的零头将袋口密封后退回原辅料暂存间,做好标识,内容包括品名、规格、数量、批号等内容。

(3)称量完毕及时填写相关记录。

(4)生产结束后关闭电源,清理设备及环境卫生,清理生产过程中遗留物,并填写生产记录和清场记录。

2. 配液

(1)打开配液罐排放阀及清洗球阀门,用纯化水冲洗配液罐 5 min,洗净罐内残留药液及粘壁黏稠物,关闭清洗球阀门,待冲洗水排尽后关闭排放阀。

(2)经罐顶清洗球阀门向配液罐内注入纯化水,启动循环泵,冲洗管道、配制系统 10 min 后,冲洗液经罐底阀排放。如此反复冲洗 3 遍。

(3)称取 50% 处方量的无水乙醇置于配液罐中,加入处方量的硝酸甘油溶液,然后加入处方量的薄荷油,补加无水乙醇至规定量,开启配料至灌封的循环管道,启动搅拌装置搅拌 10 min。

(4)量取药液约 2 g,测定硝酸甘油含量,检验合格后进行灌装。

(5)生产结束后关闭电源,清理设备及环境卫生,清理生产过程中遗留物,并填写生产记录和清场记录。

3. 灌装

(1)将化验合格的半成品药液经管道放至药液桶内待用,生产过程中要防止药液的挥发。

(2)每支灌装量为批进罐物料理论重量/批量,误差控制在±2%。批进罐物料理论重量=硝酸甘油重量+无水乙醇重量+薄荷油重量。

(3)生产过程中,每小时抽查一次,每次每个灌装头抽取10支灌装中间产品进行装量检查,应在规定范围内。

(4)操作者在生产过程中,洁净服穿戴要整齐,操作规范,不得随意乱动、说话;手部佩戴消毒后的乳胶手套,并且30 min 消毒一次。

(5)药液从配制结束到灌装结束时间不超过12 h。

(6)生产结束后关闭电源,清理设备及环境卫生,清理生产过程中遗留物,并填写生产记录和清场记录。

4. 封口

(1)调整微型气雾罐封口机进行封口,封口后的产品以左手握住瓶身,用右手的拇指、食指、中指垂直按住阀门逆方向用力,阀门不得转动。

(2)阀门应均力轧在瓶口周围,要均匀、紧密,不得有松盖、偏盖、花边。

(3)生产过程中,每小时抽查一次,每次每个封口位抽取不少于1支(共8支)封口中间产品进行检查,应符合规定。

(4)灌装后的产品,15 min 内封口完毕。

注意:①盛装药液、铝罐、阀门、半成品的容器使用前必须是清洁合格的,最长时间不得超过72 h。

②发现装量、封口质量及漏气异常的情况,应立即进行纠正。

5. 灌气

(1)调节系统工作压力及供气压力至规定范围,确保抛射剂充满整个灌气头。

(2)每支灌气量=批抛射剂理论重量/批量,误差控制在±2%。

(3)生产过程中,每小时抽查一次,每次每个灌气位抽取不少于1支(共8支)灌气中间产品进行灌气量检查,应在规定范围内。

6. 检漏

将灌气后的半成品每小时抽查一次,每次每个灌气位抽取不少于1支(共8支)灌气中间产品,置于45~65 ℃水浴中,将其全部浸于水中,放置30 min 进行检漏,应不得有气泡冒出。

7. 包装

(1)包装前,每批取8支进行喷雾试验,取下防护罩,启动推动钮,喷雾5次,喷雾后产品报废处理。

(2)逐支对灌气后的半成品进行安装推动钮、防护罩的操作。

(3)按照《包装岗位操作规程》及相关设备操作规程进行操作。

(4)生产结束后关闭电源,清理设备及环境卫生,清理生产过程中遗留物,并填写生产记录和清场记录。

四、质量检查

根据《中国药典》(2020年版)进行气雾剂粒度、每揿喷量、装量等项目的检查。

 工作记录

1. 配液岗位记录表

产品名称:		批号:				规格:			
生产工序起止时间		月	日	时	分	月	日	时	分
配制罐号		第( )号罐				第( )号罐			
设备状态确认									
温度/℃									
压力/MPa									
药物/kg									
纯水量/L									
酸/碱量/mL									
矫味剂种类、用量									
抑菌剂种类、用量									
配制时间	开始	月	日	时	分	月	日	时	分
	结束	月	日	时	分	月	日	时	分
搅拌速度/(r/min)									
成品情况									
配制总量/kg									
外观性状									
操作人					复核人/日期				
备注									

2. 灌装岗位生产记录样表

产品名称				生产日期			车间主任	
生产批号		规格			计划产量		实际产量	
	按照药液灌装岗位 SOP 执行							
操作程序	1. 分装前所用的容器、用具、管道按洁净度为 10 万级的要求进行清洗、消毒。				做到( )未做( )			操作人:
	2. 分装前核对上工序中间产品的品种、批号、数量及化验报告。				做到( )未做( )			
	3. 每 15 min 检查一次分装产品的装量。				做到( )未做( )			复核人:

续表

生产操作										
材料名称		领用数量		实际用量		废损量		结余量		
待分装药液量/L										
玻璃瓶或塑料瓶/只										
内塞/只										
外盖/只										
分装药液温度/℃					分装时间					
质量情况	每隔 15 min 检测一次装量									
	时间	平均装量	结果	时间	平均装量	结果	时间	平均装量	结果	
结论			检查人				复核人			
物料平衡	物料平衡公式：收率=(实际产量/理论产量)×100%	设备运行情况								
		设备名称		正常		异常		操作人		复核人
		自动灌装机								
		轧盖机								
		封口机								
		异常情况及处理措施								
备注										
QA								(前次生产清场合格证副本附在背面)		

 支撑知识

一、气雾剂概述

(一) 定义

气雾剂是指含药溶液、乳状液或混悬液与适宜的抛射剂共同封装于具有特制阀门系统的耐压容器中,使用时借助抛射剂的压力将内容物呈雾状物喷出,用于肺部吸入或直接喷至腔道黏膜、皮肤的制剂。药物喷出时多为细雾状气溶胶,也可以使药物喷出时呈烟雾状、泡沫状或细流。气雾剂可在呼吸道、皮肤或其他腔道起局部或全身作用。

(二) 特点

1. 气雾剂的优点

(1) 速效和定位作用　气雾剂喷出的粒子小,容易吸收,能使药物迅速到达作用部位,如治疗哮喘的气雾剂可使药物粒子直接进入肺部,吸入 2 min 即能显示出疗效,可避免胃肠道的破坏和肝脏首关效应,减少药物用量,减轻或避免药物不良反应。气雾剂在呼吸系统给药方面具有其他剂型无法取代的优势。

(2) 增加制剂的稳定性　药物装在密闭的容器中,能保持药物清洁无菌,并且由于容器不透明、避光,不与空气中的氧或水分直接接触。

(3) 给药剂量准确　气雾剂的定量阀可以准确控制剂量。

(4) 使用方便　无需用水,使用时只需按动推动钮,内容物即可喷出且均匀分布,方便患者使用,有助于提高患者用药的顺应性。

(5) 减少对创伤面的刺激性　药物以细小的雾滴等形式喷于患处,机械性刺激小,减小局部涂药的疼痛与干扰,尤其适用于外伤和烧伤患者。

2. 气雾剂的不足之处

(1) 吸入气雾剂因肺部吸收干扰因素多,往往吸收不完全。

(2) 气雾剂的性能在很大程度上依赖于耐压容器、阀门系统和抛射剂等,因而需要特殊的生产设备,生产成本高。

(3) 抛射剂有高度挥发性,因而具有致冷作用,多次使用可引起皮肤不适感与刺激性。

(4) 罐体具一定的内压,遇热或受撞击易发生爆炸。

(5) 吸收差异大　吸入气雾剂给药时存在手揿与吸气的协调问题,直接影响到达有效部位的药量,尤其对老年人或儿童患者的影响更为显著。

(6) 因分装的不严密、抛射剂的渗漏而影响使用。

二、气雾剂的分类

(一) 按分散系统分类

1. 溶液型气雾剂

药物(固体或液体)溶解在抛射剂中形成均匀溶液,喷出后抛射剂挥发,药物以固体或液体微粒状态到达作用部位。溶液型气雾剂目前主要用于吸入治疗,是应用最广的一种气雾剂。

2. 混悬型气雾剂

药物(固体)以微粒状态分散于液态抛射剂中形成混悬液,喷出后抛射剂挥发,药物以固体微粒状态到达作用部位,故又被称为粉末气雾剂。

3. 乳浊液型注射剂

药物水溶液和抛射剂按一定比例混合形成非均相分散体,分为 O/W 型、W/O 型。O/W 型乳剂型气雾剂以泡沫状态喷出,因此又被称为泡沫气雾剂;W/O 型乳剂型气雾剂,喷出时可形成液流。

(二) 按相的组成分类

1. 二相气雾剂

二相气雾剂即溶液型气雾剂,由气、液两相组成,气相是抛射剂所产生的蒸气,液相为药物与抛射剂所形成的均相溶液。

2. 三相气雾剂

三相气雾剂一般指混悬型气雾剂与乳剂型气雾剂,由气-液-固、气-液-液三相组成,其中两相均是抛射剂,即抛射剂的溶液和部分挥发的抛射剂形成的液体。在气-液-固三相中,气相是抛射剂所产生的蒸气,液相是抛射剂,固相是不溶性药粉;在气-液-液三相中,两种不溶性液体形成两相。

(三) 按照给药途径分类

1. 吸入气雾剂(也称为定量吸入气雾剂)

吸入气雾剂指借助抛射剂的压力将内容物呈雾状物喷出,并吸入肺部的制剂,通常也被称为压力定量吸入剂。药物经口吸入后沉积于肺部,可发挥局部或全身治疗作用,揿压阀门可定量释放活性物质,该剂型主要用于治疗呼吸道疾病如哮喘、慢性阻塞性肺病等。

吸入气雾剂的正确使用方法

2. 非吸入气雾剂

非吸入气雾剂是指借助抛射剂的压力将内容物直接喷至腔道黏膜等的制剂,主要用于治疗鼻炎、口腔和咽喉炎等各种炎症及心绞痛等,起局部或全身作用。

3. 外用气雾剂

外用气雾剂是指借助抛射剂的压力将内容物呈雾状喷出,用于皮肤和黏膜及空间消毒的制剂,主要起保护创面、清洁消毒、局部麻醉及止血等作用,以局部治疗为主,如治疗烧伤、消毒、跌打损伤等;喷出的粒子极细,一般在 10 μm 以下,直径不超过 50 μm,能在空气中悬浮较长时间,因此外用气雾剂还用于杀虫、驱蚊及室内空气消毒、空气清新剂等。

三、气雾剂的组成

气雾剂由抛射剂、药物与附加剂、耐压容器和阀门系统所组成。抛射剂与药物(必要时加附加剂)一同封装在耐压容器中,器内产生压力(主要是抛射剂气化),若打开阀门,则药物、抛射剂一起喷出而形成雾滴。

(一)药物

供制备气雾剂的药物有液体、半固体或固体粉末。目前临床上应用较多的主要是呼吸道系统用药,如支气管扩张剂、糖皮质激素类、心血管系统用药、解痉药及烧伤用药等,近年来多肽类药物的气雾剂研究也逐渐增多。

(二)附加剂

为制备质量稳定的溶液型、混悬型或乳剂型气雾剂,制剂中除药物外,需加入附加剂。①溶液型气雾剂中,抛射剂可作溶剂,必要时加乙醇、丙二醇等潜溶剂,以使药物与抛射剂均匀混合成均相溶液。②混悬型气雾剂中,有时加固体湿润剂如滑石粉、胶体二氧化硅等,以使药物微粉易分散混悬于抛射剂中;或加入适量 HLB 值低的表面活性剂(如三油酸山梨坦,即司盘-85)及高级醇类(如月桂醇),使药物不聚集和重结晶,在喷雾时不会阻塞阀门。③乳剂型气雾剂中,当药物不溶或在水中不稳定时,可用甘油、丙二醇类代替水,还应加适当的乳化剂,如聚山梨酯、三乙醇胺硬脂酸酯或司盘类。

(三)抛射剂

抛射剂是喷射药物的动力,有时兼作药物的溶剂和稀释剂。抛射剂分为液化气体与压缩空气两类,药用气雾剂中常用液化气体。理想的抛射剂为适宜的低沸点液态气体,常压下沸点低于室温,常温下蒸汽压力大于大气压,当阀门打开时,压力骤降,抛射剂急剧气化,将容器内药物以雾状微粒喷出。雾滴的大小决定于抛射剂的类型、用量、阀门和揿钮的类型以及药液的黏度等,因此

绿色发展——新型抛射剂

要根据气雾剂的用药目的和要求,合理选择抛射剂。抛射剂应为惰性气体,对机体无毒、无致敏性及刺激性;不与药物等发生反应,无色、无臭、无味、不易燃、不易爆,且价格低廉,主要种类有氟氯烷烃类、氢氟烷烃类、碳氢化合物、压缩气体及二甲醚。

1. 氢氟烷烃类

氢氟烷烃类(HFA)为饱和烷烃,极性小,无毒,在常温下是无色无臭的气体,具有较高的蒸气压,不易燃易爆,一般条件下化学性质稳定,几乎不与任何物质产生化学反应,室温及正常压力下可以按任何比例与空气混合。HFA 结构中不含氯原子,故不破坏大气臭氧层,对全球气候变暖的影响明显低于氯氟烷烃类。HFA 作为一种新型抛射剂,它对许多化合物具有良好的溶解性。国际药用气雾剂协会于 1994 和 1995 年组织和完成了四氟乙烷(HFA-134a)和七氟丙烷(HFA-227)的安全性评价。1996 年,第一个以 HFA-134a 作为抛射剂的硫酸沙丁醇胺气雾剂在欧洲上市,目前 HFA 作为抛射剂的应用较广,已成为氟利昂(CFC)的主要代用品,但 HFA 在常温下的饱和蒸气压较高,对灌装容器提出了更高的耐压要求。

2. 二甲醚

二甲醚(DME)在常温常压下为无色、具有轻微醚香味的气体,且常温下有惰性,不易氧化,可长期储存而不分解或转化,无腐蚀性,无致癌性,对极性和非极性物质均有高度溶解性,在大气层中可被降解为二氧化碳和水。二甲醚因其稳定的化学性质、优良的物理特性以及低毒性,特别适合作为性能优越的气雾制品抛射剂。

3. 压缩气体类

压缩气体类常用的有二氧化碳、氮气和一氧化氮等,此类抛射剂化学性质稳定,不与药物和容器发生化学反应,不燃烧,但其液化后沸点很低,常温时蒸气压过高,对耐压容器耐压性要求高。使用时压力容易迅速降低,达不到持久喷射的效果,因而在吸入气雾剂中不常用,主要用于喷雾剂。

4. 碳氢化合物类

碳氢化合物类常用丙烷、正丁烷、异丁烷等,此类抛射剂密度低,价廉易得,基本无毒和惰性,但易燃烧、爆炸,不宜单独使用,常与其他抛射剂混合使用。

气雾剂的喷射能力取决于抛射剂的用量及其蒸气压,一般来说,抛射剂用量大、蒸气压高,喷射能力强,反之则弱。吸入气雾剂要求喷出物干燥,雾滴细,喷射能力强。皮肤用气雾剂、乳剂型气雾剂的喷射能力要稍弱。实际应用中单一的抛射剂往往很难达到用药要求,故一般多采用混合抛射剂,并通过调整用量、比例来达到调整喷射能力的目的。

(四)耐压容器

气雾剂的容器应对内容物稳定,各组成部件均不得与药物或附加剂发生理化作用,尺寸精度与溶胀性必须符合要求。耐压容器要能耐受工作压力,并且有一定的耐压安全系数、抗撞击性和冲击耐力、化学惰性、轻便、经济美观等特性。用于制备耐压容器的材料包括玻璃、金属和塑料三大类。

1. 玻璃容器

玻璃瓶化学性质比较稳定，但耐压性和抗撞击性较差，故需在玻璃瓶的外面搪以塑料防护层。玻璃瓶洗净烘干，包裹塑料涂层，外表应平整、美观。

2. 金属容器

金属材料如铝、马口铁和不锈钢等耐压性强，但对药物溶液的稳定性不利，故容器内常用环氧树脂、聚氯乙烯或聚乙烯等进行表面处理。

3. 塑料容器

塑料容器多由热塑性好的聚丁烯对苯二甲酸树脂和乙缩醛共聚树脂制成，质地轻，牢固耐压，具有良好的抗击性和抗腐蚀性。但塑料本身通透性较高，添加剂可能会影响药物的稳定性，目前应用不普遍。

比较常用的气雾剂容器类型包括玻璃瓶、塑料包膜玻璃瓶、聚碳酸酯瓶、铝罐和涂层铝罐等，其中涂层铝罐是为了防止药物与铝罐的相互作用。容器进入生产线后，由自动推送台传送，在进入充装机前，需按要求进行清洗。

(五) 阀门系统

气雾剂的阀门系统除一般阀门外，还有供吸入气雾剂用的定量阀门、供腔道或皮肤等外用的泡沫阀门系统。阀门系统的基本功能是在密闭条件下控制药物喷射的剂量。阀门系统必须坚固、耐用和结构稳定，因其直接影响制剂的质量。使用的塑料、橡胶、铝或不锈钢等材料必须对内容物为惰性，所有部件需要精密加工，具有并保持适当的强度，其溶胀性在贮存期内必须保持在一定的限度内，以保证喷药剂量的准确性。

阀门系统一般由阀门杆、橡胶垫圈、弹簧、浸入管、定量室和推动钮等组成（图 13-1 和图 13-2），并通过铝制封帽将阀门系统固定在耐压容器上。阀门进入生产线后，由自动推送台传送，在进入充装机前，需按要求进行清洗，然后将已处理好的阀门放置在容器上端。

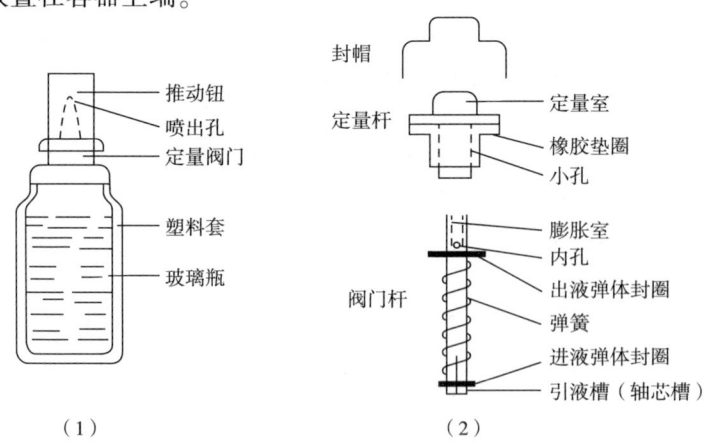

图 13-1　气雾剂的定量阀门系统装置外形及部件示意图
(1) 气雾剂外形　(2) 定量阀部件

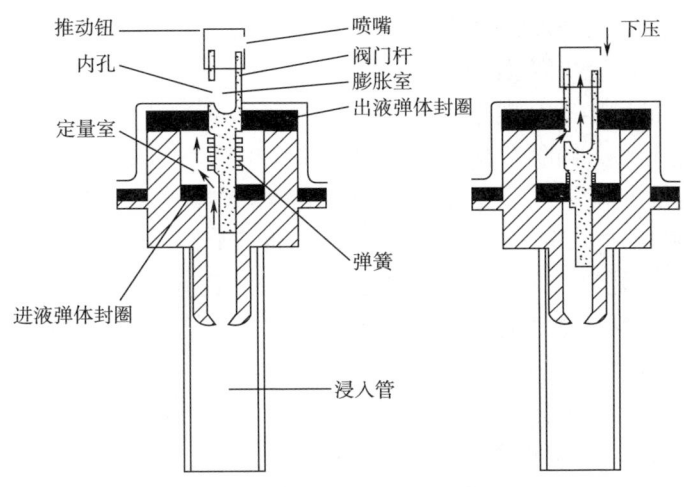

图 13-2　有浸入管的定量阀门系统结构示意图

四、气雾剂的制备

气雾剂应在规定的洁净环境条件下进行制备,各种用具、容器等需用适宜的方法清洁、灭菌,整个操作过程应注意避免微生物的污染。制备过程分为容器、阀门系统的处理与装配,药液的配制、分装和充填抛射剂几部分,灌封后的半成品经水浴检测后,进行质量检查。生产工艺流程见图 13-3。

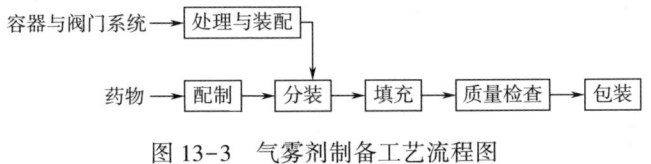

图 13-3　气雾剂制备工艺流程图

(一)容器及阀门系统的处理与装配

1. 玻璃瓶搪塑

使用前先将玻璃瓶洗净烘干,预热至 120~130 ℃,趁热浸入塑料黏浆中,使瓶颈以下黏附一层塑料浆液,倒置,在 150~170 ℃下烘干 15 min,经适宜方法清洁消毒后备用。

2. 阀门系统的处理与装配

将阀门的各种零件分别处理,如下所示。

橡胶制品可在 75% 乙醇中浸泡 24 h,除去色泽并消毒,干燥备用;塑料、尼龙零件洗净,浸泡在 95% 乙醇中备用;不锈钢弹簧在 1%~3% 氢氧化钠溶液中煮沸 10~30 min,用水洗涤数次,然后用纯化水洗涤 2~3 次,直至无油腻,在 95% 乙醇中浸泡备用。最后将上述已处理好的零件按照阀门结构装配,定量室与橡胶垫圈套合,阀门杆装上弹簧与橡胶垫圈及封帽等。

(二) 药液的配制与分装

按处方组成及要求的气雾剂类型进行配制。溶液型气雾剂应制成澄清药液,药物溶于抛射剂及潜溶剂中;混悬型气雾剂应将药物微粉化并保持干燥状态,药物以细微颗粒(一般粒径在 5 μm 以下,不超过 10 μm)形式分散于抛射剂中,常加入润湿剂、分散剂和助悬剂;乳剂型气雾剂应制成稳定乳剂,然后定量分装在准备好的容器内,安装阀门,轧紧封帽。抛射剂是内相,药液为外相,乳剂呈泡沫状态喷出。

(三) 抛射剂的填充

抛射剂的填充方法对不同用途的气雾剂有所区别:对药用气雾剂,要求抛射剂添加用量应准确,而对于非药用气雾剂,很多情况是要求填充速度。基于药液性质的差异,药液有两种不同的灌装方式:一种为液体灌装,利用特定的计量灌装头直接将配好的药液装填到未轧盖的容器中,然后安装阀门,轧紧封帽;另一种为加压灌装,是利用特定的计量加压灌装头直接将配好的含抛射剂的药液装填到已轧盖的容器中。

1. 压力灌装法

压力灌装法是先将配好的药液在室温下灌入容器内,再将阀门装上并轧紧,然后通过压装机压入定量的抛射剂(先将容器内空气抽去或其他方法驱除空气)。压灌法的设备简单,不需要低温操作,抛射剂损耗较少。目前我国多用此法生产,但该法生产速度较慢,使用过程中压力的变化幅度较大。图 13-4 为抛射剂压装机示意图。

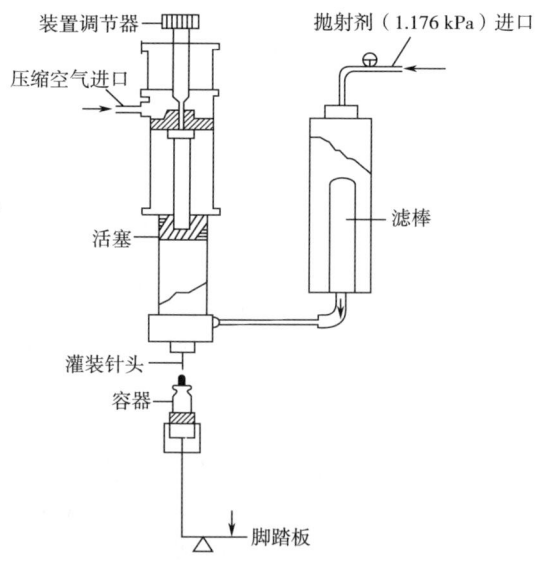

图 13-4　抛射剂压装机示意图

国外气雾剂的生产主要采用高速旋转压装抛射剂的工艺,该方法是将容器输入、分装药液、驱赶空气、加轧阀门、压装抛射剂、产品包装输出于一体,生产设备系用真空抽出容器内空气,可定量压入抛射剂,因而产品质量稳定,生产效率大为提高。

2. 冷灌法

药液借助冷却装置冷却至-20 ℃,抛射剂冷却至沸点以下至少 5 ℃。先将冷却的药液灌入容器中,随后加入已冷却的抛射剂(也可两者同时加入)。立即装上阀门并轧紧封帽,操作必须迅速完成,以减少抛射剂的损失。冷灌法速度快,对阀门无影响,成品压力较稳定,但需制冷设备和低温操作,抛射剂损失较多。因为此法在抛射剂沸点以下进行,所以不适合处方中含水的药品。

压力灌装机

3. 阀下灌法

阀下灌法是在常温下,即将进行轧盖前,直接将抛射剂加入已就位的阀门下方的容器中,该法的优点是可以快速将大量抛射剂加入容器,适用于非药用气雾剂,但该法抛射剂损失较多。

(四)检漏

大多数气雾剂产品是微型压力容器,以易燃、易爆的液化气体为抛射剂,以易燃溶剂为介质,因此,气雾剂泄漏可能导致燃烧爆炸。为了防止气雾剂在储运、陈列、使用过程中出现因泄漏而导致的种种危险,需要对产品进行无损的密封完整性检测,以确保安全性和产品质量。通常使用水浴法验证产品罐体是否存在泄漏问题,将每个已填充的气雾剂罐浸入大桶的热水中进行压力检查,以检测是否有泄漏的气体产生的气泡。

五、气雾剂的质量评价

气雾剂的质量评价首先是对气雾剂的内在质量进行检测评定以确定其是否符合规定要求,然后是对气雾剂的包装容器和喷射情况在半成品时进行逐项检查,具体检查方法参见《中国药典》(2020 年版)。

除另有规定外,气雾剂应进行以下相应检查。

1. 每瓶总揿次

定量气雾剂照吸入制剂相关项下的方法检查,每罐(瓶)总揿次应不少于标识总揿次。

2. 递送剂量均一性

定量气雾剂照吸入制剂相关项下的方法检查,递送剂量均一性应符合规定。

3. 每揿主药含量

定量气雾剂照吸入制剂相关项下的方法检查,每揿主药含量应符合规定。定量气雾剂每揿主药含量应为每揿主药含量标识量的 80%~120%。

4. 喷射速率

非定量气雾剂的喷射速率应符合规定。

5. 喷出总量

非定量气雾剂的喷出总量应符合规定。每瓶喷出量不得少于标识装量的 85%。

6. 每揿喷量

定量气雾剂照吸入制剂相关项下的方法检查,应符合规定。除另有规定外,应为标识喷量的 80%~120%。凡进行每揿递送剂量均一性检查的气雾剂,不再进行每揿喷量检查。

7. 粒度

除另有规定外,中药吸入用混悬型气雾剂若不进行微细粒子剂量测定,应进行粒度检查。平均原料药物粒径应在 5 μm 以下,粒径大于 10 μm 的粒子不得超过 10 粒。

8. 装量

非定量气雾剂照最低装量检查法检查,应符合规定。

9. 无菌

除另有规定外,用于烧伤(除程度较轻的烧伤:Ⅰ度或浅Ⅱ度外)、严重创伤或临床必须无菌的气雾剂,照无菌检查法检查,应符合规定。

10. 微生物限度

照非无菌产品微生物限度检查:微生物计数法和控制菌检查法及非无菌药品微生物限度标准检查,应符合规定。

新技术

Aerosphere™ 共悬浮递送技术

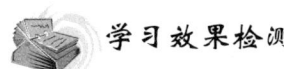
学习效果检测

一、在线检测

测试　气雾剂

二、项目考核

1. 按照附录1实操项目考核表进行小组和自我评价。
2. 将项目成果上传至学习平台,同时提交实物,以供教师进行评价。

三、分析与探究

1. 探究

气雾剂、吸入药在呼吸系统疾病的防治中起到很大的作用。

勃林格殷格翰公司曾经推出软雾剂,它的吸入装置是由药学、材料学和装置学的人员联合制作的,是一种跨学科的技术,这个装置采用了在航天工程中可以使燃料充分燃烧的超细毛细雾化技术,实现了"气雾剂生产"与"航天技术"的交叉。阿斯利康公司研究的共悬浮技术使得混悬型气雾剂可以做成复方制剂。

中国也极其重视吸入药物的研发,通过新一代信息技术与制药行业的深度融合,实现技术创新,推动跨学科创新交叉发展。2020年1月11日,借助共悬浮技术,慢阻肺新型三联吸入创新药物布地格福吸入气雾剂正式上市,有效解决了传统的复方混悬型压力定量手控气雾剂(pMDI)会因药物剂量和成分递送不稳定而导致吸入治疗的疗效降低的问题。请就新型气雾剂的发展展开讨论。

2. 案例:大蒜油气雾剂

处方:大蒜油 10 mL,聚山梨酯 80 30 g,油酸山梨醇酯 35 g,十二烷基硫酸钠 20 g,甘油 250 mL,纯化水加至 1400 mL。

分析大蒜油气雾剂各成分起何种作用。

 **课后拓展**

气雾剂的吸收

射流雾化器

吸入气雾剂与鼻用气雾剂质量评价

粉雾剂

喷雾剂

 思政案例

2022 年 11 月 28 日,中国生物官方公众号宣布,国药集团中国生物武汉生物制品研究所重组全人源抗新冠病毒单克隆抗体鼻用喷雾剂(F61 鼻用喷雾剂)获得国家药品监督管理局临床试验批件,用于新冠病毒高暴露风险人群的预防。重组全人源广谱新冠病毒单克隆抗体(简称"单抗 F61"),是中国生物杨晓明研究员团队与中国疾病预防控制中心病毒病预防控制所梁米芳研究员团队合作开发,以新冠肺炎康复患者的外周血单个核细胞(PBMC)为原材料,采用噬菌体展示技术筛选得到。F61 注射液 I 期临床试验于 7 月 29 日在树兰医院(杭州)启动,目前已基本完成,结果显示 F61 注射液安全性良好,最大耐受计量(MTD)可达 3000mg/人,已顺利启动 II 期临床。今年 7 月 22 日,F61 获得国家药品监督管理局临床试验批件,并同步推进 F61 鼻用喷雾剂的研究。

课程思政育人目标:让学生结合案例内容更深入理解制药企业研发技术的进步,提高学生的社会责任感和自主创新的意识,增强学生的文化自信、民族自信,鼓励学生将来走上工作岗位后要为提高我国制药企业科技发展整体水平为己任,提高自主创新能力,为我国的制药企业发展做出更大的贡献。

附 录

附录1 实操项目考核表

项目名称			学员姓名			
考核指标/评价方式		分值	得分			
			自评	互评	组评	教师评
(一)项目预习情况考核/上传学习平台/互评						
1. 项目预习记录填写情况		5				
2. 方案设计情况		5				
(二)项目实施过程考核/现场/教师评						
3. 称量准确性		5				
4. 操作规范性		10				
5. 执行操作规程情况		8				
6. 记录填写情况(及时、准确、清楚、整洁、真实)		8				
7. 清场		3				
(三)项目结果考核/按规定指标/上传学习平台/教师评						
8. 物料平衡		6				
9. 产品质量		5				
10. 产品成本		5				
(四)素质考核(现场/教师评/自评)						
11. 遵守实训室规章制度,不得出现脱岗、串岗、打闹、玩手机等违纪情况		5				
12. 安全意识(实验服穿戴、护品穿戴、爱护仪器设备、不乱丢原料试剂等)		8				
13. 环保意识(台面清洁、不乱丢废弃物、节约用水、集中处理废液废渣、绿色技术)		7				
14. 精益求精、爱岗敬业、一丝不苟、热爱劳动精神		8				

续表

15. 严谨、求实、诚信品质、责任意识、质量意识	7				
16. 团队合作、沟通交流、工作积极性、执行能力情况	5				
小计	100				

附录 2 相关技能证书资源

药物制剂工国家职业技能标准(2019 年版)

1+x 药物制剂生产职业技能等级培训-压片机

药物制剂生产职业技能培训 1

药物制剂生产职业技能培训 2

药物制剂生产职业技能培训 3

药物制剂生产职业技能培训 4

参考文献

[1] 国家药典委员会. 中华人民共和国药典(2020年版)[M]. 北京:中国医药科技出版社,2020.

[2] 国家食品药品监督管理局药品认证管理中心. 药品GMP指南[M]. 北京:中国医药科技出版社,2011.

[3] 胡英,王晓娟. 药物制剂技术[M]. 3版. 北京:中国医药科技出版社,2017.

[4] 张琦岩. 药剂学[M]. 2版. 北京:人民卫生出版社,2013.

[5] 李忠文. 药剂学[M]. 3版. 北京:人民卫生出版社,2018.

[6] 朱照静,贾雷. 药剂学[M]. 2版. 北京:科学出版社,2015.

[7] 张健泓. 药物制剂技术[M]. 2版. 北京:人民卫生出版社,2013.

[8] 龙晓英,田燕. 药剂学(案例版)[M]. 2版. 北京:科学出版社,2017.

[9] 潘卫三. 工业药剂学[M]. 3版. 北京:中国医药科技出版社,2015.

[10] 方亮. 药剂学[M]. 3版. 北京:中国医药科技出版社,2016.

[11] 国家药品监督管理局,执业药师资格认证中心. 2021年国家执业药师资格考试应试指南[M]. 8版. 北京:中国医药科技出版社,2021.

[12] 刘素梅. 药物新剂型与新技术[M]. 北京:化学工业出版社,2018.